결정판

그림으로 보는

시간의 역사

스티븐 호킹

김동광 옮김

까치

THE ILLUSTRATED A BRIEF HISTORY OF TIME

by Stephen Hawking

Copyright © Stephen Hawking 1988, 1996 and 2016
All rights reserved.
Korean translation copyright © 1998 by Kachi Publishing Co., Ltd.
Korean translation rights arranged with The United Agents through EYA(Eric Yang Agency).

역자 김동광(金東光)
고려대학교 독어독문학과 졸업.
고려대학교 대학원 과학기술학 협동과정 과학기술사회학 박사.
고려대학교 과학기술학연구소 연구원.
저서로 『생명의 사회사』, 역서로 『호두껍질 속의 우주』, 『언던 사이언스』, 『원더풀 라이프』 등 다수가 있음.

그림으로 보는 시간의 역사

저자/스티븐 호킹
역자/김동광
발행처/까치글방
발행인/박후영
주소/서울시 용산구 서빙고로 67, 파크타워 103동 1003호
전화/02 · 735 · 8998, 736 · 7768
팩시밀리/02 · 723 · 4591
홈페이지/www.kachibooks.co.kr
전자우편/kachibooks@gmail.com
등록번호/1-528
등록일/1977. 8. 5
초판 1쇄 발행일/1998. 5. 15
결정판 1쇄 발행일/2021. 4. 15
      4쇄 발행일/2024. 8. 20

값/뒤표지에 쓰여 있음

ISBN 978-89-7291-735-9 03400

차례

시간을 거슬러서 과거로. 1996년 1월에 허블 우주망원경이 촬영한 이 광학사진은 당시까지 가장 깊게 들여다본 우주의 모습이다. 이 사진은 시간과 공간이 탄생한 후 채 10억 년도 되지 않은 몇몇 은하를 포함한 초기 우주를 보여주고 있다. 지난 몇 년간 이루어진 비약적인 기술의 진보는 우주의 탄생과 그 안에서의 우리의 위치를 둘러싼 이론들의 이면에 가려졌던 사실들을 드러내기 시작했다.

서문

나는 『시간의 역사(*A Brief History of Time*)』 초판에 서문을 쓰지 않았다. 이 초판의 서문은 칼 세이건이 써주었다. 나는 서문 대신에 "감사의 말"이라는 제목이 붙은 짧은 글에서, 책이 나오기까지 도움을 준 모든 사람들에게 고마움을 전하는 편이 낫겠다고 생각했다. 그러나 나를 지원해주었던 몇몇 재단들은 그 감사의 말에 이름이 언급된 것을 그다지 기뻐하지 않았다. 그 일 때문에 재단 측에 연구비 지원을 요청하는 신청서들이 쇄도했기 때문이다.

나는 『시간의 역사』를 출간했던 출판사, 에이전시, 심지어 나 자신을 비롯해서 그 누구도 이 책이 그 정도의 성공을 거두리라고는 예측하지 못했다고 생각한다. 이 책은 런던의 「선데이 타임스(*Sunday Times*)」지의 베스트셀러 목록에서 무려 237주일 동안이나 자리를 지켰다. 지금까지 그 이상의 기록을 세운 책은 없을 것이다(성서와 셰익스피어의 작품을 제외한다면 말이다). 이 책은 40개 국어로 번역되었고, 전 세계의 남녀노소를 모두 포함해서 750명당 1권꼴로 팔려나

갔다. 마이크로소프트 사의 네이선 미어볼드(전에 나의 '박사후 과정' 학생이었다)의 말처럼, 마돈나가 섹스와 관련해서 판 것보다 내가 물리학과 관련해서 판 책이 훨씬 더 많은 셈이다.

『시간의 역사』가 거둔 성공은 사람들이 다음과 같은 근원적인 물음에 폭넓은 관심을 가지고 있음을 시사하는 것이다. 우리는 어디에서 왔는가? 우주가 지금의 모습을 하고 있는 까닭은 무엇인가? 그러나 나는 많은 사람들이 이 책의 여러 부분을 읽기 어려워했다는 사실 또한 잘 알고 있다. 『시간의 역사』의 새로운 판을 발간하는 주된 목적은 많은 그림을 함께 실어서 사람들이 읽기 쉽도록 만들기 위함이다. 독자들은 그림과 그림 설명만을 보더라도 이 책에서 이야기하려는 중요한 개념들을 어느 정도 이해할 수 있을 것이다.

나는 이 책을 최신 내용으로 고치고 이 책이 처음 출간된 날(1988년 4월 1일 만우절) 이후로 새롭게 이루어진 이론적, 관측적 결과들을 포함시킬 기회를 얻었다. 그리고 "벌레구멍과 시간

여행"을 다룬 새로운 장을 덧붙였다. 아인슈타인의 일반 상대성 이론은 우리가 벌레구멍, 즉 시공의 서로 다른 영역들을 연결시켜주는 가느다란 관을 만들고 그것을 유지시킬 수 있는 가능성을 제공하는 것 같다. 만약 그렇다면 우리는 그 벌레구멍을 이용해서 은하를 빠른 속도로 여행하거나 심지어는 시간을 거슬러서 과거로 여행할 수도 있을 것이다. 물론 우리는 아직까지 미래에서 온 사람을 보지 못했지만(혹시 본 사람이 있는가?), 나는 그 문제에 대한 가능한 설명에 대해서 살펴볼 것이다.

또한 나는 겉보기로는 물리학의 전혀 다른 이론들처럼 생각되는 이론들 사이에서 유사성 또는 "이중성"을 찾는 연구에서 최근 이루어진 진전에 대해서도 다룰 예정이다. 이러한 유사성은 물리학의 완전한 통일이론의 존재를 강하게 시사하기도 하지만, 또한 다른 한편으로는 그 이론을 단일한 기본 공식으로 표현할 수 없을지 모른다는 사실을 암시하기도 한다. 그 대신에 어쩌면 우리는 서로 다른 상황에서 근원적인 이론의 서로 다른 투영들을 사용해야 할지도 모른다. 그것은 우리들이 한 장의 지도로 지구 표면을 모두 나타낼 수 없고, 여러 지역에 대해서 각기 다른 지도들을 사용해야 하는 것과 마찬가지 이치이다. 이것은 과학법칙들의 통일에 대한 우리들의 관점에 혁명을 일으킬 수 있다. 그러나

그 혁명도 가장 중요한 핵심까지 바꾸어놓지는 못한다. 그 핵심이란, 우주가 일련의 합리적인 법칙들에 의해서 지배되고 있으며 우리가 그 법칙들을 발견하고 이해할 수 있으리라는 것이다.

관측의 측면에서 이루어진 가장 중요한 진전은 코비(COBE : 우주배경복사 탐사위성)를 비롯한 여러 공동 연구에 의해서 극초단파 우주배경복사의 요동을 측정한 일이다. 이 요동은 그것이 없었다면 평활하고 균일했을 초기 우주에 나타난 최초의 작은 불균일성을 가리키는 것으로, '창조의 지문(指紋)'이라고 표현될 수도 있다. 그후 그 불균일성이 자라나서 은하, 항성 그리고 오늘날 우리가 발견할 수 있는 우주의 모든 구조를 형성하게 되었기 때문이다. 그 요동의 형태는 우주가 허시간(虛時間) 방향으로 어떠한 경계나 가장자리도 가지지 않는다는 주장의 예견과 일치한다. 그러나 우주배경복사의 요동에 대한 그밖의 가능한 설명들과 이 주장을 구분하기 위해서는 더 많은 관측이 필요할 것이다. 그렇지만 가까운 미래에, 우리가 시작이나 끝이 없는 완전히 자기완결적인 우주 속에 살고 있다고 믿을 수 있는지가 판가름날 것은 분명하다.

케임브리지에서 1996년 5월
스티븐 호킹

2017년판 서문

리처드 파인먼이 이런 말을 한 적이 있었다. "여전히 많은 발견이 이루어지고 있는 시대에 살고 있다는 점에서 우리는 행운이다……우리 시대에 우리는 자연의 근본적인 법칙들을 발견해내고 있다." 이 책이 1988년 4월 1일에 처음 출간되고 1996년에 마지막으로 개정된 이후 물리학에서 몇 가지 괄목할 만한 발견들이 있었다. 내가 책에서 다루었던 이론들 중에서 일부는 지금도 그대로이지만, 몇 가지의 경우에는 실재(實在, reality)에 대한 새로운 상이 출현하고 있다. 나는 이 새로운 판에 부록의 형태로, 물리학자로서 내가 이룬 가장 자랑스러운 성취들 중에서 몇 가지를 떠받치는 6가지 주제를 새롭게 보완할 수 있는 기회를 얻게 되어 무척 기쁘다. 그 성취들은 로저 펜로즈와 함께 수립했던 특이점 정리들, 블랙홀에서 나오는 이른바 "호킹 복사", 그리고 아인슈타인의 연구를 양자역학과 통합시키기 위한 시도인 무경계 제안이다. 이전과 같이, 나의 목적은 우리 우주에 대한 근본적이고 커다란 물음들에 관심이 있는 모든 독자들에게 이러한 발견이 얼마나 흥분되는 일인지를 강조하는 것이다.

스티븐 호킹

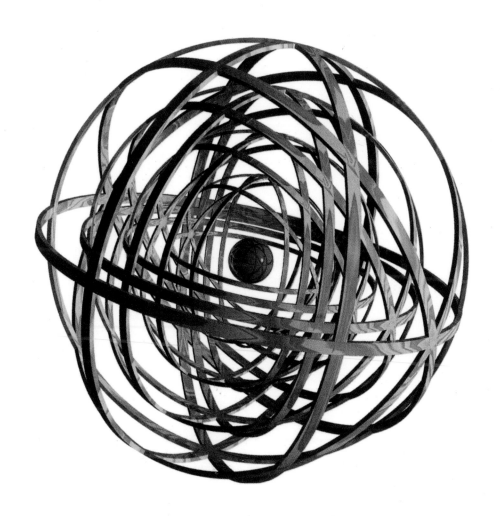

1

우리의 우주상

언젠가 한 유명한 과학자(어떤 이는 그가 유명한 철학자이기도 한 버트런드 러셀이었다고 말한다)가 천문학에 대한 대중 강연을 한 적이 있었다. 그는 지구가 태양 둘레를 돌고, 태양은 다시 '우리 은하'라고 부르는 엄청난 크기의 항성들 집합의 중심 주위를 돌고 있다고 설명했다. 강연이 끝나갈 무렵, 몸집이 작은 한 노부인이 뒷좌석에서 일어나더니 이렇게 말했다. "당신이 한 말은 모두 쓰레기 같은 소리로군. 내가 사실을 얘기해주리다. 이 세계는 거대한 거북 등에 얹힌 납작한 판이라오." 그 과학자는 여유 있게 웃고는 이렇게 물었다. "그러면 그 거북은 어디에 올라서 있나요?" 그러자 부인은 한심하다는 투로 이렇게 대꾸했다. "이봐요, 젊은 양반. 아니 그것도 모른단 말이우? 그 아래는 모두 거북들이라니까, 글쎄!"

대부분의 사람들은 우리의 우주에 대한 상(像)이 거북들로 이루어진 무한한 탑이라고 한다면 터무니없다는 느낌을 받을 것이다. 그렇지만 우리가 그보다 잘 알고 있다고 생각할 수 있는 근거는 과연 무엇인가? 우리는 우주에 대해서 무엇을 알고 있고, 어떻게 알게 되었는가? 우주는 어디에서 왔고, 어디로 가고 있는 것인가? 우주는 출발점을 가졌는가? 만약 그렇다면, 그 이전에는 어떤 일이 일어났는가? 시간의 본질은 무엇인가? 시간이 끝에 다다를 수 있는가? 우리는 시간을 거슬러갈 수 있는가? 최근에 물리학 분야에서 이루어진

2

그림 1.1

◀◀ 힌두교에서 우주는 여섯 마리의 코끼리가 지구를 떠받치고, 그 아래쪽에서는 뱀 위에 올라타 있는 거북이 지옥을 떠받치는 형상으로 묘사된다.
◀ 편평한 지구가 물 위에 떠 있다는 초기 그리스인의 생각을 4원소와 함께 나타낸 중세의 그림.
▲ 아리스토텔레스. 기원전 4세기경의 그리스 시대 원본에 대한 로마 시대의 복제품.

새로운 돌파구들―부분적으로는 환상적인 신기술 덕분에 가능해진―은 오랫동안 과학자들을 괴롭혀온 이런 어려운 문제들 가운데 일부에 대한 몇 가지 답을 제시했다. 언젠가는 이 답들이 지구가 태양 주위를 공전한다는 사실만큼이나 분명한 것인지, 아니면 거북들로 쌓아올려진 탑 이야기처럼 터무니없는 것인지가 판명될 것이다. 오직 시간(그것이 무엇이든 간에)만이 그 해답을 말해줄 것이다.

이미 기원전 340년에 그리스의 철학자 아리스토텔레스는 그의 저서 『천체에 관하여(De Caelo)』에서 지구가 편평한 판이 아니라 둥근 구라는 것을 입증할 두 가지 증거를 제시할 수 있었다. 첫째, 그는 월식(月蝕)이 일어나는 이유는 지구가 태양과 달 사이에 끼이게 되기 때문이라는 사실을 깨달았다. 달에 나타나는 지구의 그림자가 항상 둥근 모습을 띠는 것은 지구가 구형일 때에만 설명이 가능했다. 만약 지구가 편평한 원반과 같은 모습이라면, 태양이 원반 중심의 바로 아래쪽에 올 때에만 월식이 일어나는 것이 아닌 한, 그 그림자는 길게 늘어서서 타원형이 될 것이다. 둘째, 그리스인들은 다른 지방들을 여행하면서 쌓은 경험으로부터 북극성을 북쪽 지방에서 관측할 때보다 남쪽 지방에서 관측할 때에 더 낮게 보인다는 사실을 알고 있었다(북극성은 북극에서는 바로 머리 위에 있는 것처럼 보이지만 적도에 서 있는 관측자에게는 수평선 위에 있는 것처럼 보인다. 그림 1.1 참조).

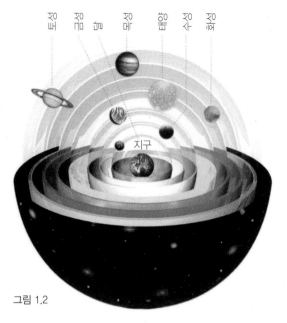

그림 1.2

프톨레마이오스가 사분의(四分儀)를 이용해서 달의 고도를 측정하고 있다. 바젤, 1508년.

아리스토텔레스는 이집트와 그리스에서 관측한 북극성의 겉보기 위치의 차이를 통해서 지구의 둘레를 40만 스타디움(stadium)으로 계산한 추정치를 내놓기까지 했다. 1스타디움이라는 단위의 정확한 길이에 대해서는 알려져 있지 않지만, 대략 200야드(약 182.3미터/옮긴이) 정도로 추정되고 있으므로, 아리스토텔레스의 추정치는 오늘날 우리가 알고 있는 지구 둘레의 약 두 배가량 되는 셈이다. 이외에도 그리스인들은 지구가 틀림없이 둥글 것이라는 세 번째 증거로 다음과 같은 물음을 제기했다. 만약 지구가 둥글지 않다면, 수평선 너머에서 해안으로 다가오는 배가 처음에는 돛만 보이다가 점차 선체가 드러나는 사실을 어떻게 설명할 수 있겠는가?

아리스토텔레스는 지구가 정지해 있고, 태양, 달, 행성 그리고 항성들이 지구의 주위를 원궤도를 그리며 회전한다고 생각했다. 그가 이렇게 믿은 까닭은, 어떤 신비스러운 이유에서 지구가 우주의 중심이며 원운동이 가장 완벽한 운동이라고 생각했기 때문이다. 이러한 생각은 기원후 2세기 프톨레마이오스에 의해서 정교화되어 완전한 우주 모형으로 수립되었다. 이 모형에서는 지구가 중심에 놓여 있고, 그 주위를 달, 태양, 항성들과 수성, 금성, 화성, 목성, 토성 등 당시에 알려져 있던 다섯 행성들로 이루어진 여덟

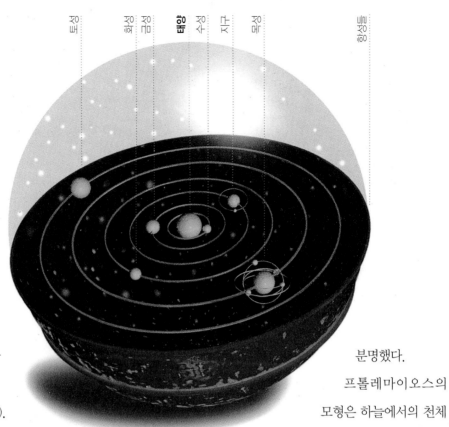

목성　　　　화성 금성　태양　수성 지구 목　　　　　　항성들

그림 1.3

개의 원에 둘
러싸여 있다
(그림 1.2 참조).
그리고 그 행성들 자
체는 다시 각각의 큰 원에서 좀더 작은 원을 그
리며 회전했다. 이런 설명이 덧붙은 이유는 밤
하늘에 관측되는 행성들의 다소 복잡한 경로를
해명하기 위함이었다. 가장 바깥쪽 원에는 이른
바 '붙박이 별[恒星]'이 있는데, 이 항성들은 서로
에 대해서 상대적으로 항상 일정한 위치를 유지
하면서 함께 하늘을 가로질러 회전했다. 이 마
지막 원 너머에 무엇이 있는지에 대해서는 확
실한 설명이 없었지만, 그곳이 인간이 관측할
수 있는 우주의 한계를 넘어선 부분이라는 것은

분명했다.

프톨레마이오스의
모형은 하늘에서의 천체
의 위치를 예측하는 데에 상당
히 정확한 체계를 제공했다. 그러나 그 위치를
정확히 예측하기 위해서, 프톨레마이오스는 달
이 때로는 평상시보다 두 배나 더 가까이 지구
에 접근하는 궤도를 따라서 운행한다는 가설을
세워야만 했다. 그렇다면 때로는 달이 두 배의
크기로 보여야 한다는 뜻이다! 프톨레마이오스
도 이 결함을 알고 있었다. 그러나 그럼에도 불
구하고 그의 모형은, 모든 사람에게는 아니지
만, 일반적으로 채택되었다. 그의 모형은 기독
교 교회에 의해서 『성서』에 부합하는 우주의 상

▲ 니콜라스 코페르니쿠스(1473-1543).
▶ 행성 궤도를 같은 중심을 가진 기하학적 입체들의 배열과 연계시킨 케플러의 이론적 모형(1596).

러나 그의 이런 개념이 진지하게 받아들여진 것은 그로부터 거의 1세기가 지난 후였다. 이때쯤 두 사람의 천문학자―독일인 요하네스 케플러와 이탈리아인 갈릴레오 갈릴레이―가 코페르니쿠스의 이론이 예견한 궤도가 관측된 사실과 정확하게 일치하지 않음에도 불구하고 그의 이론을 공공연하게 지지하기 시작한 것이다. 아리스토텔레스/프톨레마이오스의 이론에 치명타가 가해진 것은 1609년의 일이었다. 그해에 갈릴레오는 당시에 막 발명된 망원경을 이용해서 밤하늘을 관측하기 시작했다. 목성을 관측하던 도중, 갈릴레오는 목성에 그 행성 주위를 도는 여러 개의 작은 위성들, 즉 달들이 있다는 사실을 발견했다. 이 발견은 아리스토텔레스와 프톨레

으로 받아들여졌다. 항성들로 이루어진 원의 바깥쪽에 천국과 지옥을 위한 넓은 여지를 남겨두었다는 점에서 그의 모형이 기독교 교회에는 매우 유리했기 때문이다.

그러나 1514년에 폴란드의 성직자 니콜라우스 코페르니쿠스가 보다 단순한 모형을 제시했다(그는 처음에는 교회로부터 이단으로 낙인찍힐 것을 두려워해서였는지, 자신의 모형을 익명으로 유포시켰다). 그의 생각은 태양이 중심에 고정되어 있고, 지구와 행성들이 태양의 주위를 원궤도를 그리며 회전한다는 것이었다(그림 1.3 참조). 그

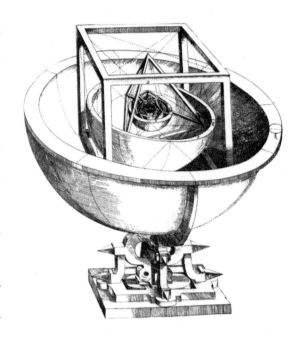

마이오스가 생각했듯이 모든 천체가 직접 지구 주위를 도는 궤도를 가지는 것이 아님을 함축했다(물론 지구가 우주의 중심에 정지해 있고, 목성의 위성들이 겉보기로는 목성의 주위를 도는 것처럼 보이지만, 실제로는 지구의 주위를 매우 복잡한 경로를 그리면서 회전하고 있다고 믿을 수 있었다. 그러나 코페르니쿠스의 이론이 이런 설명보다는 훨씬 더 간단했다). 같은 시기에 케플러는 코페르니쿠스의 이론을 수정해서, 행성들이 원궤도가 아니라 타원(타원은 잡아늘려진 원이다) 궤도를 그리며 회전한다고 주장했다. 이렇게 되자 마침내 예측이 관측과 정확히 일치하게 되었다.

케플러 개인에게 국한해서 본다면, 타원궤도는 단지 임시변통적인 가설에 불과했고, 당시로서는 매우 꺼림칙한 것이었다. 그 이유는 타원이 원에 비해서는 분명히 훨씬 더 불완전하기 때문이다. 거의 우연히 타원궤도가 관측 결과에 더 잘 부합한다는 사실을 발견한 케플러는 그 발견을 행성들이 자기력에 의해서 태양 주위를 회전한다는 자신의 개념과 조화시킬 수 없었다. 이 문제에 대한 설명이 이루어진 것은 그로부터 한참 후인 1687년 아이작 뉴턴 경이 『자연철학의 수학적 원리(*Philosophiae naturalis principia mathematica*)』(일명 『프린키피아』)를 발간하면서였다. 『프린키피아』는 아마도 물리과학 분야에서 지금까지 발간된 단일 저작으로는 가장 중요한

갈릴레오 갈릴레이(1564-1642), 판화, 파도바, 1744년.

저서일 것이다. 이 책에서 뉴턴은 시간과 공간 속에서 천체가 어떻게 움직이는가에 대한 이론을 제시했을 뿐만 아니라, 천체의 운동을 분석하기 위해서 필요한 복잡한 수학을 발전시켰다. 그 외에도 뉴턴은 만유인력의 법칙(law of universal gravitation)이라고 불리는 중력법칙을 상정했다. 이 법칙에 따르면, 우주 속에 있는 모든 천체는 어떤 힘에 의해서 다른 천체들에게 끌어당겨진다. 그 힘은 천체들의 질량이 클수록 그리고 두 천체가 서로 가까이 있을수록 커진다. 물체를 땅에 떨어지게 만드는 것도 같은 힘이다

▲『대우주의 조화(*Harmonia Macrocosmica*)』(1708)의 속표지 그림. 코페르니쿠스, 프톨레마이오스, 갈릴레오의 모습이 보인다.
▶ 아이작 뉴턴(1642-1727). 밴더뱅크가 그린 초상화를 기초로 한 판화. 1833년.

가서, 자신의 법칙에 따르면, 달이 타원궤도로 지구 주위를 돌고 지구를 비롯한 행성들이 타원 궤도로 태양 주위를 공전하게 만드는 힘도 중력 (重力, gravity)임을 입증했다.

코페르니쿠스의 모형은 프톨레마이오스의 천구 모형과 함께, 우주가 자연적인 경계를 가지고 있다는 생각도 무너뜨렸다. "붙박이 별[항성]들"은 지구가 자전축을 중심으로 회전하기 때문에 나타나는, 하늘을 가로지르는 회전 이외에는 그 위치를 변화시키지 않는 것처럼 보이므로, 항성들은 훨씬 더 멀리 떨어져 있다는 점에서만 차이가 날 뿐 우리의 태양과 비슷한 천체라는 가정이 자연스럽게 이루어졌다.

뉴턴은 자신의 중력 이론에 따라서 항성들이 서로를 끌어당길 것이며, 그러므로 본질적으로는 정지상태를 유지할 수 없을 것임을 깨달았다. 그렇다면 항성들이 모두 어느 한곳으로 끌려가지 않을까? 뉴턴은 1691년에 당시 또 한 사람의 저명한 사상가였던 리처드 벤틀리에게 보낸 편지에서, 유한한 공간의 영역에 유한한 수의 항성들이 분포되어 있다면, 실제로 이런 일이 일어날 수 있을 것이라고 주장했다. 그러나 그는 만약 반대로 무한한 수의 항성들이 무한한 공간 속에 거의 균일하게 퍼져 있다면, 이런 일은 벌어지지 않을 것이라고 추론했다. 왜냐하면, 그럴 경우 항성들이 끌려갈 어떤 중심

(뉴턴이 머리 위로 떨어진 사과에서 영감을 받았다는 이야기는 그 신빙성이 매우 의심스럽다. 뉴턴 자신의 이야기에 따르면, 그가 중력의 개념을 깨닫게 된 것은 "사색에 잠겨" 앉아 있다가 "우연히 사과가 떨어졌을" 때라는 것이 전부이다). 뉴턴은 한걸음 더 나아

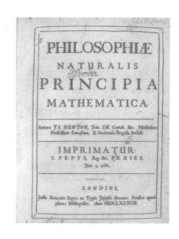

점도 존재하지 않을 것이기 때문이다.

이런 주장은 여러분이 무한에 대해서 이야기 할 때에 빠질 수 있는 함정의 한 예이다. 무한한 우주에서는 모든 점들이 중심으로 간주될 수 있다. 각각의 점은 그 점을 중심으로 모든 방향에 대해서 무한한 수의 항성들을 가지기 때문이다. 상당한 시간이 흐른 후에야 밝혀진 올바른 접근 방식은 모든 항성들이 서로에 대해서 끌려가는 유한한 상황을 생각해보고, 그런 다음 이 영역 바깥쪽에 거의 균일하게 분포된 많은 수의 항성 들을 추가할 때에 어떤 변화가 일어날 것인지를

묻는 것이다. 뉴턴의 법칙에 따르면, 추가로 항 성들을 덧붙인다고 해도 평균적으로는 원래의 상황과 아무런 차이도 없을 것이며, 따라서 항 성들은 똑같은 빠르기로 끌려갈 것이다. 우리가 마음 내키는 만큼 많은 항성들을 덧붙인다고 하 더라도, 그 항성들은 똑같은 움직임을 보일 것 이다. 오늘날 우리는 중력이 항상 인력(引力)으 로 작용하는 무한한 정적인 우주 모형이 불가능 하다는 것을 알고 있다.

그것은 우주가 팽창하거나 또는 수축한다는 주장을 아무도 제기하지 않았던 20세기 이전의 사상의 전반적인 분위기를 잘 반영하는 것이다. 당시에는, 우주가 변함없는 상태로 영원히 유지 되거나 또는 과거의 어느 특정한 시간에 우리가 오늘날 보는 것과 거의 똑같은 모습으로 창조되 었다는 생각이 보편적으로 받아들여졌다. 이런 생각이 받아들여진 부분적인 이유는 영원한 진

리를 믿으려는 사람들의 경향 때문이었고, 또다른 이유는 설령 인간들이 나이를 먹어서 죽는다고 하더라도, 우주는 영원불변하다는 생각에서 얻는 위안 때문이었다.

뉴턴의 중력 이론이 우주가 정적일 수 없음을 증명한다는 것을 알아차린 사람들조차도 그 이론이 우주가 팽창하고 있을지도 모른다는 사실을 함축하는 것이라고는 생각하지 않았다. 그 대신 그들은 아주 먼 거리에서는 중력이 반발력으로 작용한다는 식으로 이론을 수정하려고 시도했다. 이런 수정은 그 이론이 행성의 운동을 예측하는 데에는 큰 영향을 미치지 않으면서, 무한한 수의 항성들의 분포가 평형을 유지할 수 있게 해주었다—그 이유는 가까운 항성들 사이에서 작용하는 인력이 아주 멀리 떨어진 항성들 사이에서 작용하는 반발력으로 상쇄되기 때문이다. 그러나 오늘날 우리는 그러한 평형상태가 불안정할 것이라고 생각한다. 만약 어떤 영역에 있는 항성들이 다른 항성들에 조금만 가까워져도 이 항성들 사이에서 작용하는 인력이 강해져서 반발력을 억누를 것이며, 따라서 항성들은 연속적으로 서로를 향해서 끌려갈 것이기 때문이다. 반면에 만약 항성들이 서로에 대해서 약간이라도 멀어지면, 반발력이 우세해져서 항성들은 서로 멀리 흩어져갈 것이다.

정적인 무한 우주에 대한 또 하나의 반론은

독일의 천문학자 하인리히 올베르스에 의해서 제기된 것이 일반적으로 알려져 있다. 올베르스는 이 이론을 1823년에 발표했으나 실제로는 뉴턴의 여러 동시대인들이 이미 같은 문제를 제기했으며, 올베르스의 논문이 뉴턴의 이론을 반박하는 설득력 있는 주장을 담은 최초의 논문은 아니었다. 그러나 그의 논문은 널리 알려진 최초의 것이었다. 그가 제기한 문제는 정적인 무한 우주에서는 거의 모든 방향으로의 시선이 결국 항성의 표면에 닿을 것이라는 사실이었다(그

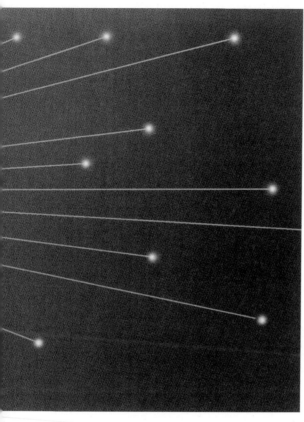

그림 1.4 만약 우주가 무한하고 정적이라면, 모든 시선은 결국 항성에 닿게 될 것이며, 따라서 밤하늘은 태양처럼 밝게 빛날 것이다.

한한 시간에 태어났다고 가정하는 것뿐이다. 그럴 경우, 항성들의 빛을 흡수하는 물질이 아직 가열되지 않았거나, 또는 멀리 떨어진 항성들에서 나오는 빛이 아직까지 우리에게 도달하지 않았을지도 모른다고 추측할 수 있다. 그런데 이 가정은 다시, 최초에 그 항성들을 탄생하게 만든 것은 무엇인가 하는 의문을 우리에게 제기한다.

물론 우주의 기원에 대한 논의는 이 문제가 등장하기 훨씬 이전부터 시작되었다. 수많은 고대 우주론과 유대교/기독교/이슬람교의 전통에 따르면, 우주는 그리 멀지 않은 유한한 과거의 어느 때에 시작되었다. 그러한 기원에 대한 한 가지 논법은 우주의 존재를 설명할 "조물주"를 필요로 하는 것이다(그 우주 속에서 여러분은 하나의 사건을 그보다 앞선 어떤 사건에 의해서 일어난 것으로 줄곧 설명해왔다. 그러나 우주의 존재 자체는 그 우주가 어떤 식으로든 기원을 가질 때에만 설명될 수 있다). 또다른 논법은 『신국론(De Civitate Dei)』이라는 저서에서 성 아우구스티누스가 제시한 것이다. 그는 문명은 계속 진보하고 있으며, 우리는 누가 이런 업적을 수행하고 저런 기술을

림 1.4). 따라서 우리는 밤에도 하늘 전체가 태양처럼 밝게 빛날 것이라고 예상할 수 있다. 이에 대한 오베르스의 반론은 멀리 떨어진 항성에서 나오는 빛이 그 사이에 끼어 있는 물질에 의해서 흡수되어 흐려지리라는 것이었다. 그러나 만약 그렇다면 그 사이의 물질도 점차 가열되어서 마침내 항성과 같은 밝기로까지 타오를 것이다. 밤하늘 전체가 태양 표면만큼이나 밝게 빛나야 한다는 결론을 피하기 위한 유일한 방법은 항성들이 영원히 타는 것이 아니라 과거의 어느 유

창조의 둘째 날.
율리우스 슈노어 폰 카롤스펠트의 그림, 1860년.

발전시켰는지를 기억하고 있다고 지적했다. 따라서 인간은—그리고 아마도 우주 또한—그리 오랫동안 존재해왔을 리가 없다는 것이다. 성 아우구스티누스는 창세기에 의거하여 기원전 5000년쯤을 천지창조가 이루어진 연대로 받아들였다(흥미로운 사실은 이 연대가 고고학자들이 문명이 실제로 시작된 시기라고 이야기하는 마지막 빙하기의 말엽인 기원전 약 1만 년에서 그리 멀지 않다는 점이다).

다른 한편, 아리스토텔레스를 비롯한 대부분

의 그리스 철학자들은 창조라는 개념을 그리 좋아하지 않았다. 왜냐하면 그것에는 신의 개입이라는 색채가 너무 진하게 배어 있기 때문이다. 따라서 그들은 인류를 비롯해서 우리를 둘러싸고 있는 세계가 늘 존재해왔으며 앞으로도 영원히 존재할 것이라고 믿었다. 고대인들은 앞에서 소개한 문명의 진보에 대한 논법을 이미 그 시절부터 논의하고 있었으며, 인류를 반복적으로 문명 초기로 되돌려놓은 주기적인 홍수를 비롯한 그밖의 재앙들이 존재해왔다는 것으로써 그 물음에 대한 답을 제시했다.

우주가 시간적으로 출발점을 가지는지 그리고 공간적으로 유한한지를 둘러싼 의문들은 훗날 철학자 임마누엘 칸트가 1781년에 출간한 그의 기념비적인 (동시에 매우 모호한) 저서 『순수 이성 비판(Kritik der reinen Vernunft)』에서 폭넓게 다루어지고 있다. 그는 그 의문들을 순수 이성의 이율배반(즉 모순)이라고 부른다. 왜냐하면 그는 우주가 출발점을 가진다는 정립(定立)과 영원히 존재해왔다는 반정립(反定立)이 모두 똑같이 설득력 있는 근거를 가진다고 생각했기 때문이다. 우선 정립의 근거로서, 그는 만약 우주가 출발점을 가지지 않는다면, 모든 사건 이전에 무한한 시간이 있을 것이기 때문에 모순된다고 생각했다. 반정립의 근거로는 만약 우주가 출발점을 가진다면, 그 이전에 무한한 시간이 있었

으리라는 것이다. 그렇다면 굳이 우주가 어느 특정한 시간에 시작되었을 이유가 어디에 있다는 말인가? 실제로 칸트의 이러한 정립과 반정립은 모두 같은 근거를 기반으로 삼는다. 두 가지 주장은 표면적으로는 드러나지 않은 가정, 즉 우주가 영원히 존재해왔든지 그렇지 않든지 간에, 시간이 과거 방향으로 무한히 계속된다는 가정을 토대로 삼고 있다. 앞으로 살펴보겠지만, 시간이라는 개념은 우주의 시작 이전에는 아무런 의미도 띠지 않는다. 이 사실을 처음 지적한 사람은 성 아우구스티누스였다. "우주가 창조되기 이전에 신은 무엇을 했는가?"라는 질문을 받았을 때, 아우구스티누스는 다른 사람들처럼 "그런 질문을 하는 사람들을 위해서 지옥을 만들고 계셨다"라는 식으로 대답하지는 않았다. 그 대신에 그는 시간이란, 신이 창조한 우주의 한 특성이며, 그 시간은 우주가 시작되기 이전에는 존재하지 않았다고 대답했다.

대부분의 사람들이 본질적으로 정적이며 변하지 않는 우주를 믿던 시대에, 우주가 출발점을 가졌는지 여부에 대한 물음은 실제로는 형이상학이나 신학의 영역에 속했다. 사람들은 우주가 영원히 존재해왔다는 이론이든지, 우주가 영원히 존재해온 듯이 보이지만 사실은 어느 유한한 시간에 그렇게 보이도록 작동하기 시작했다는 이론이든지 어느 것을 근거로 삼아도, 관측

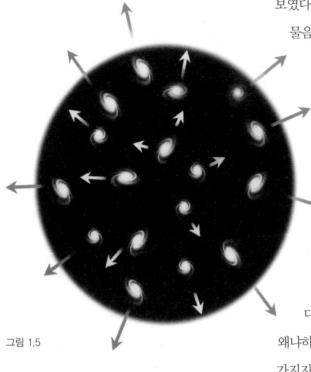

그림 1.5

보였다. 이 발견은 마침내 우주의 기원에 대한 물음을 과학의 영역으로 끌어들였다.

허블의 관측은 빅뱅(big bang)이라는 우주가 무한히 작고 무한히 밀도가 높았던 때가 있었음을 시사하고 있다. 이런 조건에서는 과학의 모든 법칙이 붕괴하고, 따라서 미래를 예측할 모든 가능성도 무너졌을 것이다. 만약 그 이전에 일어난 사건들이 있었다면, 그 사건들은 오늘날에는 아무런 영향도 미칠 수 없었을 것이다. 그런 사건들의 존재는 무시될 수 있다. 왜냐하면 그들의 존재는 어떤 관찰적 중요성도 가지지 않을 것이기 때문이다. 그러므로 우리는 그 이전의 시간은 규정이 불가능하다는 의미에서, 빅뱅이 일어난 순간에 시간이 시작되었다고 말할 수 있다. 그런데 이 대목에서, 시간의 이러한 출발이 이전까지 생각되어온 출발과는 매우 다른 것임을 강조해둘 필요가 있다. 변화하지 않는 우주에서 시간의 기원이란 우주 밖의 어떤 존재에 의해서 주어져야 하는 무엇이다. 즉 기원이라는 것에 대한 물리적 필연성은 존재하지 않는다. 그렇게 되면 사람들은 신(神)이 문자 그대로 과거의 어느 한 시점에 우주를 창조했다고 상상할 수 있다. 반면에 만약 우주가 팽창하고 있다면, 왜 팽창하는 우주에 군이 출발점이 있

되는 사실들을 훌륭하게 설명할 수 있었다. 그러나 1929년에 에드윈 허블이 멀리 떨어진 은하들이 우리의 시선이 닿는 모든 곳에서 빠른 속도로 우리로부터 멀어지고 있다는 획기적인 관측을 했다. 다시 말해서, 허블은 우주가 팽창하고 있다는 사실을 발견한 것이다(그림 1.5). 이 발견은 우리가 과거를 향해서 시간을 거슬러올라갈수록 은하들이 지금보다는 훨씬 더 가깝게 모여 있었을 것임을 뜻한다. 실제로 약 100억 년에서 200억 년 전에 모든 은하들이 정확하게 같은 장소에 몰려 있었던, 다시 말해서 우주의 밀도가 무한에 도달했던 시점이 있었을 것으로

어야 했는가에 대한 물리적인 이유가 있을 수 있다. 우리는 신이 빅뱅의 순간에 우주를 창조했거나, 또는 빅뱅 이후에 빅뱅이 일어난 것처럼 보이도록 우주를 창조했다고 여전히 상상할 수 있다. 그러나 우주가 빅뱅 이전에 창조되었다고 생각하는 것은 아무런 의미도 없을 것이다. 팽창하는 우주는 창조자의 존재를 배제시키지 않는다. 다만 그가 자신의 창조 작업을 언제 수행했을 것인가에 제약을 줄 뿐이다!

우주의 본질에 대해서 이야기하고 우주에 시작이나 끝이 있는지와 같은 문제에 대해서 토론하기 위하여 여러분은 우선 과학 이론이란 무엇인가에 대하여 분명한 이해를 해두어야 할 필요가 있다. 나는 이 문제에 대해서 이론이란, 우주 또는 그 제한된 일부의 모형에 불과하며, 그 모형 속에 담겨 있는 양과 우리가 실제로 얻은 관측 결과를 관계짓는 규칙들의 집합일 뿐이라는 단순한 견해를 채택할 것이다. 이론은 우리의 마음속에만 있을 뿐, 그 이외의 어떤 실재(實在)(그것이 무엇을 뜻하는 것이든 간에)도 가지고 있지 않다. 좋은 이론이란 다음의 두 가지 요건을 모두 만족시키는 이론이다. 그 이론은 소수의 임의적인 요소들만을 포함하는 모형을 기반으로 해서 일련의 수많은 관찰들을 정확하게 기술해야 한다. 또한 좋은 이론은 미래의 관찰 결과에 대해서도 명확한 예측을 해야 한다. 예를 들면,

에드윈 허블(1889-1953). 1924년에 윌슨 산 천문대에서.

만물이 흙, 공기, 불, 물의 4원소로 이루어져 있다는 아리스토텔레스의 이론은 탁월할 정도로 단순하지만, 어떤 명확한 예측도 하지 못했다. 반면에 뉴턴의 중력 이론은 훨씬 더 단순한 모형에 기반을 두고 있다. 즉 모든 물체들은 질량이라고 부르는 양에 비례하고, 두 물체 사이의 거리의 제곱에 반비례하는 힘으로 서로를 끌어당긴다는 것이다. 그러나 뉴턴 역학은 태양, 달 그리고 여러 행성들의 운동을 매우 정확하게 예측한다.

모든 물리이론은, 그것이 가설에 불과하다는

궁수자리에서 은하의 중심 쪽으로 바라본 은하수의 모습.

의미에서, 항상 잠정적이다. 여러분은 그 가설을 결코 입증할 수 없다. 실험 결과가 어떤 이론과 아무리 여러 번씩 일치한다고 해도, 여러분은 다음번에 또 그 결과가 이론과 모순되지 않으리라고는 절대로 확신할 수 없다. 반면에 여러분은 그 이론의 예측과 불일치하는 단 하나의 관찰을 발견하는 것으로도 그 이론을 반증할 수 있다. 과학철학자 칼 포퍼는 좋은 이론이란 원칙적으로 관찰에 의해서 반증되거나 그 오류가 지적될 수 있는 많은 예측을 한다는 사실로 특징지어진다고 강조했다. 새로운 실험 결과가 예측과 일치할 때마다 그 이론은 존속된다. 그리고 그 이론에 대한 우리의 신뢰감은 늘어난다. 그러나 그 이론의 예측과 불일치하는 새로운 관찰 결과가 단 하나라도 발견된다면, 우리는 그 이론을 수정하거나 폐기해야 한다.

최소한 이런 일이 앞으로 일어나리라고 생각되는 추이이다. 그러나 여러분은 그 관찰을 수행한 사람의 능력에 대해서는 항상 의문을 제기할 수 있다.

실제로, 새로운 이론이 사실은 과거 이론의 연장인 경우도 자주 일어난다. 일례로 수성에 대한 매우 정확한 관측 결과, 수성의 실제 운동과 뉴턴의 중력 이론의 예측 사이에 미세한 차이가 드러났다. 아인슈타인의 일반 상대성 이론(一般相對性理論, general theory of relativity)은 뉴턴의 이론에서 예측했던 것과는 약간 다른 운동이 나타날 것임을 예견했다. 아인슈타인의 예견이 실제 관측 결과와 일치하는 반면, 뉴턴의 예견은 그렇지 않다는 사실은 새로운 이론의 정당성을 결정적으로 뒷받침해주었다. 그러나 우리는 여전히 온갖 실용적인 측면에서 뉴턴의 이론을 사용하고 있다. 뉴턴 이론의 예측과 아인슈타인 이론의 예측 사이에서 드러난 차이란 우리가 일상적으로 접하는 상황에서는 극히 미세한 것이기 때문이다(또한 뉴턴의 이론은 아인슈타인의 이론에 비해서 다루기가 훨씬 쉽다는 큰 이점이 있다!).

과학의 궁극적인 목적은 우주 전체를 기술하는 단일한 이론을 만드는 것이다. 그러나 대부분의 과학자들이 실제로 사용하는 접근방식은 그 문제를 두 부분으로 나누는 것이다. 첫째, 우주가 시간과 함께 어떻게 변화한다는 것을 우리에게 이야기해주는 법칙들이 있다(만약 우리가 어느 특정한 시간에 우주가 어떤 상태에 처해 있는지를 알고 있다면, 이 물리법칙들은 이후에 우주가 어떤 모습을 하고 있을지를 말해줄 수 있을 것이다). 둘째, 우주의 초기 상태에 대한 물음이 있다. 어떤 사람들은 과학이 첫 번째 부분에 대해서만 관심을 두어야 한다고 생각한다. 그들은 초기 상태에 대한 물음을 형이상학이나 종교의 문제로 간주하는 것이다. 그들은 전능한 존재인 신이 자신이 원하는 방향으로 우주를 탄생시켰을지도 모른다고 말할 것이다. 그럴 수도 있다. 그러나 그 경우에 신은 또한 완전히 임의적인 방식으로 우주를 전개시켰을 수도 있다. 하지만 신은 우주가 특정한 법칙에 따라서 매우 규칙적으로 전개되는 방식을 선택한 것으로 보인다. 따라서 초기 상태를 지배하는 법칙 역시 존재한다고 충분히 가정해볼 만한 것이다.

우주 전체를 하나로 기술하는 이론을 수립하는 작업은 매우 힘들다는 사실이 입증되었다. 그 방법 대신에 우리는 문제를 여러 조각들로 나누어서 여러 개의 부분 이론들을 만든다(그림 1.6). 이런 각각의 부분 이론들은 몇몇 제한된 종류의 관찰을 기술하고 예견하며, 다른 양들이 미치는 영향은 무시하거나 그것들을 단순한 숫자들의 집합으로 표현한다. 이런 접근방법이 완전히 틀린 것일 수도 있다. 만약 우주 속의 만물이 근본적으로 다른 모든 것들에 의존하고 있다면, 문제의 일부를 고립적으로 연구함으로써 완전한 해(解)에 접근하기란 불가능할 것이다. 그럼에도 불구하고, 우리가 지금까지 진보를 이루었던 것은 분명히 그러한 방식 덕분이다. 여기에서도 고전적인 예는 뉴턴의 중력 이론이다. 그 이론은 우리에게 두 물체 사이에 작용하는 중력이 그 물체와 연관된 하나의 수, 즉 질량에만 의존하며 물체가 무엇으로 구성되어 있는지

와는 무관하다고 한다. 따라서 태양이나 행성들의 궤도를 계산하기 위해서 그 구조나 구성에 대한 이론이 필요하지는 않다.

오늘날 과학자들은 우주를 두 가지의 기본적인 부분이론 — 일반 상대성 이론과 양자역학(量子力學, quantum mechanics) — 으로 기술하고 있다. 이 두 이론은 20세기 전반에 이루어진 위대한 지적 업적들이다. 일반 상대성 이론은 중력과 우주의 대규모 구조, 다시 말해서 고작 수 마일에서 10^{24}마일에 달하는 엄청난 규모의 구조를 다룬다. 그에 비해서 양자역학은 10^{12}분의 1인치 정도의 극미한 크기에서 벌어지는 현상을 다룬다. 그러나 불행하게도 이 두 이론은 서로 모순된다는 사실이 알려져 있다 — 다시 말해서 두 이론 모두 옳을 수는 없다. 오늘날 물리학에서 벌어지고 있는 가장 주된 노력이자, 이 책의 기본적인 주제는 두 이론을 하나로 통합시킬 새로운 이론 — 양자 중력 이론(量子重力理論, quantum gravity theory) — 에 대한 탐색이다. 우리는 아직 그러한 이론을 가지고 있지 못하며, 어쩌면 아직도 그 이론에서 아득히 멀리 떨어져 있는지도 모르지만, 그 이론이 갖추고 있어야 할 여러 가지 특성들에 대해서 알고 있다. 다음의 장들에서, 우리는 양자 중력 이론에 의한 예측에 대해서 이미 많은 것을 알고 있음을 깨닫게 될 것이다.

자, 이제 여러분이 우주가 임의적이지 않으며

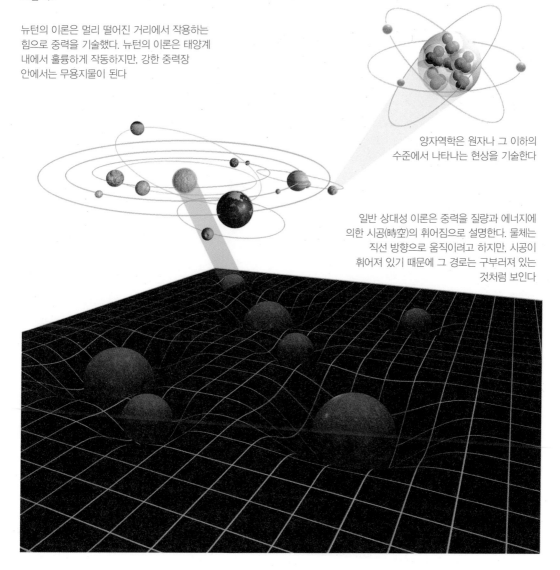

그림 1.6

뉴턴의 이론은 멀리 떨어진 거리에서 작용하는
힘으로 중력을 기술했다. 뉴턴의 이론은 태양계
내에서 훌륭하게 작동하지만, 강한 중력장
안에서는 무용지물이 된다

양자역학은 원자나 그 이하의
수준에서 나타나는 현상을 기술한다

일반 상대성 이론은 중력을 질량과 에너지에
의한 시공(時空)의 휘어짐으로 설명한다. 물체는
직선 방향으로 움직이려고 하지만, 시공이
휘어져 있기 때문에 그 경로는 구부러져 있는
것처럼 보인다

명확한 법칙들에 의해서 지배된다고 믿는다면,
여러분은 궁극적으로 부분 이론들을 하나의 완
전한 통일이론으로 통합시켜야 할 것이다. 그
이론은 우주 속의 삼라만상을 기술할 것이다.

그러나 이런 완전한 통일이론에 대한 탐색에는
근본적인 역설이 들어 있다. 앞에서 개괄적으로
언급한 과학 이론에 대한 개념들은 우리 인간이
합리적인 존재이며, 우리가 원하는 대로 우주를

관측하고 우리가 본 것을 통해서 논리적인 추론을 이끌어낼 수 있는 존재라고 가정한다. 이런 관점에서는, 우리가 우주를 지배하는 법칙들을 향해서 점차 가까이 다가갈 수 있다는 생각이 합리적이다. 그러나 만약 완전한 통일이론이 실제로 존재한다면, 그 이론은 아마도 우리의 행동 또한 결정하게 될 것이다. 따라서 이론 자체가 그 이론에 대한 우리의 연구 결과를 미리 결정할 것이다! 그렇다면 우리가 증거를 통해서

대우주. 미국항공우주국(NASA)의 허블 우주망원경을 통해서 들여다본 "가장 깊은" 우주, 일명 허블 심우주(Hubble Deep Field, HDF)에서 수백 개의 은하들을 볼 수 있다.

올바른 결론에 도달하도록 결정되어야만 할 이유가 도대체 어디에 있다는 말인가? 우리가 잘못된 결론을 이끌어내도록 결정되어 있을 가능성도 똑같이 있는 것이 아닌가? 아니면 아무런 결론도 내지 못할 가능성은?

이 물음에 대해서 내가 해줄 수 있는 유일한 대답은 다윈의 자연선택설(theory of natural selection)에 근거한 것이다. 그 이론의 요점은 자기복제하는 유기체의 모든 개체군에는 유전물질의 변이가 존재하며, 그 속에서 서로 다른 개체들이 나타난다는 것이다. 이런 개체 간의 차이는 일부 개체들이 다른 개체들에 비해서 주위 세계에 대해서 올바른 결론을 내리고, 그에 따라서 더 적절하게 행동할 능력이 있음을 뜻한다. 이 개체들은 살아남아서 번식할 가능성이 더 높기 때문에, 그들의 행동 및 사고방식이 그 개체군을 지배하게 될 것이다. 분명히 과거에는, 우리가 지능이나 과학적 발견이라고 부른 것이 생존에 도움을 준 것이 사실이다. 그러나 지금도 그런 생각이 유효한지는 그다지 분명하지 않다. 우리의 과학적 발견이 우리 모두를 파멸시킬 수도 있고, 설령 그 정도는 아니라고 해도, 완전한 통일이론이 우리가 생존할 가능성에 별 차이를 가져오지 않을 수도 있다. 그러나 만약 우주가 규칙적인 방식으로 전개되어왔다면, 자연선택이 우리에게 부여한 사유능력이 완전한 통일이론을 탐색하는 데에도 유효할 것이며, 따라서 우리를 잘못된 결론으로 이끌지 않으리라고 예상할 수 있다.

이미 우리가 가지고 있는 부분 이론들이 가장 극단적인 상황을 제외한다면, 충분히 정확한 예측을 할 수 있기 때문에, 우주의 궁극적 이론에 대한 탐색이 어떤 실용적인 근거를 가지고 있는지를 입증하기는 힘들지도 모른다(그러나 상대성이론과 양자역학에 대해서도 같은 주장이 제기될 수 있었음을 지적해둘 필요가 있다. 이 두 이론은 우리에게 원자핵 에너지와 극소 전자공학[microelectronics]의 혁명을 가져다주었다!). 따라서 완전한 통일이론의 발견은 인간이라는 종의 생존에 도움을 주지 않을 수도 있다. 심지어는 우리의 생활양식에 아무런 영향도 미치지 않을지도 모른다. 그러나 문명의 여명기 이래로, 인류는 사건들을 분리되어 있거나 불가해한 것으로 보는 데에 만족하지 않았다. 그들은 세계에 내재해 있는 질서를 이해하고자 갈망했다. 오늘날에도 우리는 우리가 왜 여기에 존재하는지, 어디에서 왔는지를 알아내고자 여전히 열망하고 있다. 지식에 대한 인류의 깊은 욕구는 우리의 지속적인 정복을 충분히 정당화해준다. 우리의 목표는 우리가 살고 있는 우주에 대한 완전한 기술(記述) 바로 그것이다.

소우주. 컴퓨터를 이용해서 만든 이 상은 유럽 입자물리 연구소(CERN) 1.3 검출기 화면에서 본 입자 수준에서의 사건(event)을 보여준다.

2
시간과 공간

오늘날 물체의 운동에 대한 지식의 뿌리는 갈릴레오와 뉴턴에게로 거슬러올라간다. 갈릴레오와 뉴턴이 등장하기 이전까지 사람들은 물체의 자연스러운 상태는 멈춰 있는 상태이고, 어떤 힘이나 충격에 의해서만 그 물체가 움직이게 된다는 아리스토텔레스의 설명을 믿었다. 아리스토텔레스는 가벼운 물체보다 무거운 물체가 먼저 낙하한다고 주장했는데, 그 이유는 그가 지구가 무거운 물체를 더 큰 힘으로 끌어당긴다고 생각했기 때문이다.

아리스토텔레스의 전통은 우주를 지배하는 모든 법칙을 순수한 사고(思考)만으로 밝힐 수 있으며, 관찰에 의해서 검증하는 일 따위는 필요 없다는 믿음을 포함하고 있다. 따라서 갈릴

그림 2.1

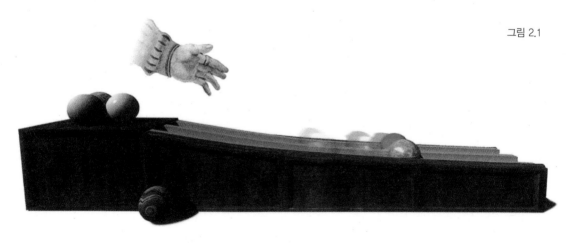

그림 2.2

서로 다른 무게의 공이 같은 속도로 떨어진다

▶ 갈릴레오 갈릴레이(1564-1642). 파시냐니의 판화. 갈릴레오가 실제로 파사의 사탑에서 실험을 했을 가능성은 거의 없지만, 관찰을 우선시하는 그의 원칙은 과학의 역사를 바꾸어놓았다.

이 잘못임을 입증했다고 하지만, 이 이야기는 사실무근임에 틀림없다. 다만 갈릴레오가 그와 비슷한 취지에서 실험을 한 것은 사실이다. 그는 매끄러운 경사면에서 서로 다른 무게의 공을 굴렸다(그림 2.1). 이 실험은 무거운 물체를 수직으로 떨어뜨리는 것과 비슷하지만(그림 2.2), 공의 속도가 느리기 때문에 관찰이 훨씬 용이하다. 갈릴레오의 측정 결과는 떨어지는 모든 물체는 그 무게와 관계없이 같은 비율로 속도가 증가한다는 사실을 입증했다. 예를 들면 여러분이 10미터당 1미터씩 낮아지는 경사면에서 공을 굴린다면, 그 공은 무게와 상관없이 1초 후에 초속 1미터, 2초 후에는 초속 2미터 식으로 경사면을 따라서 점차 빠른 속도로 굴러내려올 것이다. 물론 납으로 만든 추는 깃털보다 빨리 떨어질 것이다. 그러나 그 이유는 [깃털의 무게가 가볍기 때문이 아니라/옮긴이] 깃털이 받는 공기 저항 때문이다. 만약 공기 저항을 크게 받지 않는, 각기 무게가 다른 납으로 만든 2개의 공을 낙하시킨다면, 공들은 같은 속도로 떨어질 것이다(그림 2.2). 우주

레오 이전에는 아무도 무게가 다른 두 물체가 실제로 다른 속도로 떨어지는지 여부를 굳이 관찰하려고 들지 않았다. 갈릴레오가 피사의 사탑에서 추를 떨어뜨려서 아리스토텔레스의 생각

지 생각되었던 것처럼 단지 물체를 움직이게 만드는 것이 아니라, 항상 물체의 속도를 변화시킨다는 사실을 밝혀주었다. 또한 그의 실험은 물체가 어떤 힘의 작용을 받지 않는 한, 일정한 속도로 직선 방향으로 운동을 계속할 것임을 의미했다. 이런 생각은 1687년에 출간된 뉴턴의 『프린키피아』에서 처음으로 분명하게 주장되었고, 이후 뉴턴의 제1법칙으로 알려지게 되었다. 또한 어떤 물체에 힘이 작용했을 때, 그 물체가 받는 영향은 뉴턴의 제2법칙에 의해서 기술되었다. 제2법칙에 따르면 그 물체에 작용한 힘에 비례해서 물체가 가속되거나, 또는 그 속도가 변화한다고 설명한다(예를 들면, 물체에 작용하는 힘이 두 배가 되면 가속도도 두 배가 된다). 또한 가속도는 그 물체의 질량(또는 물질의 양)이 커질수록

▲ 그림 2.3 공기 저항이 없는 달 위에서는 깃털과 납 덩어리가 같은 속도로 떨어진다.
▶ 그림 2.4 가속도는 그 물체에 가해지는 힘이 커질수록 증가하고, 그 물체의 질량이 커질수록 감소한다.

비행사 데이비드 스콧은 물체의 운동을 느리게 만드는 공기가 없는 달에서 깃털과 납 덩어리를 동시에 떨어뜨리는 실험을 했다. 실험 결과, 그는 실제로 두 물체가 동시에 달의 표면에 떨어진다는 사실을 발견했다(그림 2.3).

　뉴턴은 갈릴레오의 측정 결과를 토대로 자신의 운동법칙을 수립했다. 갈릴레오의 실험에서 경사면을 굴러내리는 물체에는 항상 같은 힘(그 무게)이 작용하며, 그 영향이 물체를 꾸준히 가속시킨다. 이 사실은 힘의 실제 효과가, 이전까

그림 2.4

25마력
가속도

250마력

250마력

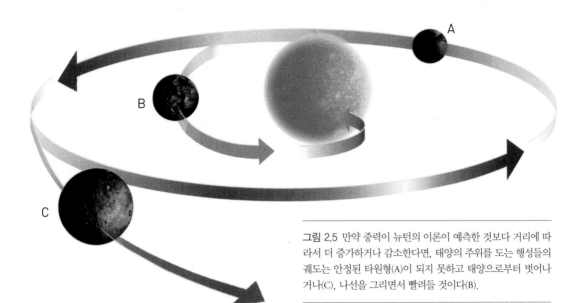

그림 2.5 만약 중력이 뉴턴의 이론이 예측한 것보다 거리에 따라서 더 증가하거나 감소한다면, 태양의 주위를 도는 행성들의 궤도는 안정된 타원형(A)이 되지 못하고 태양으로부터 벗어나거나(C), 나선을 그리면서 빨려들 것이다(B).

작아진다(같은 힘이 질량이 두 배인 물체에 가해질 경우 가속도는 절반이 된다). 자동차가 가장 알기 쉬운 예이다. 엔진의 힘이 강할수록 가속도는 커진다. 그러나 같은 힘의 엔진일 경우에는 자동차가 무거울수록 가속도는 작아진다(그림 2.4). 운동법칙 이외에도, 뉴턴은 중력을 기술하는 법칙을 발견했다. 이것은 모든 물체가 다른 물체를 그 물체의 질량에 비례하는 힘으로 끌어당긴다는 법칙이다. 따라서 한 물체(가령 물체 A)의 질량이 두 배가 되면, 두 물체 사이에 작용하는 힘도 두 배로 늘어난다. 새로운 물체 A가 원래의 질량을 가진 물체 두 개로 이루어진 것과 같다고 생각하면 이것은 쉽게 이해될 수 있을 것이다. 그렇게 되면 각각의 물체가 원래의 힘으로 물체 B를 끌어당길 것이고, 따라서 A와 B

사이에 작용하는 전체 중력은 원래의 중력의 두 배가 될 것이다. 또한 가령 둘 중 한 물체의 질량이 두 배가 되고 다른 하나는 세 배가 된다면, 두 물체 사이에 작용하는 힘은 여섯 배가 될 것이다. 이제 여러분들은 왜 모든 물체가 같은 속도로 떨어지는지 그 이유를 알 수 있을 것이다. 어떤 물체의 무게가 두 배가 되면 그 물체를 끌어당기는 중력도 두 배가 되겠지만, 그 물체의 질량 또한 두 배가 되기 때문이다. 뉴턴의 제2법칙에 따르면, 이 두 가지 효과가 정확하게 상쇄되어서 가속도는 항상 같아진다.

그 외에도 뉴턴의 중력법칙은 물체들이 더 멀리 떨어져 있을수록 힘도 작아진다고 이야기한다. 뉴턴의 중력법칙은 어떤 별이 두 배로 멀어지면, 그 별이 미치는 중력의 인력은 정확하게 4

▶ 그림 2.6 시속 30마일의 속도로 달리는 전차가 정지한 탁구 선수 A 옆을 지나가고 있다. A의 관점에서 볼 때, 전차 위의 탁구공은 13미터 정도나 떨어져 있는 두 지점 사이를 튀어올 랐다가 내려앉는 것처럼 보일 것이다. 그러나 전차 위에 타고 있는 경기자에게는, 경기자 A가 친 탁구공도 마찬가지로 한 지점에서 튀어오르고 있는 것처럼 보인다. 그러나 A 역시 지 구라는 행성 위에 올라타 있는 셈이기 때문에 그가 친 공도 태 양계 안에 있는 관찰자에게는 한 번 튀어오르는 사이에 3만 미 터나 되는 거리를 이동한 것처럼 보일 것이다.

▶ 그림 2.7 만약 B가 남쪽으로 시속 5마일의 속도로 달리고 있는 전차 위에서 북쪽으로 시속 5마일의 속도로 걷고 있다면, 그는 지면의 관찰자(A)에게는 정지해 있는 것처럼 보일 것이 다. 그러나 만약 그가 북쪽으로 가고 있는 전차(C) 위에서 같은 속도로 걷는다면, 동일한 관찰자에게는 시속 10마일로 이동하 는 것처럼 보일 것이다.

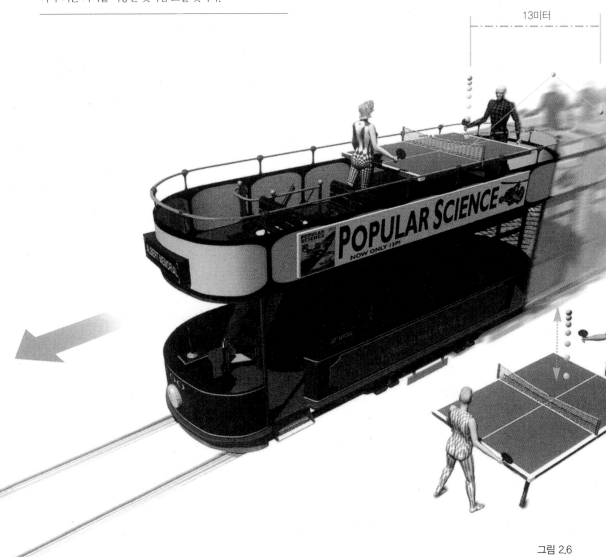

13미터

그림 2.6

26

그림 2.7

B
시속 5마일(북쪽)

POPULAR SCIENCE

시속 5마일(남쪽)

A 관찰자

C
시속 5마일(북쪽)

POPULAR SCIENCE

시속 5마일(북쪽)

분의 1로 줄어든다고 말한다. 이 법칙은 지구, 달 그리고 행성들의 궤도를 놀랄 만큼 정확하게 예측했다. 만약 그 법칙에서 어떤 별의 인력이 거리에 따라서 더 빨리 증가하거나 감소한다면, 행성들의 궤도는 타원형이 되지 못하고 태양으로부터 벗어나거나 태양을 향해서 나선형으로 접근할 것이다(그림 2.5).

아리스토텔레스의 생각이 갈릴레오나 뉴턴의 생각과 크게 차이를 보였던 점은 아리스토텔레스는 정지 상태를 다른 상태들보다 우선하는 상태로 믿었고, 모든 물체는 어떤 힘이나 충격이 주어지지 않는 한 정지 상태를 택할 것이라고 생각했다는 점이다. 특히 그는 지구가 정지해 있다고 생각했다. 그러나 뉴턴의 법칙에 따르면, 정지에 대한 유일한 기준이란 없게 된다. 다시 말해서 물체 A가 정지해 있고, 물체 B가 물체 A에 대해서 상대적으로 일정한 속도로 움직이고 있다고 말할 수 있다면, 마찬가지로 물체 B

가 정지해 있고 물체 A가 움직이고 있다고 말할 수도 있는 것이다. 예를 들면 잠깐 동안 지구의 자전이나 태양 주위의 공전을 접어둔다면, 지구가 정지해 있고 지구 위에 있는 전차가 동쪽으로 시속 30마일의 속도로 가고 있다는 이야기는 전차가 멈춰 있고 지구가 시속 30마일의 속도로 서쪽으로 움직이고 있다는 이야기와 마찬가지이다(그림 2.7). 만약 전차 위에서 움직이는 물체로 실험을 하면, 모든 뉴턴의 법칙은 여전히 훌륭하게 들어맞을 것이다. 가령 전차 위에서 탁구를 한다면, 우리는 그 탁구공이 선로 옆에 있는 탁구대 위의 공과 마찬가지로 뉴턴의 법칙을 충실히 따른다는 사실을 발견할 수 있을 것이다. 따라서 여기에서 움직이는 것이 전차인지 지구인지를 이야기할 수 있는 사람은 아무도 없다.

정지에 절대적인 기준이 없다는 것은 서로 다른 시간에 일어난 두 사건이 공간상 같은 위치에서 발생한 것인지를 결정할 수 없음을 뜻한다. 예를 들면, 전차 위의 탁구공이 위로 튀어올랐다가 아래로 떨어져서 1초 동안 같은 장소에서 두 번 튀었다고 가정하자(그림 2.6). 선로 위에 서 있는 사람에게 이 두 차례의 튐은 13미터의 간격을 두고 이어진 것처럼 보일 것이다. 공이 두 번 튀는 동안 전차가 선로를 따라서 진행했을 것이기 때문이다.

따라서 절대적인 정지가 존재하지 않는다는 것은, 아리스토텔레스가 믿었던 것처럼 공간상의 절대적인 위치에 어떤 사건을 부여할 수는 없음을 뜻한다. 사건들의 위치와 그 사이의 거리는 전차 위에 있는 사람과 선로 위에 있는 사람에게 각기 다르다. 그리고 한 사람의 위치를 다른 사람의 위치보다 선호해야 할 어떤 이유도 없다.

뉴턴은 이런 절대위치 또는 이른바 절대공간의 부재라는 문제 때문에 무척 곤혹스러워했다. 왜냐하면 그 사실은 절대자인 신에 대한 자신의 믿음과 모순을 빚었기 때문이다. 실제로 그는 자신이 수립한 법칙에 이미 그러한 사실이 함축되어 있었음에도 불구하고, 절대공간의 부재라는 사실을 받아들이기를 거부했다. 그의 이런 비합리적인 믿음은 많은 사람들로부터 비판을 받았다. 그중에서도 가장 유명한 인물이 버클리 주교였는데, 그는 모든 물질적 대상과 공간 그리고 시간이란 환상에 불과하다고 믿은 철학자

였다. 유명한 존슨 박사(영국의 시인이자 비평가인 새뮤얼 존슨을 말한다/옮긴이)는 버클리의 견해를 전해 들더니 "나는 그 이야기를 이렇게 반박하오!"라고 말하며 발로 커다란 돌멩이를 걷어찼다고 한다.

아리스토텔레스와 뉴턴은 모두 절대시간을 믿었다. 다시 말해서 그들은 우리가 두 사건 사이의 시간 간격을 명확하게 측정할 수 있으며, 정확한 시계를 사용하기만 한다면 이 시간은 누가 측정하든 똑같다고 생각했다. 시간은 공간과는 완전히 분리되었고 아무런 관련도 없는 전혀 별개의 무엇이었다. 이것은 오늘날까지도 대부

분의 사람들이 상식적인 것으로 받아들이는 생각이다. 그러나 우리는 시간과 공간에 대한 우리의 관념을 바꾸지 않으면 안 된다. 비교적 느린 속도로 움직이는 사과나 행성과 같은 사물을 다룰 때에는 우리의 분명한 상식적 개념이 제대로 작동하지만, 물체가 빛의 속도나 그에 가까운 빠르기로 움직일 때에는 전혀 소용이 없어진다.

빛이 유한하지만 매우 빠른 속도로 움직인다는 사실은 1676년 덴마크의 천문학자 올레 크리스텐센 뢰머에 의해서 처음으로 발견되었다. 그는 관측을 통해서 목성의 위성들이 목성의 뒤편을 돌아서 다시 모습을 드러내는 데에 걸리는 시간 간격이 일정하지 않다는 사실을 발견했다. 만약 위성들이 일정한 속도로 목성 주위를 공전하다면, 그 시간 간격이 일정해야 했다. 지구와 목성이 태양 주위를 공전하는 동안, 두 행성 사이의 거리는 끊임없이 변화한다. 뢰머는 지구가 목성에서 멀리 떨어져 있을수록 목성의 위성들의 식(蝕)이 늦게 관찰된다는 사실을 알아차렸다. 그는 그 까닭이 지구가 목성에서 멀리 떨어져 있을수록 위성에서 오는 빛이 우리에게 도달하기까지 더 많은 시간이 걸리기 때문이라고 주장했다. 그러나 지구와 목성의 거리 차이에 대한 그의 측정치는 그다지 정확하지 못했다. 따라서 그가 계산한 빛의 속도는 초속 14만 마일로, 오늘날 계산된 빛의 속도인 초속 18만6,000

◀ 올레 뢰머의 코펜하겐 자택에 있는 자오의(子午儀). 판화, 출전 : 『천문학 원리(*Basis Astronomiae*)』, 1735년.
▲ 제임스 클러크 맥스웰(1831-1879).

마일과 비교하면 큰 차이가 난다. 그럼에도 불구하고 빛이 유한한 속도로 움직인다는 사실을 입증한 것뿐만 아니라 빛의 속도까지 측정한 뢰머의 공적은 주목할 만한 것이었다―그의 연구는 뉴턴이 『프린키피아』를 발간하기 무려 11년 전에 이루어졌기 때문이다.

빛의 전파에 관한 적절한 이론은 1865년에야 수립되었다. 그해에 영국의 물리학자 제임스 클러크 맥스웰이 당시까지 전기력과 자기력을 기술하기 위해서 사용되었던 부분 이론들을 하나로 통합시키는 데에 성공했다. 맥스웰의 방정식은 통일된 전자기장(電磁氣場, electromagnetic field)에서는 파동과 비슷한 교란이 나타날 수 있으며, 이러한 교란이 연못에 생긴 물결처럼 일정한 속도로 전해질 것이라고 예견했다. 이런 파동들의 파장(한 파동의 마루에서 다음 파동의 마루 사이의 거리)이 1미터 이상일 때, 그 파동은 우리가 전파(電波, radio wave)라고 부르는 것이 된다. 그보다 짧은 파장의 파동들은 각기 마이크로파(microwave : 파장이 몇 센티미터에 불과하다), 적외선(infrared : 파장이 1만 분의 1센티미터 이상이다) 등으로 알려져 있다. 가시광선의 파장은 4,000만 분의 1에서 8,000만 분의 1센티미터 사이이다. 그보다 더 짧은 파장의 파동으로는 자외선, X선, 감마선 등이 있다.

맥스웰의 이론은 전파나 광파가 일정한 속도로 나아갈 것이라고 예견했다. 그러나 뉴턴의 이론이 이미 절대정지라는 개념을 제거했기 때문에, 만약 빛이 일정한 속도로 전파된다고 가정한다면, 그 일정한 속도가 무엇을 기준으로 하여 측정된 속도인지를 말할 수 있어야 한다. 그리하여 "에테르(ether)"라는 물질이 존재한다고 가정되었다. 에테르는 모든 곳에 있으며, 심지어는 "빈" 공간 속에도 존재하는 것으로 가정했다. 음파가 공기 속을 지나가듯이 광파는 이 에테르 속을 통과하며, 따라서 그 속도는 에테르에 대한 상대속도로 측정된다고 생각되었다.

에테르에 대해서 상대적으로 움직이는 서로 다른 관찰자들에게는 빛이 각기 다른 속도로 그들을 향하여 오는 것처럼 보일 것이다. 그러나 에테르에 대한 빛의 상대속도는 항상 일정할 것이다. 특히 지구가 태양 주위를 공전하면서 에테르 속을 나아갈 때, 지구가 에테르를 뚫고 지나가는 방향에서(우리가 광원[光源]을 향해서 나아갈 때) 측정된 빛의 속도는 그 운동에 대하여 직각 방향에서(우리가 광원을 향해서 나아가지 않을 때) 측정된 빛의 속도에 비해서 더 빨라야 할 것이다. 1887년에 앨버트 마이컬슨(나중에 그는 미국인 최초로 노벨 물리학상을 받았다)과 에드워드 몰리는 클리블랜드에 있는 케이스 응용과학 대학에서 매우 정밀한 실험을 했다. 그들은 지구의 운동방향으로 진행하는 빛의 속도와 지구의 운동방향에 대해서 직각인 빛의 속도를 비교했다. 그런데 대단히 놀랍게도 두 사람은 빛의 속도가 모두 똑같다는 사실을 발견했다!

1887년부터 1905년 사이에 마이컬슨-몰리

의 실험 결과를 설명하기 위한 여러 차례의 시도가 있었다. 그중에서 가장 유명한 것은 에테르 속을 통과할 때에 물체가 수축하고 시계가 느려진다는 식으로 설명한 네덜란드의 물리학자 헨드릭 로런츠의 시도였다. 그러나 당시까지는 무명의 인물로서 스위스 특허청의 서기관으로 근무하던 아인슈타인이 1905년에 발표한 유명한 논문에서 만약 절대시간이라는 개념을 폐기하기만 한다면, 에테르라는 개념 자체가 전혀 불필요하다는 주장을 제기했다. 그로부터 몇 주일 후에 프랑스의 저명한 수학자 앙리 푸앵카레도 비슷한 주장을 제기했다. 아인슈타인의 주장이 이 문제를 수학적으로 다룬 푸앵카레의 접근보다 좀더 물리학에 가까운 것이었다. 흔히 이 새로운 이론을 수립한 공적이 아인슈타인에게로 돌려지지만, 푸앵카레도 그 이론의 중요한 부분에 그의 이름이 붙여지면서 우리에게 기억되고 있다.

상대성 이론(theory of relativity)이라 불리는 이 새로운 이론은 자유롭게

◄◄◄ 앨버트 에이브러햄 마이컬슨(1852-1931).
◄◄ 에드워드 몰리(1838-1923).
◄ 쥘 앙리 푸앵카레(1854-1912).
▲ 알베르트 아인슈타인(1879-1955), 1920년 독일에서.

이동하고 있는 관찰자들에게 그들의 속도와는 상관없이 과학법칙이 동일할 것이라는 기본적인 가정을 그 기반으로 삼고 있다. 이 가정은 뉴턴의 운동법칙에서도 성립했지만, 이제 그 개념이 맥스웰의 이론과 빛의 속도에까지 확장되었다. 따라서 모든 관찰자들은, 그들이 얼마나 빠른 속도로 움직이고 있든 간에, 동일한 빛의 속도를 측정하게 된다. 이 간단한 개념은 몇 가지 주목할 만한 결과를 낳았다. 그중에서 아마도 가장 많이 알려진 것이 아인슈타인의 유명한 방

정식인 $E = mc^2$(E는 에너지, m은 질량, c는 빛의 속도를 말한다)으로 요약되는 질량-에너지 등가(等價)의 원리와 어떤 물체도 빛보다 빨리 이동할 수 없다는 원리일 것이다. 에너지와 질량이 등가이기 때문에, 물체가 운동에 의해서 얻는 에너지는 그 질량에 더해지게 된다. 다시 말하면, 속도를 증가시키기는 점점 더 어려워진다. 이 효과는 거의 광속에 가까운 속도로 움직이는 물체에만 실제로 중요한 의미가 있다. 예를 들면, 광속의 10퍼센트로 움직이는 물체는 정상적인 상태보다 0.5퍼센트의 질량이 늘어날 뿐이지만, 광속의 90퍼센트의 속도에 도달하면 정상적인 질량의 두 배 이상이 된다. 물체가 광속에 가까워지면, 그 질량은 점점 더 빠른 속도로 늘어나고, 따라서 속도를 보다 높이기 위해서는 점점 더 많은 에너지가 필요해진다. 실제로 물체는 결코 빛의 속도에 도달할 수 없다. 빛의 속도에 도달하면 그 물체의 질량이 무한대가 되며, 또 질량-에너지 등가의 원리에 의해서 광속에 도달하려면 무한한 양의 에너지가 필요하기 때문이다. 이런 이유 때문에, 모든 일반적인 물체는 상대성 이론에 의해서 영원히 빛의 속도보다 느린 속도로 제약된다. 고유한 질량을 가지지 않는 빛과 그밖의 파동만이 빛의 속도로 움직일 수 있다.

상대성 이론이 가져온 또 하나의 중요한 영향은 그 이론이 시간과 공간에 대한 우리의 관념을 혁명적으로 바꿔놓았다는 점이다. 뉴턴의 이론에서는 빛의 펄스(pulse)가 한 장소에서 다른 장소로 보내지면 서로 다른 관찰자들은 빛이 이동하는 데에 걸린 시간을 똑같이 측정하지만(시간이 절대적이기 때문에), 빛이 날아온 거리에 대해서는 일치된 결과를 얻지 못한다(공간은 절대적이지 않기 때문에). 빛의 속도는 빛이 날아온 거리를 이동에 걸린 시간으로 나눈 것이기 때문에, 서로 다른 관찰자들은 빛의 속도를 저마다 다른 값으로 측정할 것이다. 반면에 상대성 이론에서는, 모든 관찰자들이 빛의 속도를 똑같은 값으로 측정해야 한다. 그러나 그들도 빛이 날아온 거리에 대해서는 여전히 측정치가 일치하지 않을 것이다. 따라서 이제 그들은 빛이 날아오는 데에 걸린 시간에 대해서도 의견이 일치하지 않아야 한다(이 시간은 빛이 날아온 거리—관찰자들의 측정치는 저마다 다르다—를 빛의 속도—여기에 대해서는 모두의 측정치가 같다—로 나눈 값이다). 다시 말해서 상대성 이론은 절대시간이라는 개념을 종식시킨 것이다! 따라서 마치 모든 관찰자가 저마다 자신들이 가지고 있는 시계를 통해서 기록한 시간 측정치를 가지고 있는 것처럼 보인다. 여기에서 서로 다른 관찰자들은 동일한 시계를 가지고 있지만, 그것들이 가리키는 시간은 저마다 다를 것이다.

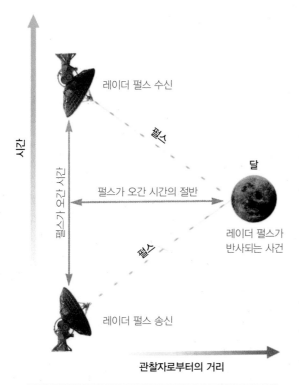

시간 ↑

레이더 펄스 수신

펄스가 오간 시간

펄스가 오간 시간의 절반

달

레이더 펄스가
반사되는 사건

펄스

펄스

레이더 펄스 송신

관찰자로부터의 거리 →

그림 2.8 시간은 수직 방향으로 나타나고, 관찰자로부터의 거리는 수평 방향으로 나타난다. 시간과 공간을 통한 관찰자의 경로는 왼쪽에 수직선으로, 펄스가 사건을 향해서 나아갔다가 되돌아오는 경로는 대각선으로 나타난다.

관찰자들은 레이더를 이용함으로써 빛이나 전파의 펄스를 보내서 어떤 사건이 언제, 어디에서 일어났는지를 알아낼 수 있다. 이때 펄스의 일부는 그 사건에 반사되고, 관찰자는 자신이 그 반향(反響)을 수신한 시간을 측정한다. 그러면 그 사건이 일어난 시간은 펄스가 보내진 때에서 되돌아온 때까지 걸린 시간의 절반에 해당한다고 말할 수 있다. 그리고 그 사건까지의 거리는 펄스가 오가는 데에 걸린 시간을 절반으

로 나누어서 거기에 빛의 속도를 곱하면 얻을 수 있다(이런 의미에서 본다면, 사건이란 공간상의 한 지점과 시간상의 특정 시점에서 일어난 무엇이다). 그림 2.8은 이 개념을 나타낸 간단한 시공 도표의 예이다. 이 과정을 이용해서, 서로에 대하여 상대적으로 이동하는 관찰자들은 동일한 사건에 대해서 서로 다른 시간과 위치를 부여할 것이다. 여기에서 특정 관찰자가 다른 관찰자에 비해서 더 정확하게 측정하지 않으며, 모든 측정치는 서로 연관되어 있다. 만약 다른 관찰자의 상대속도를 안다면, 모든 관찰자는 다른 관찰자가 그 사건에 지정한 시간과 공간을 정확하게 알아낼 수 있다.

오늘날 우리는 길이보다 시간을 더 정확하게 측정할 수 있기 때문에 거리를 엄밀하게 측정하는 데에 바로 이 방법을 사용한다. 실제로 1미터는 빛이, 세슘 원자시계로 측정했을 때에, 0.000000003335640952초 동안 달린 거리로 정해진다(이런 특정한 숫자가 언급된 이유는 그 숫자가 미터의 역사적 정의―파리에 보관되어 있는 백금 막대 위의 두 점 사이의 길이―에 부합하기 때문이다). 마찬가지로, 우리는 광초(光秒, light-second)라고 부르는 더 편리하고 새로운 길이의 단위를 사용할 수 있다. 1광초는 빛이 1초 동안 달린 거리로 간단하게 정의된다. 상대성 이론에 따라서 오늘날 우리는 거리를 시간과 광

속을 이용하여 정의한다. 이렇게 되면 모든 관찰자들은 자동적으로 빛이 동일한 속도(정의상, 0.000000003335640952초당 1미터)를 가지는 것으로 측정하게 된다. 따라서 마이컬슨–몰리의 실험이 입증했듯이, 그 존재를 검출할 방법이 없는 에테르라는 개념을 도입할 필요는 없다. 그러나 상대성 이론은 우리가 시간관과 공간관을 근본적으로 바꾸지 않을 수 없게 한다. 우리는 시간이 공간으로부터 완전히 분리되어 있거나 공간에 대해서 독립적이지 않으며, 시간과 공간이 결합되어 시공(時空, space-time)이라고 부르는 하나의 대상을 형성한다는 사실을 받아들이지 않을 수 없다.

공간상의 한 점의 위치를 세 개의 숫자 또는 좌표로 기술할 수 있다는 것은 익히 알려져 있다. 예를 들면, 우리는 방안에 있는 한 지점이 한쪽 벽에서 7피트, 다른쪽 벽에서 3피트 그리고 바닥에서 5피트 떨어져 있다고 말할 수 있다. 또는 그 한 지점을 특정한 위도와 경도 그리고 해발고도로 나타낼 수도 있다. 우리는 자유롭게 세 개의 적절한 좌표들을 사용할 수 있다. 물론 그 좌표들의 유효영역이 매우 제한적이기는 하다. 달의 위치를 규정할 때, 피카딜리 광장에서 북쪽으로 몇 마일, 서쪽으로 몇 마일 그리고 해발고도 몇 피트 식으로 이야기하는 사람은 아무도 없을 것이다. 사람들은 그 대신에 태양으로

부터의 거리, 행성의 궤도면으로부터의 거리 그리고 달과 태양을 잇는 선과 태양을 켄타우루스자리 알파 별과 같은 가까운 별에 잇는 선 사이의 각도로 기술할 것이다. 그런데 이런 좌표들도 우리 은하 안에서의 태양의 위치나 국부 은하군 내에서의 우리 은하의 위치를 나타내는 데에는 크게 도움이 되지 못한다. 실제로 우리는 우주 전체를 조각조각 잇대어 붙이는 방식으로 기술할 수 있다. 각각의 조각에서 우리는 한 점의 위치를 지정하기 위해서, 세 개의 좌표로 이루어진 여러 가지 다양한 집합을 사용할 수 있다.

사건이란, 공간상의 특정한 지점에서 특정한 시간에 일어나는 무엇이다. 따라서 우리는 그 사건을 네 개의 숫자 또는 좌표로 지정할 수 있다. 여기에서도 좌표의 선택은 임의적이다. 우리는 명확하게 정의된 세 개의 공간 좌표와 시간 척도를 어떤 것이든 사용할 수 있다. 상대성 이론에서는, 두 개의 공간 좌표 사이에 아무런 차이도 없듯이 공간 좌표와 시간 좌표 사이에도 실질적으로 아무런 구별이 없다. 우리는 가령 첫 번째 공간 좌표가 이전의 첫 번째와 두 번째 공간 좌표의 조합인 새로운 좌표집합을 선택할 수도 있다. 예를 들면, 지구상의 한 지점의 위치를 피카딜리 광장에서 북쪽으로 몇 마일, 서쪽으로 몇 마일 식으로 나타내는 대신에, 피카딜

리 광장에서 북동쪽으로 몇 마일, 북서쪽으로 몇 마일 식으로 지정할 수 있다. 마찬가지로 상대성 이론에서는, 이전의 시간(초) 더하기 피카딜리 광장 북쪽으로의 거리(광초)로 이루어지는 새로운 시간 좌표를 사용할 수도 있다.

어떤 사건의 네 개의 좌표를 시공이라는 4차원 공간에서의 위치를 지정하는 것으로서 생각하는 것이 때로는 도움이 될 때가 있다. 4차원 공간이라는 것을 머릿속에 떠올리는 것은 불가능하다. 나 개인적으로는 3차원 공간을 시각화하는 것조차도 대단히 어렵다! 그러나 지구의 표면과 같은 2차원 공간을 그리기는 쉬울 것이다(지구의 표면은 한 점의 위치가 경도와 위도라는 두 개의 좌표에 의해서 지정되기 때문에 2차원이다). 나는 일반적으로 수직축을 따라서 시간이 증가하고, 수평축을 따라서 하나의 공간차원이 표시되는 도표를 사용할 것이다. 여기에서 나머지 두 공간차원들은 무시되거나, 때로는 그중 하나가 투시화법으로 도시(圖示)된다(이것이 그림 2.8과 같은 이른바 시공 도표이다). 예를 들면, 그림 2.9에서 시간은 년을 단위로 수직축을 따라서 위쪽으로 올라가면서 나타나며, 태양에서 켄타우루스 자리 알파 별까지의 직선거리는 마일 단위로 수평축을 따라서 나타난다. 태양과 켄타우루스 자리 알파 별의 시공간 경로들은 도표의 왼쪽과 오른쪽에 있는 수직선으로 나타난다. 태

양에서 나오는 광선은 대각선을 따라서 진행하며, 태양에서 켄타우루스 자리 알파 별까지 가는 데에는 4년이 걸린다.

이미 앞에서 살펴보았듯이, 맥스웰의 방정식은 빛의 속도가 광원(光源)의 속도와 무관하게 항상 일정할 것이라고 예견했다. 이 예견은 정확한 실험을 통해서 확인되었다. 이 사실을 통해서 만약 빛의 펄스가 특정한 시간에 공간상의 특정한 지점에서 방출된다면, 그 펄스는 시간이 흐르면서 빛의 구(球)로 퍼져나갈 것이며, 그 구의 크기와 위치는 광원의 속도와 무관하다는 것을 알 수 있다. 100만 분의 1초가 지나면, 빛은 퍼져나가서 반경 300미터의 구를 형성하게 될

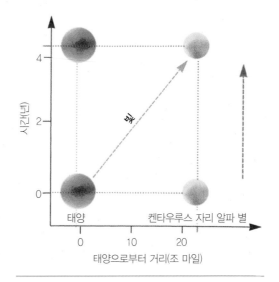

그림 2.9 태양에서 켄타우루스 자리 알파 별까지 가는 빛의 신호(대각선)를 보여주는 시공 도표. 태양과 켄타우루스 자리 알파 별의 시공간 경로들은 직선이다.

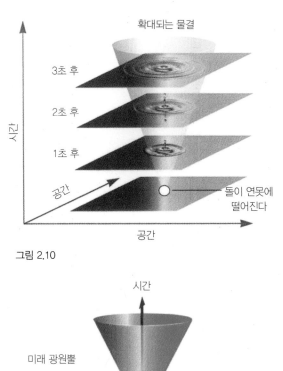

시간

미래 광원뿔

사건(현재)　P ——— 　다른 곳

과거 광원뿔

공간

공간

그림 2.11

⬆ 그림 2.10 연못의 수면에 물결이 퍼져나가는 모습을 나타
낸 시공 도표. 확대되는 물결들의 원은 두 개의 공간 방향과 하
나의 시간 방향을 가진 시공에서 원뿔을 만든다.
▲ 그림 2.11 사건 P에서 방출된 빛의 펄스의 경로가 시공상
에 "P의 미래 광원뿔"이라고 부르는 원뿔을 형성한다. 마찬가
지로, "P의 과거 광원뿔"은 사건 P를 지나게 될 광선들의 경로
이다. 이 두 개의 광원뿔이 시공을 P의 미래와 과거 그리고 다
른 곳으로 나눈다.

것이고, 100만 분의 2초가 지나면 구의 반경은
600미터가 될 것이다. 그것은 마치 연못에 돌을
던졌을 때에 연못의 수면에서 퍼져나가는 물결
과 흡사할 것이다. 그 물결들은 시간이 흐름에
따라서 점점 커지는 원을 그리며 퍼져나간다.
만약 그 물결들을 각각의 시간마다 스냅 사진으
로 촬영해서 그 사진들을 차례로 쌓아올린다면
확대되는 물결의 원들은 돌이 물에 떨어진 시간
과 장소를 꼭짓점으로 하는 원뿔 모양이 될 것
이다(그림 2.10). 마찬가지로, 한 사건에서 퍼져
나가는 빛은 (4차원) 시공 속의 (3차원) 원뿔을 형
성한다. 이 원뿔을 그 사건의 미래 광원뿔(future
light cone)이라고 부르는데, 각 사건들에서 나온
빛의 펄스가 주어진 사건에 도달할 수 있는 그
사건들의 집합이다(그림 2.11).

사건 P가 주어진다면, 우리는 우주에서 일어
나는 다른 사건들을 세 가지로 나눌 수 있다. 사
건 P에서 출발하여 빛의 속도나 그 이하의 속도
로 움직이는 입자나 파동에 의해서 도달할 수
있는 사건들은 P의 미래에 있다고 말한다. 그
사건들은 사건 P에서 방출된 확장되는 빛의 구
안에 있거나 또는 그 구면에 놓이게 될 것이다.
따라서 그 사건들은 시공 도표상에서 P의 미래
광원뿔 안에 또는 그 원뿔면에 놓이게 될 것이
다. P의 미래에 일어나는 사건들만이 P에서 일
어난 일에 의해서 영향을 받을 수 있다. 그 무엇

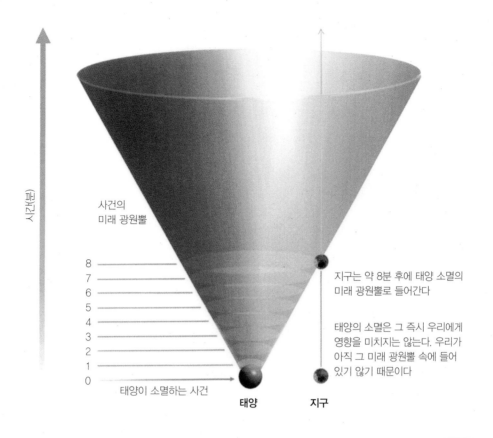

사건의
미래 광원뿔

(거리)

8
7
6
5
4
3
2
1
0

태양이 소멸하는 사건

태양   **지구**

지구는 약 8분 후에 태양 소멸의
미래 광원뿔로 들어간다

태양의 소멸은 그 즉시 우리에게
영향을 미치지는 않는다. 우리가
아직 그 미래 광원뿔 속에 들어
있지 않기 때문이다

도 빛보다 빨리 움직일 수는 없기 때문이다.

마찬가지로, P의 과거는 빛의 속도나 그 이하의 속도로 움직임으로써 사건 P에 도달할 수 있는 모든 사건들의 집합으로 정의될 수 있다. 따라서 그것들은 P에서 일어나는 일에 영향을 미칠 수 있는 사건들의 집합이다. P의 미래나 과거에 위치하지 않는 사건들은 P의 '다른 곳 (elsewhere)'에 놓여 있다고 표현한다. 이런 사건들에서 벌어지는 일은 P에서 일어나는 일에 영향 받지도, 주지도 못한다. 예를 들면 태양이 지금 이 순간에 빛나기를 멈춘다면, 현재 지구

그림 2.12 우리가 태양이 소멸한 것을 깨닫는 데에 몇 분이 걸리는지를 보여주는 시공 도표.

에서 일어나는 일에는 영향을 주지 않을 것이다. 왜냐하면 태양이 꺼졌을 때, 지구상에서 벌어지는 일들은 그 사건의 '다른 곳'에 위치하기 때문이다(그림 2.12). 우리는 8분이 지난 다음에야 그 사실을 알게 된다. 태양 빛이 지구에 도달하기까지 그 정도의 시간이 걸리기 때문이다. 그제야 지구상의 사건들은 태양이 꺼진 사건의 미래 광원뿔 속으로 들어간다. 마찬가지로, 우

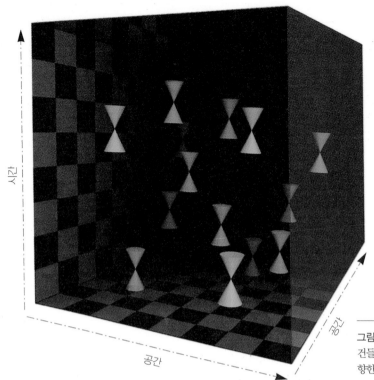

그림 2.13 중력효과를 무시하면, 모든 사건들에서 나오는 빛은 모두 동일한 방향을 향한다.

리는 지금 이 순간에 우주의 먼 곳에서 어떤 일이 벌어지고 있는지를 알지 못한다. 먼 은하로부터 날아와서 현재 우리의 눈에 들어오는 빛은 수백만 년 전에 그 은하를 출발한 것들이다. 지금까지 우리가 관측한 가장 먼 천체의 경우, 그 빛은 약 80억 년 전에 그 천체를 출발했다. 따라서 우리가 우주를 바라볼 때, 우리는 과거의 모습을 보고 있는 것이다.

1905년에 아인슈타인과 푸앵카레가 그랬던 것처럼 중력효과를 무시한다면, 우리는 이른바 특수 상대성 이론(特殊相對性理論, special theory of relativity)이라는 것을 얻게 된다. 우리는 시공의 모든 사건에 대해서 광원뿔(그 사건에서 시공으로 방출되는 빛의 모든 가능한 경로들의 집합)을 구성할 수 있으며, 광속은 모든 사건에서 모든 방향에 대하여 동일하기 때문에 모든 광원뿔은 동일하며 모두 동일한 방향을 향할 것이다(그림 2.13). 또한 특수 상대성 이론은 그 무엇도 빛보다 빠를 수는 없다고 이야기한다. 이 말은 시간과 공간을 지나는 모든 물체의 경로가 그 위에 각각의 사건이 위치하는 광원뿔 내의 한 선으로 표현되어야 한다는 것을 뜻한다(그림 2.14). 특수

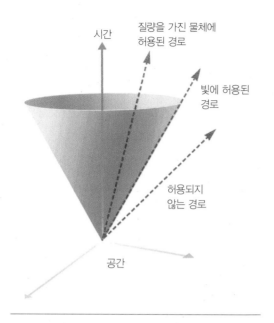

그림 2.14 질량을 가진 물체들은 빛의 속도보다 느리게 움직인다. 따라서 그 경로는 미래 광원뿔 속에 놓인다.

그림 2.15 두 지점을 잇는 최단 경로인 측지선은 지구의 경우에는 대권 위에 있다.

상대성 이론은 광속이 모든 관찰자들에게 동일하다(마이컬슨-몰리의 실험에서 입증되었듯이)는 것을 설명하고, 물체가 빛의 속도에 가깝게 움직일 때에 어떤 일이 일어나는지를 기술하는 데에는 매우 성공적이었다. 그러나 이 이론은 뉴턴의 중력 이론과 모순되었다. 뉴턴의 이론은 모든 물체가 그들 사이의 거리에 따라서 달라지는 힘으로 서로를 끌어당긴다고 설명했다. 이 말은 누군가가 두 물체 중에서 하나를 이동시키면, 다른 하나에 미치는 힘도 동시에 변화를 일으킨다는 것이다. 다시 말해서, 중력효과가 특수 상대성 이론이 주장하듯이 빛의 속도나 그

이하의 속도로 전달되는 것이 아니라 무한한 속도로 전달되어야 한다는 것을 뜻한다. 아인슈타인은 1908년에서 1914년에 걸쳐서 특수 상대성 이론과 모순되지 않는 중력 이론을 찾으려고 여러 차례 노력했지만, 성공하지 못했다. 그는 결국 1915년에 오늘날 우리가 일반 상대성 이론이라고 부르는 이론을 제안했다.

아인슈타인은 중력이 다른 힘들과는 달리 실제로는 힘이 아니며, 전부터 추측해왔듯이 시공이 평평하지 않기 때문에 발생하는 결과라는 혁명적인 주장을 제기했다. 다시 말해서, 시공은 그 속에 들어 있는 에너지와 질량의 분포에 따

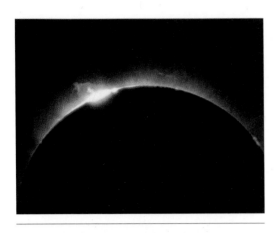

1991년의 개기일식에서 관측된 태양 원반.

라서 구부러지거나 "휘어져(warped)" 있다는 것이다. 지구와 같은 천체는 중력이라고 부르는 힘에 의해서 휘어진 궤도를 따라 움직이는 것이 아니라, 휘어진 공간 속에서 직선 경로, 즉 측지선에 가장 가까운 경로를 따라 움직인다는 것이다. 측지선(geodesic)이란, 인접한 두 점을 잇는 최단(또는 최장) 경로를 말한다. 예를 들면, 지구 표면은 2차원 곡면이다. 지구상에서의 측지선은 대권(great circle)이라고 부르며, 두 지점 사이의 최단 경로를 뜻한다(그림 2.15). 측지선이 두 공항을 잇는 가장 짧은 항로이기 때문에, 항공사의 항법사는 조종사에게 그 항로를 따라서 비행하라고 이야기할 것이다. 일반 상대성 이론에 따르면 모든 물체는 4차원 시공 속에서 항상 직선을 따라 나아가지만, 우리에게는 그 물체들이 3차원 공간 속에서 휘어진 경로를 따라 움직이

는 것처럼 보인다(이것은 구릉지 위를 나는 비행기를 보는 것과 흡사하다. 그 비행기는 3차원 공간에서 직선을 따라 진행하지만, 그 그림자는 2차원 지면 위에서 휘어진 경로를 따라 진행한다).

태양의 질량이 시공을 휘기 때문에, 지구는 4차원 시공 속에서 직선으로 진행함에도 불구하고 우리에게는 3차원 공간에서 원궤도를 따라서 움직이는 것처럼 보인다. 실제로 일반 상대성 이론이 예측한 행성들의 궤도는 뉴턴의 중력 이론이 예측한 궤도와 거의 정확하게 일치한다. 그러나 태양에 가장 가깝기 때문에 가장 큰 중력효과를 받으며 조금 길쭉하게 늘어난 궤도를 따라서 도는 수성의 경우, 일반 상대성 이론은 이 타원의 긴 축이 1만 년에 약 1도씩 태양 주위를 회전할 것이라고 예측했다. 이 효과는 비록 아주 작은 것이지만, 이미 1915년 이전에 관찰되었고 아인슈타인의 이론을 확증해주는 최초의 사례로 기여했다. 최근 들어서는 뉴턴의 예측에서 벗어나는 다른 행성 궤도들의 더 미세한 일탈까지도 레이더에 의해서 측정되었고, 그것이 일반 상대성 이론의 예측과 일치한다는 사실이 확인되었다.

광선 또한 시공 속에서 측지선을 따라서 움직여야 한다. 여기에서도, 공간이 휘어 있다는 사실은 빛이 더 이상 공간 속을 직진하는 것처럼 보이지 않는다는 것을 뜻한다. 따라서 일반 상

그림 2.16 태양(A)의 질량이 태양 근처의 시공을 일그러뜨린다. 이것은 먼 별(B)에서 출발하여 태양 근처를 지나는 빛을 굴절시켜서, 지구(C)에서는 그 빛이 마치 다른 방향(D)에서 온 것처럼 보이게 한다.

대성 이론은 빛이 중력장에 의해서 휘어질 것이라고 예견했다. 예를 들면, 이 이론은 태양에 가까운 점들의 광원뿔이 태양의 질량 때문에 안쪽으로 약간 휠 것이라고 예측했다. 이것은 멀리 떨어진 별에서 출발하여 우연히 태양 가까운 곳을 지나게 된 빛이 비록 작은 각도이지만 굴절하게 되고, 그로 인해서 그 별이 지구상의 관측자에게는 다른 위치에 있는 것처럼 보이게 하리라는 것을 뜻한다(그림 2.16). 물론 만약 그 별빛이 항상 태양 가까이를 지난다면, 우리는 그 빛이 굴절된 것인지 아니면 그 별이 실제로 우리가 보는 위치에 있는 것인지를 분간할 수 없을 것이다. 그러나 지구가 태양 주위를 공전할 때, 다양한 항성들이 태양 뒤편으로 지나가는 것처럼 보이고 그에 따라서 그들의 빛은 굴절된다. 따라서 그들은 다른 별들에 대해서 상대적으로 겉보기 위치를 변화시킨다.

보통의 조건에서는 이 효과를 관찰하기가 매우 힘들다. 태양빛 때문에 하늘에서 태양에 가까운 별들을 관측할 수 없기 때문이다. 그러나 태양빛이 달에 가려지는 일식이 일어나는 동안에는 관측이 가능하다. 별빛이 굴절하리라는 아인슈타인의 예견은 1915년에 곧바로 검증되지는 못했다. 당시는 제1차 세계대전이 벌어지는 와중이었기 때문이다. 1919년이 되어서야 영국의 탐사대가 서아프리카에서 일식을 관찰해서,

아인슈타인의 이론의 예측대로 빛이 실제로 태양에 의해서 굴절된다는 사실을 증명할 수 있었다. 영국의 과학자들에 의해서 독일인의 이론이 입증된 것은 전후 두 나라 사이에 이루어진 위대한 화해로 환영받았다. 그러므로 탐사대가 촬영한 사진을 훗날 검토한 결과, 오차가 그들이 측정하려고 했던 효과만큼이나 컸다는 사실이 발견된 것은 얄궂은 일이다. 그들의 측정은 순전한 행운이었거나, 또는 그들이 측정하고자 하는 결과를 미리 알았던 경우였다. 이런 일은 과학에서 드물지 않게 벌어진다. 그러나 그후 이루어진 수차례의 관측을 통해서 빛의 굴절은 분명한 사실로 확인되었다.

일반 상대성 이론에서의 또 하나의 예측은 시간이 지구처럼 질량이 큰 물체의 근처에서는 느리게 가는 것처럼 보인다는 것이다. 그 까닭은 빛의 에너지와 그 진동수(즉 초당 빛의 파동의 수) 사이에 어떤 관계가 있기 때문이다. 즉 에너지가 커질수록 진동수는 높아진다. 빛이 지구의 중력장 속에서 위로 올라가면, 빛은 에너지를 잃으며 그에 따라 진동수도 낮아진다(이 말은 한 파동의 마루에서 다음 파동의 마루 사이의 시간 간격이 길어진다는 뜻이다). 따라서 높은 고도에 있는 사람에게는 아래쪽에서 벌어지는 모든 일이 느리게 진행되는 듯이 보일 것이다. 이 예견은 1962년에 검증되었다. 여기에는 급수탑의 꼭대

그림 2.17 탑의 맨 아래쪽에 설치되어 지구에 보다 가까운 시계는 꼭대기의 시계보다 더 느리게 간다.

늘날 지구상에서 서로 다른 고도의 두 시계 사이에서 나타나는 속도 차이는 매우 중요한 실용적인 의미를 가진다. 인공위성에서 오는 신호를 사용하는 고정밀 항행 시스템들이 등장했기 때문이다. 만약 일반 상대성 이론이 예견한 사실들을 무시한다면, 우리가 계산한 위치는 몇 마일씩이나 오차가 발생할 것이다!

뉴턴의 운동법칙은 공간에서의 절대위치라는 개념을 폐기시켰다. 그리고 상대성 이론은 절대시간이라는 개념을 무너뜨렸다. 쌍둥이의 사례를 살펴보자. 쌍둥이 중 한 명은 산꼭대기로 살러 가고, 다른 한 명은 해변에 남아서 산다고 가정하자. 첫 번째 쌍둥이는 두 번째 쌍둥이에 비해서 더 빨리 나이를 먹을 것이다. 따라서 두 사람이 다시 만났을 때, 전자가 후자에 비해서 더 늙었을 것이다. 이 경우의 나이 차이는 아주 작겠지만, 쌍둥이 중 한 사람이 우주선을 타고 빛에 가까운 속도로 오랫동안 여행을 했다면, 나이 차이는 훨씬 더 멀어질 것이다. 우주여행에서 돌아온 쪽은 지구에 남아 있던 다른 쌍둥이보다 더 젊을 것이다. 이것을 쌍둥이 역설(twins paradox)이라고 부른다. 그러나 이것을 역설이라고 부르는 것은 그 사람의 마음속에 여전히 절대시간이라는 개념이 남아 있기 때문이다. 상대성 이론에서는 유일한 절대시간이라는 것은 존재하지 않으며, 그 대신에 각 개인들은 그의 위

기와 맨 밑에 장치한 매우 정밀한 두 개의 시계가 이용되었다(그림 2.17). 실험 결과, 지구에 더 가까운 아래쪽 시계가 일반 상대성 이론의 예측대로 더 느리게 간다는 사실이 확인되었다. 오

치와 움직이는 방식에 따라서 달라지는 개인적인 시간 척도를 가질 뿐이다.

1915년 이전까지, 공간과 시간은 그 속에서 사건들이 일어나지만 거기에서 일어난 일에 영향을 받지는 않는 고정된 장으로 생각되었다. 특수 상대성 이론의 경우에도 이런 생각은 여전히 변하지 않았다. 물체는 움직이고 힘은 서로를 끌어당기거나 밀어내지만, 시간과 공간은 아무런 영향도 받지 않고 계속될 뿐이라는 것이다. 따라서 시간과 공간이 영원히 계속된다는 생각은 당연한 것으로 받아들여졌다.

그러나 일반 상대성 이론에서는 상황이 크게 달라진다. 이제 시간과 공간은 동역학적인 양들이다. 물체가 움직이거나 힘이 작용하면, 그것은 시간과 공간의 곡률(曲率)에 영향을 미친다. 그리고 시공 구조는 다시 그 속에서 움직이는 물체와 작용하는 힘에 영향을 준다. 시간과 공간은 우주 속에서 일어나는 모든 것에 영향을 줄 뿐만 아니라 영향을 받기도 한다. 공간과 시간이라는 개념 없이는 우주에서 일어나는 사건들에 대해서 이야기할 수 없듯이, 일반 상대성 이론에서는 우주의 한계 바깥에서 공간과 시간에 대해서 이야기하는 것이 아무런 의미도 없게 되었다.

그후 수십 년 동안, 시간과 공간에 대한 이 새로운 이해는 우리의 우주관을 혁명적으로 바꾸어놓았다. 과거에도 존재해왔고 앞으로도 존재할 본질적으로 영원히 불변인 우주라는 낡은 개념은 과거의 어느 시점에 시작되어 미래의 어느 시기에 종말을 맞이할 팽창하는 동역학적인 우주라는 개념으로 대체되었다. 이러한 혁명이 다음 장에서 다루어질 주제이다. 수년 후, 이 혁명은 이론물리학 분야에서의 나의 연구에 출발점이 되어주기도 했다. 로저 펜로즈와 나는 아인슈타인의 일반 상대성 이론이 우주에 분명히 시작이 있으며 아마도 끝 또한 있을 것이라는 사실을 암시한다고 지적했다.

오늘날 시간과 공간은 동역학적인 양으로 간주된다. 각각의 개별 입자 또는 행성들은 그것들이 움직이는 위치나 방법에 따라서 각기 고유한 시간 척도를 가지는 것으로 생각된다.

3

팽창하는 우주

달이 없는 맑은 밤하늘에서 가장 빛나는 천체가 금성, 화성, 목성 그리고 토성 등의 행성들이다. 우리는 그밖에도 무수한 항성들을 볼 수 있는데 그것들은 우리 태양과 비슷한 별들이지만 훨씬 멀리 떨어져 있다. 실제로 이런 항성들 중 일부는 지구가 태양 주위를 공전하는 동안 서로의 상대적인 위치가 아주 조금만 변하는 것들도 있다. 그러나 그들이 실제로 고정되어 있는 것은 결코 아니다! 다만 그 별들이 상대적으로 지구와 가깝기 때문이다. 지구가 태양 주위를 돌 때 항성들은 훨씬 더 먼 항성들로 이루어진 배경에 대해 위치가 변하는 것처럼 보인다(그림 3.1). 이것은 매우 다행스러운 일이다. 왜냐하면 그 덕분에 그 별들과 우리 사이의 거리를 직접 측정할 수 있기 때문이다. 별들은 우리와 더 가까울수록 배경에 대해서 더 많이 움직이는 것처럼 보인다. 프록시마 켄타우리라고 부르는 가장 가까운 항성은 지구에서 약 4광년(그 별에서 떠난 빛이 지구에 도달하는 데에 4년이 걸리는 거리), 즉 23조 마일 정도 떨어져 있다. 육안으로 볼 수 있는 대부분의 다른 항성들은 지구와의 거리가 수백 광년 내에 있는 것들이다. 그에 비해서 태양은 지구와의 거리가 8광분(光分)에 불과하다! 밤하늘에는 별들이 도처에 퍼져 있는 듯이 보이지만, 특히 띠를 이루

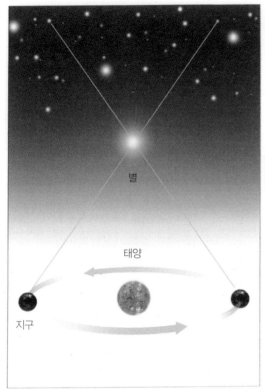

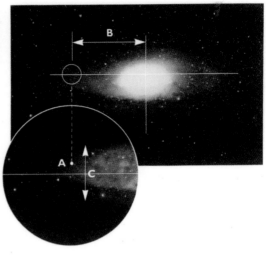

◀ 그림 3.1 지구가 태양 주위를 공전할 때, 가까운 별의 위치는 보다 먼 별들을 배경으로 이동하는 것처럼 보인다.

▲ 그림 3.2 천문학자들은 우리 태양(A)이 은하의 중심에서 약 2만5,000광년(B), 은하면에서 원반의 바깥쪽으로 68광년 떨어져 위치하며, 태양 근처의 원반 두께는 약 1,300광년(C)이라는 데에 의견이 일치하고 있다.

◀◀ 소용돌이 은하 M51. 우리 은하는 이러한 나선은하와 비슷할 것으로 생각된다.

어 집중되어 있는 곳이 있다. 그것이 바로 은하수(Milky Way)이다. 천문학자들은 이미 1750년에 은하수가 띠처럼 보이는 이유를, 대부분의 관측 가능한 별들이 하나의 원반과 같은 배치를 이루기 때문이라고 설명했다. 그 한 가지 예가 오늘날 나선은하라고 부르는 것이다. 그로부터 불과 몇십 년 후에 천문학자 윌리엄 허셜 경이 엄청난 수의 별들의 위치와 거리를 목록으로 작성하는 힘겨운 노력 끝에 이 사실을 확인했다. 그러나 이러한 생각이 완전히 받아들여진 것은 20세기 초에 들어서였다.

오늘날의 우주상이 확립된 것은 비교적 최근인 1924년의 일이다. 그해에 미국의 천문학자 에드윈 허블이 우리의 은하가 유일한 은하는 아니라는 사실을 입증했다. 실제로 우주에는 그밖에도 많은 수의 은하들이 존재하며, 그들 사이에는 엄청난 면적의 빈 공간이 펼쳐져 있었다. 이 사실을 증명하기 위해서 허블은, 가까운 별들과는 달리, 너무 멀리 떨어져 있어서 정말로 고정된 듯이 보이는 다른 은하들까지의 거리를 측정해야 했다. 따라서 허블은 거리를 측정하기 위해서 간접적인 방법을 사용하지 않을 수 없었

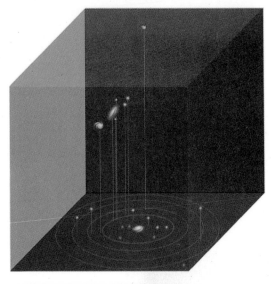

다. 별의 겉보기 밝기는 두 가지 요인으로 결정된다. 하나는 그 별의 실제 발광량(광도)이고, 다른 하나는 우리로부터 떨어져 있는 거리이다. 가까운 별들의 경우, 겉보기 밝기와 거리를 측정할 수 있으므로 그 별의 광도를 알아낼 수 있다. 역으로, 만약 우리가 다른 은하에 있는 별들의 광도를 안다면 그 별들의 겉보기 밝기를 측정해서 우리와의 거리를 계산할 수 있다. 허블은 특정한 유형의 별들이 우리가 측정할 수 있을 만큼 가까운 거리에 있을 때 항상 광도가 동일하다는 사실에 주목했다. 따라서 그는 만약 우리가 다른 은하에서 이러한 별들을 발견한다면, 그 별들이 같은 광도를 띤다고 가정할 수 있으며, 그 은하까지의 거리를 계산할 수 있을 것이라고 주장했다. 만약 우리가 같은 은하 내에 있는 많은 별들에 대해서 이런 작업을 할 수 있다면 그리고 그 계산 결과로 항상 같은 거리를 얻을 수 있다면, 우리는 이러한 추정에 대해서 상당한 확신을 얻을 수 있을 것이다.

이런 식으로 에드윈 허블은 아홉 개의 다른

그림 3.3 왼쪽부터 : 우리 태양은 은하수라고 부르는 우리 은하를 구성하는 1,000억 개의 별들 중 하나일 뿐이다. 은하수는 또 국부은하군에 속한 수많은 은하들 중 하나이며, 국부은하군은 다시 은하단 속의 수천 개의 은하군들 중 하나이다. 은하단은 지금까지 알려진 우주 구조 가운데 가장 큰 것이다.

은하들의 거리를 측정했다. 오늘날 우리는 우리 은하가 현대의 망원경을 이용해서 관측 가능한 수천억 개의 은하들 중 하나에 불과하며 이 은하들은 또 제각기 수천억 개의 별들을 가지고 있음을 알고 있다(그림 3.3). 46쪽의 사진은 나선은하의 모습으로, 만약 다른 은하에서 사는 사람들이 우리 은하를 본다면 이런 모습일 것이다. 우리가 사는 은하는 직경이 약 10만 광년이고, 느린 속도로 회전하고 있다. 나선의 팔을 이루는 별들은 수억 년에 한 번꼴로 그 중심 주위를 회전한다. 우리 태양은 하나의 나선 팔의 안

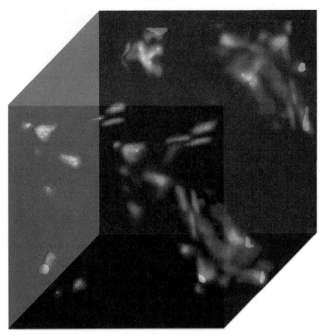

은하단

구성하는 여러 가지 색(스펙트럼)으로 나뉜다는 사실을 발견했다. 개개의 별이나 은하에 망원경의 초점을 맞추면, 그 별이나 은하에서 나오는 빛의 스펙트럼을 비슷한 방식으로 관찰할 수 있다. 별들은 저마다 다른 스펙트럼을 가지지만, 서로 다른 색들의 상대적 밝기는 적열(赤熱)하는 물체에서 방출되는 빛에서 볼 수 있는 것과 항상 정확히 동일한 밝기이다(실제로 적열하는 모든 불투명한 물체에서 방출되는 빛은 오직 온도에 따라서만 차이가 나는 특징적인 스펙트럼, 즉 열 스펙트럼을 가진다. 이 말은 우리가 어떤 별의 온도를 그 빛의 스펙트럼을 통해서 알아낼 수 있다는 뜻이다). 나아가 우리는 특정 색이 별의 스펙트럼에서 빠져 있으며, 이 보이지 않는 색도 별에 따라서 저마다 다르다는 사실을 알 수 있다. 우리는 화학원소들이 저마다 매우 구체적인 색의 특정 집합을 흡수한다는 사실을 알고 있으므로 어떤 별의 스펙트럼에서 빠져 있는 색에 이 사실을 적용해보면 그 별의 대기에 어떤 원소들이 들어 있는지를 정확히 알아낼 수 있다.

쪽 가장자리 근처에 있는 아주 평범한 보통 크기의 노란색 별에 불과하다(그림 3.2). 이제 우리는 지구가 우주의 중심이라고 믿었던 아리스토텔레스와 프톨레마이오스의 생각에서 아주 멀리 벗어나게 된 것이 분명하다!

별들은 너무 멀리 떨어져 있기 때문에, 우리에게는 바늘끝만 한 광점(光點)으로 보일 따름이다. 우리는 그들의 크기나 형태를 볼 수 없다. 그렇다면 어떻게 별들의 종류를 구분할 수 있을까? 대부분의 별에서 우리가 관찰할 수 있는 유일한 특성은 그 빛의 색이다. 뉴턴은 햇빛이 프리즘이라는 삼각형 모양의 유리를 통과하면, 우리가 무지개에서 볼 수 있는 것과 같이, 햇빛을

1920년대에 천문학자들이 다른 은하의 별들의 스펙트럼을 관찰하기 시작했을 때, 그들은 매우 특징적인 사실을 발견했다. 거기에는 우리

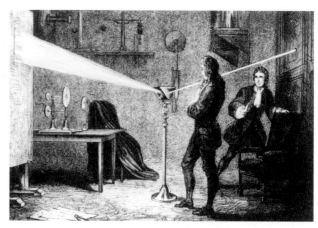

아이작 뉴턴은 프리즘을 이용해서 백색광을 스펙트럼으로 분리시켰다.

은하에 속하는 별들과 마찬가지로 똑같은 특정 색들이 빠져 있었다. 그런데 그 색들은 스펙트럼의 붉은색 끝으로 상대적으로 동일한 양만큼 편이되어 있었다. 이 사실이 무엇을 뜻하는지를 이해하려면, 먼저 도플러 효과(Doppler effect)에 대해서 알아둘 필요가 있다. 앞에서 살펴보았듯이, 가시광선은 전자기장 속의 요동 또는 파동으로 이루어진다. 빛의 파장(즉 한 파동의 마루에서 다음 파동의 마루까지의 거리)은 극히 짧아서 4,000만 분의 1센티미터에서 7,000만 분의 1센티미터 사이이다. 이러한 빛의 파장이 사람의 눈에 여러 가지 색으로 보이게 된다. 가장 긴 파장은 스펙트럼의 붉은색 끝에 그리고 가장 짧은 파장은 푸른색 끝에 나타난다. 가령 항성과 같이 우리로부터 일정한 거리를 유지하는 광원(光源)이 있고 여기에서 일정한 파장의 빛의 파동이 방출된다고 가정하자(그림 3.4a). 우리에게 도달

하는 파동의 파장은 광원에서 방출될 때의 파장과 같을 것이다(은하의 중력장은 눈에 띄는 효과를 일으킬 정도로 크지 않을 것이다). 이번에는 광원이 우리를 향해서 다가온다고 가정하자. 광원이 다음 파동의 마루를 방출할 때쯤에는, 그 광원은 우리에게 더 가까워졌을 것이다. 따라서 마루와 마루 사이의 거리는 그 별이 정지해 있을 때보다 줄어들 것이다. 이 말은 우리에게 도달하는 파동의 파장이 그 별이 정지해 있을 때보다 더 짧아졌음을 뜻한다. 마찬가지로, 광원이 우리로부터 멀어질 경우에는 우리가 받는 파동의 파장이 더 길어질 것이다. 따라서 빛의 경우, 우리로부터 멀어지는 별들에서 나오는 빛의 스펙트럼은 그 스펙트럼의 붉은색 끝 부분을 향해서 이동할 것이다(적색편이[red-shift]). 그리고 우리를 향해서 다가오는 별들의 스펙트럼은 청색편이가 될 것이다. 도플러 효과라고 부르는, 이러한 파

그림 3.4a

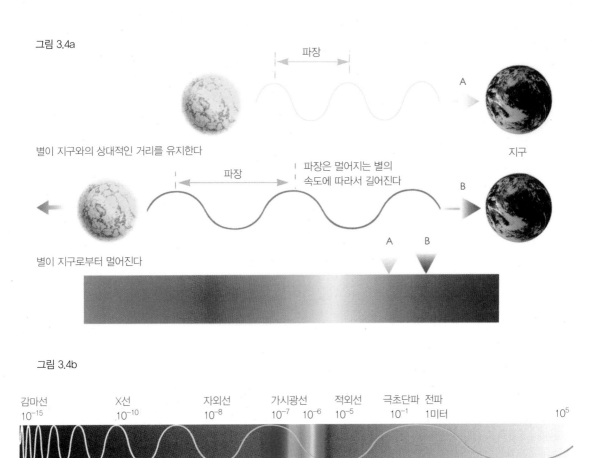

파장

A

별이 지구와의 상대적인 거리를 유지한다

지구

파장

파장은 멀어지는 별의 속도에 따라서 길어진다

B

별이 지구로부터 멀어진다

A   B

그림 3.4b

감마선	X선	자외선	가시광선		적외선	극초단파	전파	
10^{-15}	10^{-10}	10^{-8}	10^{-7}	10^{-6}	10^{-5}	10^{-1}	1미터	10^{5}

장과 속도 사이의 관계는 일상적인 경험에서도 쉽게 찾아볼 수 있다. 거리를 지나가는 자동차의 소리를 들어보자. 자동차가 여러분을 향해서 접근할 때는, 엔진의 음조가 높아진다(음파의 파장이 짧아지고, 진동수가 높아지기 때문에). 자동차가 여러분 앞을 지나쳐서 멀어지면 엔진의 음조는 낮아진다(그림 3.5). 빛이나 전파의 경우도 마찬가지이다. 실제로 경찰은 차량의 속도를 측정할 때에 도플러 효과를 이용해서 문제의 차

그림 3.4a 지구에 대해서 고정적인 별은 일정한 파장—우리가 관찰하는 것과 같은 파장—으로 빛을 방출한다. 그 별이 우리로부터 멀어지면, 파동의 마루와 마루 사이의 거리는 늘어나게 되며 우리는 그 스펙트럼이 적색으로 편이된 것으로 느끼게 된다.

그림 3.4b 빛의 전체 스펙트럼은 우리가 볼 수 있는 것보다 훨씬 넓은 범위의 파장을 포괄하여, 파장이 아주 짧은 감마선에서부터 파장이 아주 긴 전파까지를 모두 아우르고 있다.

량에서 반사되어 되돌아오는 전파 펄스의 파장을 측정한다.

다른 은하들의 존재를 증명한 후로 여러 해

그림 3.5

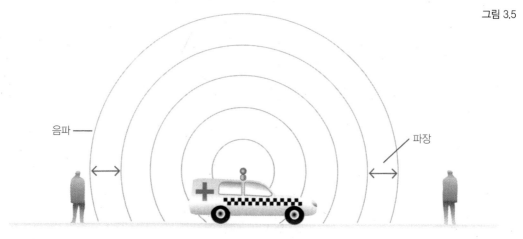

음파

파장

정지해 있는 사이렌

그림 3.5 도플러 편이는 음파에서 전자기파에 이르기까지 모든 종류의 파동이 가지고 있는 특성이다. 앰뷸런스의 사이렌과 같은 방출원이 관찰자를 향해서 접근하면 파동은 진동수가 높은 쪽으로 편이된다. 반대로 방출원이 관찰자로부터 멀어지면 파동은 진동수가 낮은 쪽으로 편이된다.

동안, 허블은 그 은하들의 스펙트럼을 관찰하고 그 거리를 목록으로 작성하는 데에 그의 시간을 쏟아부었다. 당시 대부분의 사람들은 은하들이 매우 임의적으로 움직인다고 생각했고, 따라서 적색편이되는 스펙트럼과 거의 같은 만큼의 청색편이되는 스펙트럼을 발견할 수 있을 것이라고 예상했다. 그런데 대단히 놀랍게도 대부분의 은하들이 적색편이되는 모습을 보였다. 다시 말해서 거의 모든 은하들이 우리로부터 멀어지고 있었던 것이다! 그런데 더 놀라운 일은 허블이 1929년에 발표한 내용이었다. 그 내용은 은하

의 적색편이의 크기마저도 임의적이지 않으며, 우리와의 거리에 정비례한다는 것이었다. 다시 말해서 은하가 더 멀리 떨어져 있을수록 우리로부터 빠른 속도로 멀어진다는 것이다! 그리고 그것은 그전까지 사람들이 생각했듯이 우주가 정적이지 않으며 실제로는 팽창하고 있음을 의미했다. 은하들 사이의 거리는 항상 늘어나고 있는 것이다.

우주가 팽창하고 있다는 발견은 20세기에 이루어진 가장 위대한 지적 혁명 중의 하나이다. 돌이켜 생각해보면, 왜 그 사실을 그 이전까지 아무도 생각해보지 못했는지 의아할 정도이다. 뉴턴을 비롯한 그밖의 사람들은 정적인 우주는 곧 중력의 영향으로 수축하기 시작할 것이라는 사실을 깨달았어야 했다. 반대로 우주가 팽창하고 있다고 생각해보자. 만약 우주가 아주 느린

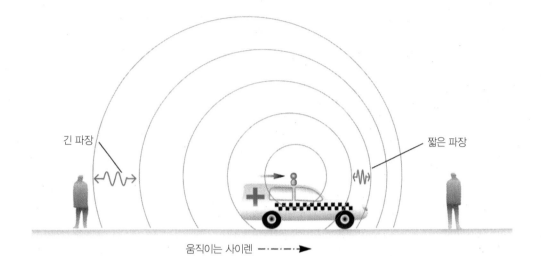

긴 파장   짧은 파장

움직이는 사이렌 ‒ ‒ ‒ ‒ →

속도로 팽창하고 있다면, 궁극적으로는 중력의 힘이 우주의 팽창을 멈추게 할 것이고, 그런 다음 수축이 시작될 것이다. 그러나 만약 우주가 특정한 임계속도 이상으로 팽창을 계속한다면, 중력은 결코 팽창을 정지시킬 만큼 강하지 못할 것이며, 우주는 영원히 팽창을 계속할 것이다. 우리가 지구 표면에서 하늘을 향해 로켓을 발사할 때에 벌어지는 일이 이와 흡사하다. 만약 로켓의 속도가 대단히 느리다면, 결국 중력이 로켓의 상승을 정지시키고 다시 지상으로 떨어지게 만들 것이다. 반면에 만약 로켓이 특정한 임계속도(약 초속 7마일) 이상으로 상승한다면, 중력은 그 로켓을 지구로 다시 끌어내리지 못할 것이며, 따라서 로켓은 지구에서 영원히 벗어나게 된다. 이러한 우주의 움직임은 19세기, 18세기 심지어는 17세기 말의 어느 시기에라도 뉴턴

의 중력 이론으로부터 예견될 수 있었다. 그러나 정적인 우주에 대한 믿음이 워낙 강해서 20세기 초까지도 지속되었다. 아인슈타인조차도 1915년에 일반 상대성 이론을 수립했을 때, 우주가 정적이어야 한다는 믿음을 확고히 견지한 나머지 자신의 방정식에 이른바 우주상수(宇宙常數, cosmological constant)라는 것을 도입하여 자신의 이론이 정적인 우주와 모순되지 않도록 수정했다. 아인슈타인은 다른 힘들과는 달리 특정한 원천에서 나오지 않으면서 시공의 가장 기본적인 구조를 이루는 "반중력(反重力, anti-gravity)"이라는 새로운 힘을 도입했다. 그는 시공이 팽창에 대한 내재적인 경향을 가지고 있으며, 이 경향은 우주 속의 모든 물질의 인력과 정확하게 균형을 유지함으로써 정적인 우주가 가능할 수 있다고 주장했다. 그런데 단 한 사람만

이 일반 상대성 이론을 액면 그대로 받아들였다. 아인슈타인과 그밖의 물리학자들이 비(非)정적인 우주에 대한 일반 상대성 이론의 예견을 피하기 위해서 온갖 방법을 강구하던 동안에 러시아의 수학자이자 물리학자인 알렉산드르 프리드만은 그 예견을 있는 그대로 설명하는 일에 착수했다.

프리드만은 우주에 대해서 아주 간단한 두 가지 가정을 했다. 하나는 우주가 어느 방향에서나 똑같은 모습이라는 것이고, 다른 하나는 우리가 우주 공간의 어느 곳에서 우주를 관측해도 같은 모습을 볼 수 있으리라는 가정이다. 이 두

뉴저지 주 홀름델에 있는 뿔 안테나 앞에 선 아노 펜지어스(왼쪽)와 로버트 윌슨. 두 사람은 이 안테나로 우연히 우주배경복사를 발견했다.

가지 생각만으로, 프리드만은 우주가 정적이라고 생각할 수 없음을 입증했다. 실제로 에드윈 허블의 발견이 있기 수년 전인 1922년에 프리드만은 정확하게 허블의 발견을 예견했다!

우주가 모든 방향에서 같은 모습으로 보인다는 것은 실제로는 전혀 사실이 아니다. 일례로, 이미 앞에서 살펴보았듯이, 우리 은하에 속한 다른 별들은 은하수라고 부르는, 밤하늘을 가로

지르는 뚜렷한 빛의 띠를 이루고 있다. 그러나 멀리 떨어져 있는 다른 은하들을 관측하면, [모든 방향에 걸쳐서] 거의 비슷한 수가 있는 것처럼 보인다. 따라서 은하들 사이의 거리에 상응해서 보다 큰 척도로 관측하고 그보다 작은 척도에서의 차이를 무시한다면, 우주는 모든 방향에서 대략 같은 모습으로 보인다. 오랫동안 이런 사실이 ─ 실제 우주에 대한 대략적인 근사로서 ─ 프리드만의 가정을 뒷받침해주는 충분한 근거로 작용했다. 그러나 그후 어느 운좋은 발견으로 프리드만의 가정이 실제로 우리 우주에 대한 놀랄 만큼 정확한 기술이라는 사실이 밝혀졌다.

1965년에 뉴저지 주에 있는 벨 전화연구소에서 두 미국인 물리학자 아노 펜지어스와 로버트 윌슨은 매우 민감한 마이크로파 검출기를 시험하고 있었다(마이크로파[microwave]란 광파와 비슷하지만 그 파장이 약 1센티미터이다). 펜지어스와 윌슨은 그들의 검출기에서 원래 수신되어야 할 신호보다 더 많은 잡음이 나온다는 사실을 발견하고는 걱정스러워했다. 그 잡음은 어느 특정 방향에서만 오는 것 같지도 않았다. 처음에 그들은 검출기에 묻은 새똥을 찾아냈고, 그 외에도 있을 수 있는 모든 고장 여부를 점검했지만, 곧 이런 노력을 그만두게 되었다. 그들은 대기권 안에서 일어나는 모든 잡음은 검출기가 곧장 하늘을 향할 때보다 그렇지 않을 때에 더 강해진다는 사실을 알고 있었다. 광선은 곧바로 머리 위에서 수신될 때보다 지평선 가까운 위치에서 수신될 때에 더 두꺼운 대기의 층을 통과하기 때문이다. 그런데 이 특수한 잡음은 검출기의 방향을 어디로 향하더라도 똑같이 나타났다. 따라서 그 잡음은 대기권 밖에서 온 것이 분명했다. 더구나 지구는 자전과 공전을 계속하는데에도 불구하고, 밤과 낮, 1년 중 어느 시기에도 이 잡음은 변함이 없었다. 이것은 그 복사(輻射, radiation)가 태양계 너머, 심지어는 은하계 너머의 어딘가에서 오는 것임이 분명하다는 사실을 나타내는 것이었다. 만약 그렇지 않다면, 지구의 운동으로 검출기의 방향이 달라질 때마다 잡음도 달라질 것이다.

실제로 우리는 그 복사가 관측 가능한 우주의 대부분을 가로질러서 여행해온 것이 분명하다는 사실을 알고 있다. 그리고 그 복사가 모든 방향에서 동일하기 때문에 우주는, 물론 대규모 척도에서 볼 때, 모든 방향에서 동일한 것이 틀림없다. 오늘날 우리는 하늘의 어느 방향을 향하든 이 잡음이 극미한 차이밖에는 나지 않음을 알고 있다. 따라서 펜지어스와 윌슨은 자신들도 모르는 사이에 우연히 프리드만의 최초의 가정을 놀랄 만큼 정확하게 확인해준 셈이었다. 그러나 우주가 모든 방향에서 정확하게 동일하지 않으며, 단지 거시 척도에서 평균적으로만 동일

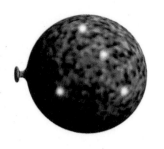

그림 3.6

그림 3.6 팽창하는 우주는 부풀어오르는 풍선과 흡사하다. 풍선 표면의 점들은 서로 멀어지지만, 그중 어느 것도 팽창의 중심은 아니다.

하기 때문에, 마이크로파는 모든 방향에서 정확하게 동일할 수는 없다. 즉 방향에 따라서 약간의 편차가 있었다. 이 차이는 1992년 우주배경복사 탐사위성 코비(COBE)에 의해서 약 10만분의 1 수준에서 처음으로 발견되었다. 이 편차는 극히 작았지만, 그 발견의 중요성은 엄청난 것이었다. 이 내용에 대해서는 제8장에서 자세하게 다룰 것이다.

펜지어스와 윌슨이 검출기에 수신된 잡음을 연구하고 있던 거의 같은 시기에 그들의 연구소에서 그다지 멀지 않은 프린스턴 대학교에서 두 명의 미국인 물리학자 로버트 디키와 짐 피블스 역시 마이크로파에 관심을 두고 있었다. 그들은 초기 우주가 극도의 고온고밀의 상태로 백열(白熱)하고 있었을 것이라는 조지 가모프(한때 프리드만의 학생이었다)의 주장에 대해서 연구하고 있었다. 디키와 피블스는 우리가 초기 우주의 백열을 지금도 볼 수 있을 것이라고 주장했다. 그

이유는 아주 멀리 떨어진 그 일부에서 오는 빛이 이제야 우리에게 도달하기 때문이다. 그러나 우주의 팽창으로 이 빛은 아주 크게 적색편이되었을 것이며, 따라서 오늘날 우리에게는 마이크로파 복사로 보일 것이다. 펜지어스와 윌슨은 디키와 피블스가 그 복사를 찾기 위해서 준비 중이라는 소식을 들었을 때, 이미 자신들이 그 복사를 발견했다는 사실을 깨달았다. 펜지어스와 윌슨은 이 발견으로 1978년에 노벨상을 수상했다(가모프는 제쳐두더라도, 디키와 피블스에게 이것은 무척이나 안타까운 일이었다).

얼핏 생각하면, 우리가 어느 방향을 보더라도 우주가 같은 모습을 나타낸다는 것을 뒷받침하는 이 모든 증거들이 우주 속의 우리의 위치에 무엇인가 특별한 점이 있음을 시사하는 것 같다고 느낄 수도 있을 것이다. 특히 다른 은하들이 모두 우리로부터 멀어지고 있다는 사실은 우리의 위치가 우주의 중심이라는 사실을 보여주는지도 모른다. 그러나 다른 설명도 가능하다. 우주는 다른 은하에서 볼 때에도 모든 방향에서 같은 모습일 수 있다. 이미 앞에서 언급했듯이,

이것은 프리드만의 두 번째 가정이었다. 우리는 이 가정을 뒷받침하거나 반박할 어떤 과학적 증거도 가지고 있지 못하다. 우리는 단지 어림짐작으로 그렇게 믿을 따름이다. 만약 우주가 우리 주위의 모든 방향에서는 같은 모습으로 보이지만, 우주의 다른 부분에서는 그렇지 않다면, 무척이나 기이한 일일 것이다! 프리드만의 모형에서 모든 은하는 서로에 대해서 멀어지고 있다. 이것은 풍선 표면에 여러 개의 점을 찍어놓고 계속 바람을 불어넣는 경우와 흡사하다. 풍선이 팽창하면서 두 점 사이의 거리는 점차 늘어난다. 그러나 이 팽창의 중심이라고 말할 수 있는 점은 하나도 없다(그림 3.6). 게다가 멀리 떨어져 있는 점일수록 후퇴속도가 더 빨라진다. 마찬가지로 프리드만의 모형에서 두 은하가 서로 멀어지는 속도는 그들 사이의 거리에 비례해서 증가한다. 따라서 허블의 발견대로 어떤 은하의 적색편이는 우리로부터 떨어진 거리에 정비례할 것으로 예측된다. 그의 모형과 허블의 관찰에 대한 그의 예견이 성공을 거두었음에도 불구하고 프리드만의 연구는, 우주의 균일한 팽창에 대한 허블의 발견에 부응하여 1935년에 미국의 물리학자 하워드 로버트슨과 영국의 수학자 아서 워커가 그와 유사한 모형을 발견하기 전까지는 서구 세계에 거의 알려지지 않았다.

프리드만은 한 가지 모형만을 발견했지만, 실

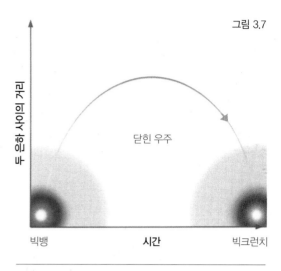

그림 3.7

그림 3.7 프리드만의 우주 모형에서 모든 은하들은 처음에 서로에게서 멀어진다. 우주는 최대 크기에 도달할 때까지 팽창하다가 다시 하나의 점으로 수축한다.

제로 프리드만의 두 기본 가정을 만족시키는 모형에는 세 가지가 있다. 첫 번째 유형(프리드만이 발견한)에서는 우주의 팽창속도가 아주 느려서 은하들 사이의 인력이 팽창에 영향을 미쳐 팽창속도는 점차 느려지다가 끝내 정지하게 된다. 따라서 은하들은 서로를 향해서 이끌리게 되고 우주는 수축하기 시작한다. 그림 3.7은 인접한 두 은하 사이의 거리가 시간의 흐름에 따라서 어떻게 변화하는지를 보여준다. 그 거리는 0에서 출발해서 최대치까지 늘어났다가 다시 0으로 줄어든다. 두 번째 유형의 해(解)에서는 우주가 빠른 속도로 팽창해서 인력이 그 팽창속도를 둔화시킬 수는 있지만, 정지시키지는 못한다. 그림 3.8은 이 모형에서 인접한 은하들 사이의

그림 3.8

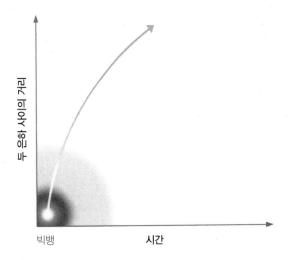

두 은하 사이의 거리

빅뱅　　　시간

그림 3.9

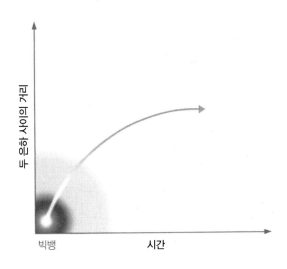

두 은하 사이의 거리

빅뱅　　　시간

━━━━━━━━━━━━━━━━
⚘ 그림 3.8 "열린" 우주 모형에서 중력은 은하들의 운동을 제압하지 못하며, 우주는 영원히 팽창을 계속한다.
⚘ 그림 3.9 "편평한" 우주 모형에서, 중력의 인력은 은하들의 운동과 정확히 균형을 유지한다. 우주는 재수축을 모면하지만 은하들의 운동은 점차 느려진다. 그러나 결코 완전한 정지상태에 도달하지는 않는다.

거리를 보여준다. 그 거리는 0에서 출발해서, 결국 두 은하는 꾸준한 속도로 서로 멀어진다. 마지막으로 세 번째 유형의 해에서는 우주가 재수축을 간신히 면하는 정도의 속도로 계속 팽창한다. 이 경우, 은하들 사이의 거리는 그림 3.9에서와 같이 0에서 출발하여 영원히 증가한다. 그러나 은하들이 서로 멀어지는 속도는 0에 도달하지는 않지만 점차 줄어든다.

프리드만의 첫 번째 모형의 두드러진 특징은 우주가 공간적으로 무한하지 않으면서 공간에 어떤 경계도 없다는 점이다. 중력이 워낙 강해서, 공간은 휘어져 마치 지구 표면과 같은 둥근 구를 형성한다. 지구 표면에서는 누군가가 한 방향으로 계속해서 앞으로 나아가도 넘을 수 없는 장벽에 부딪치거나 가장자리로 떨어지는 따위의 일은 일어나지 않을 것이며, 결국 자신의 출발점으로 되돌아오게 될 것이다. 프리드만의 첫 번째 모형에서는 공간도 이와 마찬가지이다. 물론 이 경우에 공간은 지구 표면과 같은 2차원이 아니라 3차원이지만 말이다. 네 번째 차원인 시간 역시 그 범위에서 유한하다. 그러나 시간은 시작과 종말이라는 두 개의 끝 또는 경계를 가지는 하나의 선과 같다. 우리는 앞으로 일반 상대성 이론을 양자역학의 불확정성 원리와 하나로 합친다면 시간과 공간 모두 어떤 경계나 가장자리도 없이 유한할 수 있다는 것을 살펴보

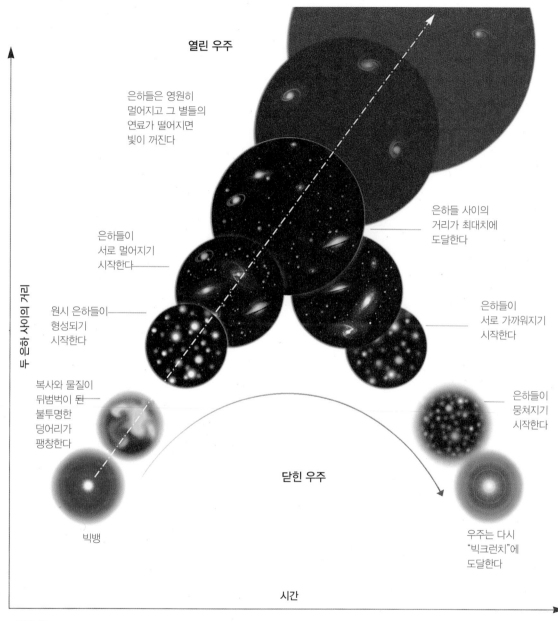

열린 우주

은하들은 영원히
멀어지고 그 별들의
연료가 떨어지면
빛이 꺼진다

은하들 사이의
거리가 최대치에
도달한다

은하들이
서로 멀어지기
시작한다

원시 은하들이
형성되기
시작한다

은하들이
서로 가까워지기
시작한다

복사와 물질이
뒤범벅이 된
불투명한
덩어리가
팽창한다

은하들이
뭉쳐지기
시작한다

닫힌 우주

빅뱅

우주는 다시
"빅크런치"에
도달한다

두 은하 사이의 거리

시간

그림 3.10

게 될 것이다.

우주를 한 바퀴 돌아서 맨 처음 출발했던 곳으로 다시 돌아올 수 있다는 생각은 과학소설의 좋은 소재가 된다. 그러나 우주를 완전히 순회하기 전에 우주가 다시 0의 크기로 줄어들 수 있다는 사실이 증명 가능하기 때문에 그 실용적 의미는 크지 않다. 여러분이 우주가 종말에 이르기 전에 우주를 돌아서 출발점으로 되돌아오기 위해서는 빛보다 빠른 속도로 날아야 하지만, 그것은 불가능한 일이다!

팽창했다가 재수축하는 프리드만의 첫 번째 모형에서, 공간은 지구의 표면처럼 휘어진다. 따라서 그 크기에서 유한하다. 영원히 팽창하는 두 번째 모형에서는 공간은 다른 방식으로, 마치 안장의 표면처럼 휘어진다. 따라서 이 경우에 공간은 무한하다. 마지막으로, 팽창이 임계속도로 지속되는 프리드만의 세 번째 모형에서는 공간은 편평하다(따라서 역시 무한하다).

그렇다면 프리드만의 어떤 모형이 우리 우주를 기술하는 것인가? 우주는 결국 팽창을 멈추고 다시 수축하기 시작할 것인가, 아니면 영원히 팽창을 계속할 것인가? 이 물음의 답을 얻으려면, 먼저 우주의 현재 팽창속도와 평균밀도를 알아야 한다. 우주의 평균밀도가 팽창속도에 의해서 결정되는 임계값보다 작다면, 인력이 너무 약해서 팽창을 정지시키지 못할 것이다. 만약

밀도가 임계값보다 크다면, 미래의 어느 한 시기에 중력이 팽창을 정지시키고 우주를 재수축하도록 만들 것이다.

우리는 도플러 효과를 이용해서 다른 은하들이 우리로부터 멀어지는 속도를 측정함으로써 현재의 팽창속도를 결정할 수 있다. 이 계산은 매우 정확하게 이루어질 수 있다. 그러나 은하들 사이의 거리는 오직 간접적으로만 측정이 가능하기 때문에 정확하게 알려져 있지 않다. 따라서 우리가 알고 있는 사실은 우주가 10억 년마다 5퍼센트에서 10퍼센트가량 팽창한다는 것이 전부이다. 그러나 우주의 현재 평균밀도에 대한 불확실성은 훨씬 더 심각하다. 우리 은하와 다른 은하들을 포함해서 관측 가능한 모든 별들의 질량을 더해도, 전체 질량은 우주의 팽창을 정지시키는 데에 필요한 양의 100분의 1─팽창속도를 가장 낮은 추정치로 잡았을 경우에도─에도 못 미친다. 그러나 우리 은하와 다른 은하들은 상당한 양의 "암흑물질(dark matter)"을 포함하고 있음에 틀림없다. 우리는 이 암흑물질을 직접 관찰할 수는 없지만, 은하들 내의 별들의 궤도에 나타나는 인력의 영향을 근거로 하여 그런 물질이 그곳에 존재하고 있을 것이라는 사실을 알 수 있다. 게다가 대부분의 은하들은 은하단(cluster)을 이루고 있으며, 우리는 마찬가지로 은하들의 움직임에 미치는 영향을 통해서 이 은

하단들 속에 들어 있는 은하들 사이에 더 많은 암흑물질이 존재하리라고 추측할 수 있다. 그런데 암흑물질의 양을 모두 더해도, 여전히 팽창을 정지시키는 데에 필요한 질량의 10분의 1밖에는 얻지 못한다. 그러나 우리는 아직까지 발견되지는 않았지만 우주 전체에 걸쳐 거의 균일하게 퍼져 있어서 팽창을 멈추게 하는 데에 필요한 임계값까지 우주의 평균밀도를 증가시킬 수 있는 다른 형태의 물질이 존재할 가능성을 배제할 수 없다. 그러므로 현재까지의 증거는 우주가 아마도 영원히 팽창할 것임을 시사한다. 그러나 진정한 의미에서 우리가 확신할 수 있는 것은 설령 우주가 다시 붕괴한다고 하더라도, 앞으로 최소한 100억 년 이내에는 그런 일이 일어나지 않으리라는 사실이다. 그 이유는 이미 우주가 최소한 그 정도의 기간 동안 팽창을 계속해왔기 때문이다. 그것 때문에 너무 걱정할 필요는 없다. 그때까지 우리가 태양계를 넘어서 다른 곳을 우주식민지로 개척하지 않은 이상, 태양이 꺼지면서 인류는 이미 오래 전에 멸망했을 테니 말이다!

프리드만의 모든 해는 과거의 어느 한 시점 (100억 년 전에서 200억 년 전 사이)에 인접한 은하들 사이의 거리가 0이었다는 특징을 가진다. 우리가 빅뱅(big bang)이라고 부르는 그 시점에 우주의 밀도와 시공 곡률은 무한대였을 것이다. 수학은 사실상 무한대라는 수를 다룰 수 없기 때문에, 이것은 일반 상대성 이론(프리드만의 해는 이 이론에 기반을 두고 있다)이 우주에 그 이론 자체가 붕괴되는 시점이 있음을 예견한다는 것을 뜻한다. 이 점은 수학자들이 특이점(singularity)이라고 부르는 것의 한 예이다. 실제로 우리의 모든 과학 이론들은 시공이 평활하며 거의 편평하다는 가정을 기초로 삼기 때문에, 시공 곡률이 무한대가 되는 빅뱅 특이점에서는 모든 과학 이론들이 붕괴하고 만다. 이 말은 설령 빅뱅 이전에 어떤 사건들이 있었다고 해도, 우리가 빅뱅 이후에 일어난 일을 결정하는 데에 그 사건을 이용할 수는 없음을 뜻한다. 왜냐하면 빅뱅의 시점에서 예견 가능성 자체가 붕괴하기 때문이다.

따라서 실제로 그렇듯이, 우리가 빅뱅 이후에 일어난 일만을 안다면, 우리는 그 이전에 어떤 일이 있었는지는 정할 수 없다. 우리의 논의에

왼쪽에서 오른쪽으로 : 정상상태 이론을 수립한 프레드 호일, 토머스 골드, 헤르만 본디이다. 이후의 관측 결과는 이들의 이론을 뒷받침해주지 않았지만, 호일은 그 관측 결과들이 잘못 해석된 것이라고 주장하면서 자신의 주장을 굽히지 않았다.

국한한다면, 빅뱅 이전의 사건들은 아무런 의미도 없다. 따라서 그 사건들은 우주의 과학적인 모형의 일부가 될 수 없다. 그러므로 우리는 그 사건들을 모형에서 배제시키고, 시간이 빅뱅과 함께 시작되었다고 말해야 한다.

많은 사람들은 시간이 출발점을 가진다는 생각을 좋아하지 않는다. 아마도 그 이유는 그 생각이 신의 개입을 부정하기 때문일 것이다(한편, 가톨릭 교회는 빅뱅 모형을 검토한 후 1951년에 그 모형이 성서에 부합한다고 공식적으로 선언했다). 따라서 그동안 빅뱅의 가능성을 피하려는 여러 차례의 시도가 있어왔다. 그중에서 가장 많은 지지를 받은 것이 이른바 정상상태 이론(steady state theory)이라고 부르는 것이었다. 그 이론은 나치 치하의 오스트리아를 탈출한 두 명의 과학자 헤르만 본디와 토머스 골드 그리고 전쟁 기간 동안에 이 두 사람과 함께 레이더 개발에 참여했던 영국인 프레드 호일에 의해서 1948년에

수립되었다. 이 이론은 은하들이 서로 멀어질 때, 그 간격에서 지속적으로 생성되는 새로운 물질들에서 새로운 은하들이 계속 형성된다는 것이다(그림 3.11). 따라서 우주는 공간상의 모든 지점에서뿐만 아니라 시간상의 모든 시점에서도 거의 동일하게 보인다는 것이다. 정상상태 이론은 물질의 끊임없는 생성을 가능하게 하기 위해서 일반 상대성 이론의 수정을 요구했다. 그러나 그 생성 속도가 너무 느리기(1년에 1세제곱킬로미터 정도) 때문에 실험 결과와 모순되지 않는다. 이 이론은 제1장에서 거론했던 기준에 의거하면, 매우 훌륭한 과학 이론이다. 이 이론은 단순하고, 관찰에 의해서 검증될 수 있는 명확한 예견들을 제시한다. 그 예견들 가운데 하나가 우주 공간의 일정한 부피 속에 존재하는 은하나 그와 유사한 천체들의 수는 우리가 우주의 어느 곳을 보더라도 항상 동일하리라는 예측이다. 1950년대 말에서 1960년대 초에 마틴 라

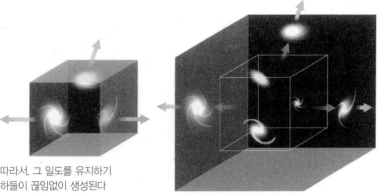

우주가 팽창함에 따라서, 그 밀도를 유지하기
위하여 새로운 은하들이 끊임없이 생성된다

그림 3.11

일(그도 전쟁 중에 본디, 골드, 호일과 함께 레이더를 연구했다)이 이끄는 케임브리지 대학의 천문학자들 팀에 의해서 우주 공간에서 날아오는 전파원을 찾기 위한 탐색작업이 수행되었다. 이 케임브리지 연구팀은 전파원의 대부분이 우리 은하 바깥에 존재하며(실제로 그중 상당수는 다른 은하에 있는 것으로 확인되었다), 강한 전파원보다 약한 전파원이 훨씬 더 많다는 사실을 증명했다. 그들은 약한 전파원이 멀리 떨어져 있고, 강한 전파원이 지구에 더 가깝다고 해석했다. 그 해석에 따르면, 우주 공간의 단위부피당 멀리 떨어져 있는 전파원보다 가까운 전파원의 수가 더 적은 셈이다. 이 말은 우리가 다른 곳보다 전파원이 적은 우주의 거대한 영역의 중심에 위치한다는 것을 뜻할 수 있다. 아니면 전파원들이 지금보다 과거에, 즉 그 전파들이 우리를 향해서 긴 여행을 떠났던 오랜 과거에 더 많았다는 의미일 수도 있다. 어느 쪽 설명이든 간에, 정상상

태 이론의 예측과는 모순된다. 게다가 1965년에 펜지어스와 윌슨에 의한 마이크로파 복사의 발견은 우주가 과거에 지금보다 훨씬 더 조밀했음을 알려주었다. 따라서 정상상태 이론은 폐기될 수밖에 없었다.

빅뱅의 가능성, 따라서 과거의 어느 순간에 시간이 시작되었을 가능성을 피하려는 또 하나의 시도는 1963년에 러시아의 두 명의 과학자 예프게니 리프시츠와 이사크 할라트니코프에 의해서 이루어졌다. 그들은 빅뱅이 프리드만 모형들에서만 나타나는 특수한 것이며, 그 모형들도 결국은 실제 우주의 근사에 불과하다고 주장했다. 어쩌면 실제 우주와 개략적으로만 비슷한 모든 모형들 중에서, 오직 프리드만 모형만이 빅뱅 특이점을 가지고 있을지도 모른다. 프리드만의 모형에서 은하들은 모두 서로에 대해서 멀어진다. 따라서 과거의 특정 시점에 모든 은하들이 같은 장소에 있었다고 해도 전혀 놀라운

일이 아니다. 그러나 실제 우주에서 은하들은 서로에 대해서 멀어지기만 하는 것은 아니다— 비스듬한 방향을 향한 속도도 가지고 있다. 따라서 실제로 은하들이 정확히 같은 장소에 있었을 필요는 없으며, 단지 아주 가깝게 모여 있기만 하면 된다. 그렇다면 혹시 오늘날의 팽창하는 우주는 빅뱅 특이점에서 기원한 것이 아니라 그보다 앞선 수축 국면에서 기원했을지도 모른다. 우주가 붕괴했을 때, 그 속에 들어 있던 입자들은 모두 충돌한 것이 아니라 비껴 날아감으로써 서로에게서 멀어져서 오늘날의 팽창하는 우주가 되었을지도 모른다. 그렇다면 우리는 실제 우주가 빅뱅에서 출발했는지 여부를 어떻게 이야기할 수 있는가? 리프시츠와 할라트니코프의 작업은 프리드만의 모형과 대략 흡사하지만, 실제 우주에서의 은하들의 불규칙성과 임의적인 속도를 고려한 우주 모형을 연구하는 것이었다. 그들은 더 이상 은하들이 항상 서로에게서 멀어지지 않더라도, 그런 모형들이 빅뱅을 통해서 출발할 수 있음을 보여주었다. 그러나 그들은, 여전히 이런 일들은 은하들이 정확한 방식으로 움직이고 있는 예외적인 모형에서만 가능할 뿐이라고 주장했다. 그들은 빅뱅 특이점을 가진 것보다 가지지 않은, 프리드만의 모형과 흡사한 모형들이 무한히 많기 때문에, 우리가 실제로 빅뱅이 일어나지 않았다는 결론을 내려

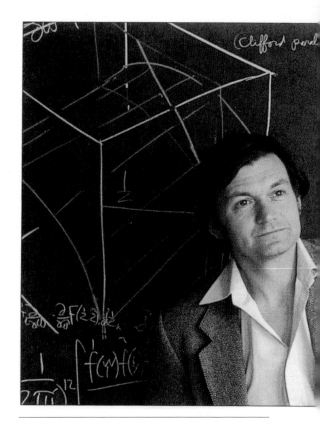

이론수학자 로저 펜로즈. 1980년 옥스퍼드에서 찍은 사진.

야 한다고 주장했다. 그러나 훗날 그들은 특이점을 가지고 있는, 프리드만의 모형과 흡사한 모형들의 일반적인 유형—그 모형에서 은하들은 특수한 방식으로 움직일 필요가 없다—이 훨씬 더 많이 존재한다는 사실을 발견했다. 따라서 그들은 1970년에 자신들의 주장을 철회했다.

리프시츠와 할라트니코프의 연구는 만약 일반 상대성 이론이 옳다면 우주가 특이점, 즉 빅

뱅을 가질 수 있다는 것을 보여주었다는 점에서 매우 가치 있는 것이었다. 그러나 그들의 연구는 결정적인 의문을 해결하지 못했다. 그 의문이란 다음과 같다. 일반 상대성 이론은 우리 우주가 반드시 빅뱅, 즉 시간의 출발점을 가져야 한다고 예견하는가? 이 물음에 대한 답은 1965년에 영국의 수학자이자 물리학자인 로저 펜로즈에 의해서 도입된 전혀 다른 접근방식으로부터 도출되었다. 중력이 항상 인력으로 작용한다는 사실과 함께, 광원뿔이 일반 상대성 이론에서 움직이는 방식을 사용해서, 그는 자체 중력

으로 붕괴하는 별이 결국 그 표면이 0의 크기로 수축하는 영역 속에 사로잡히게 됨을 입증했다. 그리고 그 영역의 표면이 0으로 수축하기 때문에, 그 부피 또한 0으로 수축해야 한다. 그 별 속에 들어 있는 모든 물질은 부피가 0인 영역 속으로 압축될 것이며, 따라서 그 물질의 밀도와 시공 곡률은 무한대가 된다. 다시 말하면, 블랙홀(black hole)이라고 알려진 하나의 시공 영역 속에 들어 있는 특이점을 가지는 것이다(그림 3.12A).

얼핏 보기에 펜로즈의 결과는 별에만 적용되는 것처럼 생각되었다. 우주 전체가 과거에 빅뱅 특이점을 가졌는지 여부에 대해서는 아무런 언급도 하지 않는 것처럼 보였다. 그러나 펜로즈가 그의 정리를 발표한 시기에, 나는 나의 박사학위 논문 주제를 완성하기 위해서 필사적인 노력을 기울이고 있던 연구학생이었다. 그보다 두 해 전에 나는 ALS, 흔히 루게릭 병이라고 부르는 근위축증에 걸렸다는 진단과 함께 앞으로 한두 해밖에 생명이 남지 않았다는 사형선고를 받았다. 그런 상황에서 나의 박사학위 논문에 매달리는 것은 별 의미가 없어 보였다 ─ 나는 오래 살 수 있으리라는 기대도 품지 않았다. 그러나 2년이 지나도록 병세는 더 이상 나빠지지 않았고 실제로는 상태가 훨씬 나아진 셈이었다. 제인 와일드라는 아주 멋진 여성을 만나서 약혼

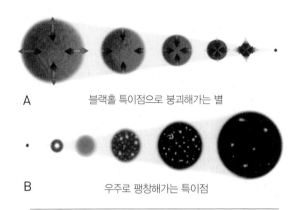

A

블랙홀 특이점으로 붕괴해가는 별

B

우주로 팽창해가는 특이점

그림 3.12 빅뱅에서 시작된 우주의 팽창은 별이 블랙홀 속에 있는 특이점으로 붕괴하는 과정을 시간역전시킨 것과 흡사하다.

까지 하게 되었으니 말이다. 그러나 결혼을 하려면 직장이 필요했고 직장을 얻기 위해서는 박사학위가 필요했다.

1965년에 나는 중력붕괴를 하는 모든 천체가 궁극적으로 특이점을 형성하게 된다는 펜로즈의 정리를 읽었다. 그 순간 나는 만약 펜로즈의 정리에서 시간의 방향을 역전시키면 붕괴가 팽창이 되고, 우주가 현재 상태에서 대규모 구조로 볼 때 프리드만의 모형과 대략적으로 비슷하다면 그의 정리의 조건들은 여전히 효력을 가진다는 사실을 깨달았다. 펜로즈의 정리는 붕괴하는 모든 별이 특이점에 도달해야 한다는 것을 보여주었다. 시간을 역전시킨 주장은 프리드만의 모형과 흡사한 모든 팽창하는 우주가 반드시 특이점에서 시작되었어야 한다는 것을 증명한다. 여러 가지 전문적인 이유에서, 펜로즈의 정리는 우주가 공간적으로 무한할 것을 요구했다. 따라서 나는 우주가 재수축을 피할 수 있을 만큼 빠른 속도로 팽창할 때에만 특이점이 존재한다는 사실을 입증하는 데에 그의 정리를 실제로 사용할 수 있었다(그러한 프리드만의 모형만이 공간상으로 무한하기 때문이다).

그후 몇 년 동안, 나는 특이점이 발생해야 한다는 것을 증명한 정리들에서 이러저러한 전문적인 조건들을 제거하기 위해서 새로운 수학적 기법들을 개발했다. 그러한 노력의 최종 결과가 펜로즈와 내가 1970년에 공동으로 발표한 논문이었다. 그 논문은 마침내, 일반 상대성 이론이 옳고 우주가 우리가 관찰하는 만큼의 물질을 가지고 있다면, 빅뱅 특이점이 존재할 수밖에 없었다는 사실을 입증했다. 우리의 연구에 대해서는 많은 반론이 제기되었다. 그중에는 러시아인들의 것도 포함되었는데, 그것은 과학적 결정론에 대한 그들의 마르크스주의적 믿음 때문이었다. 또다른 사람들은 특이점이라는 개념 자체가 못마땅하고 아인슈타인의 이론이 가지는 아름다움을 더럽힌다는 이유로 반대했다. 그러나 이 수학적 정리 자체에 대해서 실질적으로 논쟁을 제기할 수 있는 사람은 아무도 없었다. 따라서 결국 나의 이론은 보편적으로 받아들여지게 되었고, 오늘날에는 거의 모든 사람들이 우주가 빅뱅 특이점에서 시작되었다고 생각하기에 이르렀다. 그런데 정작 나 자신의 생각은 바뀌어서, 지금은 다른 물리학자들에게 실제로는 우주가 탄생하는 과정에서 어떠한 특이점도 존재하지 않았다고 설득하고 있다는 사실은 무척이나 아이러니하다—앞으로 살펴보게 되겠지만, 양자효과를 고려하게 되면 특이점이라는 것은 사라질 수 있다.

지금까지 우리는 이 장에서 지난 수천 년간 형성되어온 우주관이 불과 반세기도 못 되는 기간 동안 어떻게 변천되었는지를 살펴보았다. 우주의 팽창에 대한 허블의 발견과 광활한 우주 속에서 우리의 행성이 보잘것없는 존재라는 사실에 대

1962년 옥스퍼드를 졸업할 당시의 스티븐 호킹.

한 자각은 시작에 불과하다. 실험적, 이론적 증거들이 쌓이면서, 우주가 시간적으로 출발점을 가져야 한다는 사실이 점점 더 분명해졌고, 마침내 1970년에 나와 펜로즈에 의해서 아인슈타인의 일반 상대성 이론을 기반으로 증명되었다. 그 증명은 일반 상대성 이론이 불완전한 이론일 뿐임을 여실히 보여주었다. 그 이론은 우리에게 우주가 어떻게 시작되었는지를 설명해주지 못한다. 일반 상대성 이론은, 그 이론 자체를 포함해서 모든 물리이론들이 우주가 탄생하는 시점에 붕괴된다고 예견했기 때문이다. 그러나 일반 상대성 이론이 부분 이론에 그친다고 주장한다면, 특이점 정리가 실제로 보여주는 것은 우주의 극히 초기에 20세기의 또 하나의 위대한 부분 이론인 양자역학이 설명하는 극미한 척도에서의 영향을 더 이상 무시할 수 없을 정도로 우주가 작은 크기였던 시기가 존재했다는 것이다. 그리하여 1970년대 초에 우리는 엄청나게 큰 대상에 대한 이론에서 엄청나게 작은 대상에 대한 이론으로 우주에 대한 탐색을 전환하지 않을 수 없었다. 다음 장에서는 바로 그 양자역학에 대해서 설명할 것이다. 그런 다음에 두 개의 부분 이론을 하나로 결합해서 단일한 양자중력 이론을 수립하기 위한 노력에 대해서 살펴보게 될 것이다.

4

불확정성 원리

과학 이론들, 특히 뉴턴의 중력 이론이 거둔 승리에 힘입어 19세기 초에 프랑스의 과학자 라플라스 후작은 우주가 완전히 결정론적이라는 주장을 폈다. 라플라스는 만약 우리가 특정 순간의 우주의 완전한 상태를 알기만 한다면 우주에서 일어날 모든 일을 예측할 수 있게 해주는 일련의 과학법칙들이 존재할 것이라고 주장했다. 예를 들면 만약 특정 시간에서의 태양과 행성들의 위치와 속도를 안다면, 우리는 뉴턴의 법칙을 이용해서 다른 시간에서의 태양계의 상태를 계산할 수 있을 것이다. 이 경우에 결정론은 매우 분명해 보인다. 그러나 라플라스는 여기에서 멈추지 않고 한걸음 더 나아가 인간의 행동을 포함하여 다른 모든 것들을 지배하는 비슷한 법칙들이 존재할 것이라고 가정했다.

과학적 결정론이라는 교의는 많은 사람들로부터 강한 반발을 받았다. 그 비판자들은 과학적 결정론이 이 세계에 신이 개입할 자유를 침해한다고 생각했다. 그러나 이러한 결정론은 20세기 초까지 과학의 가장 표준적인 가정이라는 지위를 누렸다. 그러던 중, 그 믿음이 폐기될 수밖에 없는 최초의 징후가 나타났다. 영국의 과학자 존 레일리 경과 제

그림 4.1

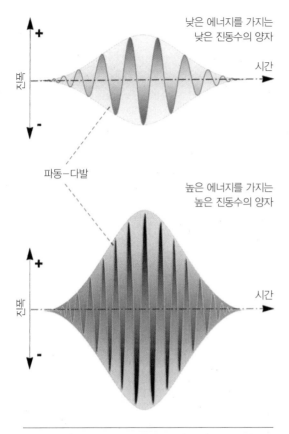

낮은 에너지를 가지는
낮은 진동수의 양자

시간

진폭

+

-

파동–다발

높은 에너지를 가지는
높은 진동수의 양자

시간

진폭

+

-

▲ 그림 4.1 막스 플랑크는 빛이 진동수에 비례해서 에너지를
가지는 파동들의 연쇄인 양자들의 다발로만 날아온다고 설명
했다.
◀ 피에르 시몽 라플라스(1749-1827).

임스 진스 경이 뜨거운 물체, 또는 별과 같은 천체는 무한한 비율로 에너지를 방출해야 한다는 계산 결과를 제기했던 것이다. 당시에 사람들이 믿던 법칙에 따르면, 뜨거운 물체는 모든 진동수에 걸쳐서 동일하게 전자기파(전파, 가시광선, 또는 X선)를 방출해야 했다. 예를 들면, 뜨거운

물체는 1초에 1조에서 2조 회 사이의 진동수를 가지는 파동과 1초에 2조에서 3조 회 사이의 진동수를 가지는 파동에서 동일한 양의 에너지를 방출해야 한다. 그러나 초당 방출되는 파동의 수에는 제한이 없기 때문에, 이것은 곧 방출되는 전체 에너지가 무한하리라는 것을 의미하게 된다.

이 명백한 오류를 피하기 위해서, 독일의 과학자 막스 플랑크는 1900년에 빛, X선 그리고 그밖의 파동들이 임의적인 비율로 방출되는 것이 아니라, 그가 양자(quantum)라고 부른 특정한 다발로만 방출될 수 있다고 주장했다. 게다가 각각의 양자는 일정한 양의 에너지를 가지고 있고 그 에너지는 파동의 진동수가 높아질수록 커지기 때문에, 충분히 높은 진동수에서는 양자 하나가 방출되기 위해서 사용 가능한 것보다 더 많은 에너지를 필요로 할 것이다. 따라서 높은 진동수에서의 복사는 감소되고 그 물체가 에너지를 잃는 비율은 유한할 것이다.

양자가설은 고온의 물체에서 관찰된 복사율을 훌륭하게 설명했다. 그러나 이 가설이 결정론에 대해서 가지는 함축적 의미는 1926년에 역시 독일의 과학자인 베르너 하이젠베르크가 그의 유명한 불확정성 원리(uncertainty principle)를 수립할 때까지 제대로 이해되지 못했다. 한 입자의 미래의 위치와 속도를 예견하기 위해서

그림 4.2

진동수가 더 높은 빛의 파장은
진동수가 그보다 낮은 경우보다
입자의 속도를 더 교란시킨다

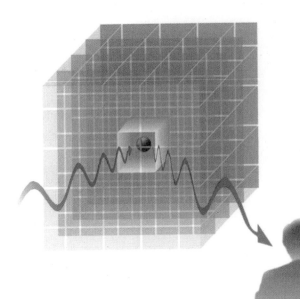

어떤 입자를 관찰하는 데에 더 긴
파장의 빛을 사용할수록, 그 위치의
불확실성은 더 커지는 반면에
그 속도의 확실성은 높아진다

관찰자

어떤 입자를 관찰하는 데에 더 짧은
파장의 빛을 사용할수록, 그 위치의
확실성은 더 커지는 반면에
그 속도의 불확실성은 높아진다

는, 현재의 위치와 속도를 정확하게 측정할 수 있어야 한다. 이 측정을 가장 쉽게 하는 방법은 그 입자에 빛을 쪼이는 것이다(그림 4.2). 빛의 일부 파동은 그 입자에 의해서 산란될 것이고, 이 산란으로 그 입자의 위치를 알 수 있다. 그러나 조사(照射)되는 빛의 파동의 마루와 마루 사이의 간격보다 더 정확하게 그 입자의 위치를 측정할 수는 없을 것이다. 따라서 그 입자의 위

그림 4.3

입자의 위치의
불확실성

입자의 질량

입자의 속도의
불확실성

플랑크 상수보다
작지 않다

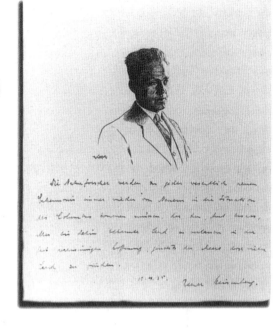

▶ 베르너 하이젠베르크(1901-1976)는 불확정성 원리로 잘 알려져 있다. 그 원리는 한 입자의 속도와 위치를 동시에 정확하게 결정하는 것은 불가능하다고 이야기한다. 이 원리를 나타낸 그림 4.3의 방정식에 들어 있는 기념주화에는 막스 플랑크의 초상이 도안되어 있다.

치를 정확하게 측정하기 위해서는 짧은 파장의 빛을 사용해야 한다. 그런데 플랑크의 양자가설에 의하면, 우리는 임의적으로 적은 양의 빛을 사용할 수는 없다. 다시 말해서 최소한 하나의 양자는 사용해야 한다. 그런데 양자는 그 입자를 교란시키고 예견 불가능한 방식으로 그 속도를 변화시킨다. 게다가 위치를 더 정확하게 측정할수록 필요한 빛의 파장은 더 짧아지고, 따라서 양자 하나의 에너지는 더 높아진다. 그러므로 그 입자의 속도는 더 큰 폭으로 교란될 것이다. 다시 말해서 여러분이 그 입자의 위치를 보다 정확하게 측정하려고 할수록 그 속도는 덜 정확하게 측정되며, 그 역도 성립한다. 하이

젠베르크는 입자의 위치의 불확실성×입자의 질량은 플랑크 상수(Planck's constant)라고 부르는 일정한 양보다 결코 작을 수 없다는 사실을 입증했다(그림 4.3). 게다가 이 한계는 우리가 입자의 위치나 속도를 측정하기 위해서 사용하는 방법이나 그 입자의 종류에 관계없이 항상 존재한다. 하이젠베르크의 불확정성 원리는 이 세계의 근본적이며 피할 수 없는 특성인 것이다.

불확정성 원리는 우리가 세계를 바라보는 방식에 심대한 함축적 의미를 띠고 있었다. 그러나 그로부터 50년 이상이 지난 후에도 그 의미는 철학자들에게 충분히 이해되지 못했으며, 지

금까지도 숱한 논쟁의 주제로 남아 있다. 불확정성 원리는 라플라스가 꿈꾸었던 과학 이론, 즉 완전히 결정론적인 우주 모형에 종말을 알리는 신호탄이었다. 우리가 우주의 현재 상태를 정확하게 측정할 수 없는 한, 분명히 미래의 사건들도 정확하게 예측할 수는 없는 것이다! 우리는 여전히 어떤 초자연적인 존재에게는 사건들을 완전하게 결정짓는 법칙들의 집합이 존재할지도 모른다고 상상할 수 있다. 그 초자연적인 존재는 우주의 현재 상태를 교란시키지 않으면서 관찰할 수 있을지도 모른다. 그러나 이러한 우주 모형들은 우리처럼 죽음을 면할 수 없는 보통 사람들에게는 그다지 관심거리가 아니다. 차라리 오컴의 면도날(Occam's razor : '존재는 늘려서는 안 된다'는 사유 절감의 원리/옮긴이)이라고 부르는 절감의 원리를 채택해서 이론의 관찰 불가능한 특성들을 모두 제거하는 편이 나을 것으로 보인다. 이러한 접근방식에 의해서 하이젠베르크, 에르빈 슈뢰딩거 그리고 폴 디랙은 1920년대에 불확정성 원리를 기반으로 기존의 역학을 양자역학(量子力學, quantum mechanics)이라는 새로운 이론으로 재정식화시켰다. 이 이론에서 입자들은 더 이상 분리되고 명확하게 정의된 위치와 속도—이 두 가지는 동시에 정확하게 관찰될 수 없다—를 가지지 않는다. 그 대신에 입자들은 위치와 속도의 조합인 양자상태

에르빈 슈뢰딩거(1887-1961).

(quantum state)를 가지게 되었다.

일반적으로 양자역학은 하나의 관찰에 대해서 단일한 명확한 결과를 예측하지 않는다. 대신에 여러 가지 가능한 결과들을 예측하고, 각각의 결과들이 나타날 확률에 대해서 이야기해준다. 말하자면, 유사한 많은 수의 체계들—각각의 체계는 동일한 방식으로 출발했다—에 대해서 동일한 측정을 했을 때, 그 측정 결과가 특정한 경우의 수에서는 A, 다른 경우의 수에서는 B 식으로 나타난다는 것을 발견하게 된다. 우리는 그 결과가 A나 B가 될 개략적인 횟수에 대해서는 예측할 수 있지만, 개별적인 측정에 대한 구체적인 결과를 예측할 수는 없다. 따라서 양자역학은 과학에 예측 불가능성 또는 임의성이라는 피할 수 없는 요소를 도입시킨다. 아인슈타인은 자신이 양자역학의 개념들을 발전시키

는 데에 중요한 역할을 수행했음에도 불구하고, 양자역학에 극렬하게 반대했다. 아인슈타인은 양자역학의 수립에 기여한 공로로 노벨상을 수상했지만 우주가 우연에 의해서 지배된다는 사실을 결코 받아들이려고 하지 않았다. 그의 생각은 "신은 주사위 놀이를 하지 않는다"라는 그의 유명한 말 속에 잘 요약되어 있다. 그러나 그를 제외한 대부분의 다른 과학자들은 양자역학이 실험과 완벽하게 일치하기 때문에 이를 기꺼이 수용했다. 실제로 양자역학은 뛰어나게 성공적인 이론이었고, 거의 모든 현대 과학과 기술의 기초를 이루고 있다. 양자역학은 텔레비전과 컴퓨터 같은 전자장치에 필수적인 구성요소들인 트랜지스터와 집적회로(IC)의 기본원리에 해당하며, 또한 현대 화학과 생물학의 기반을 이루고 있다. 아직까지 양자역학이 충분하게 통합되지 못한 유일한 분야인 물리과학은 중력과 우주의 대규모 구조를 연구하는 분야이다.

빛은 파동으로 이루어져 있지만, 플랑크의 양자가설은 어떤 경우에는 빛이 마치 입자로 구성되어 있는 것처럼 움직인다는 사실을 이야기해주고 있다. 빛은 다발 또는 양자들의 형태로만 방출되거나 흡수될 수 있다. 마찬가지로 하이젠베르크의 불확정성 원리는 입자들이 어떤 면에서 파동과 흡사하게 움직인다는 것을 함축하고 있다. 입자들은 분명한 위치를 점하지는 않지만, 특정한 확률분포로 "퍼져 있다"는 것이다. 양자역학 이론은 실세계를 더 이상 입자와 파동이라는 개념으로 기술하지 않는 완전히 새로운 유형의 수학을 그 기반으로 삼고 있다. 양자역학은 그러한 개념으로 기술될 수 있는 세계에 대한 관찰들일 뿐이다. 따라서 양자역학에는 파동과 입자 사이의 이중성(duality)이 존재한다. 어떤 목적을 위해서는 입자를 파동으로 생각하는 것이 유용하고, 또다른 목적을 위해서는 파동을 입자로 생각하는 편이 더 낫다. 이 개념의 한 가지 중요한 결과는 우리가 파동 또는 입자들의 두 집합 사이에서 간섭(干涉, interference)이라고 불리는 현상을 관찰할 수 있다는 것이다. 간섭이란, 파동의 한 집합의 마루들이 다른 집합의 골들과 일치하는 것이다. 그때 두 파동집합은, 흔히 예상되듯이 서로 합쳐져서 하나의 강력한 파동이 되는 것이 아니라(그림 4.5) 서로를 상쇄시킨다(그림 4.4). 빛의 간섭으로 우리에게 친숙한 예는 비눗방울에서 흔히 볼 수 있는 갖가지 색깔들이다. 이런 현상이 나타나는 이유는 비눗방울을 형성하는 얇은 수막의 양쪽에서 빛이 반사를 일으키기 때문이다. 백색광은 모든 파장, 곧 색(色)을 가진 빛의 파동들로 이루어져 있다. 특정한 파장에서는 비누막의 한쪽 면에서 반사된 파동의 마루들이 다른쪽 면에서 반사된 파동의 골들과 일치한다. 이 파장에 해당하는

비눗방울. 비눗방울에 나타난 화려한 색깔들은 물로 이루어진 얇은 막의 양편에서 빛이 반사되면서 생기는 간섭 패턴 때문에 발생한다.

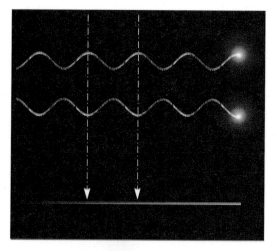

그림 4.4 파동의 위상이 일치하지 않을 때에는 파동의 마루와 골이 서로를 상쇄시킨다.

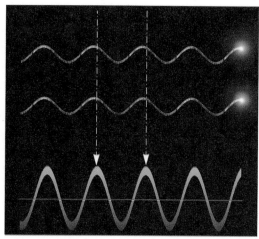

그림 4.5 파동의 위상이 일치할 때에는 파동의 마루와 마루, 골과 골이 일치해서 서로를 증폭시킨다.

색들은 반사광에서 빠지게 되며, 따라서 색깔을 나타내게 되는 것이다.

그런데 입자들에서도 간섭이 일어날 수 있다. 그 까닭은 양자역학에 의해서 도입된 이중성 때문이다. 가장 유명한 예가 이른바 두 개의 틈 실험(이중 슬릿 실험)이다(그림 4.6). 두 개의 좁은 틈이 나란히 나 있는 칸막이를 생각해보자. 칸막이의 한쪽 편에 특정 색(즉 특정 파장)의 광원을 위치시킨다. 대부분의 빛은 칸막이에 부딪치지만, 그중 일부는 틈을 통과할 것이다. 이제 칸막이의 뒤편에 스크린을 설치했다고 가정하자, 그러면 스크린 위의 어떤 점에 두 개의 틈을 통과한 파동들이 닿을 것이다. 그러나 일반적으로 빛이 광원에서 출발해서 두 개의 틈을 거쳐 스크린에까지 도달하는 거리는 다를 것이다. 이 말은 두 개의 틈을 통과한 파동들이 스크린에 도달했을 때, 서로 위상(位相)이 다르다는 뜻이다. 스크린 위의 어느 지점에서는 파동들이 서로를 상쇄시키고, 다른 지점에서는 서로를 강화시킬 것이다. 그 결과로 밝은 부분과 어두운 부분으로 이루어진 특징적인 패턴이 나타난다.

그런데 주목할 만한 사실은 광원 대신에 일정한 속도(이 말은 각각의 파동들이 일정한 파장을 가진다는 뜻이다)의 전자와 같은 입자 방출원을 놓아두어도 똑같은 줄무늬 패턴이 나타난다는 점

그림 4.6 두 개의 틈은 밝고 어두운 줄무늬 패턴을 만든다. 이런 줄무늬가 나타나는 이유는 두 개의 틈을 통과한 파동들이 더해지거나 상쇄되어서 스크린의 여러 부분에 나타나기 때문이다. 전자와 같은 입자의 경우에도 이와 유사한 줄무늬를 볼 수 있다. 그것은 입자들도 파동처럼 움직인다는 것을 보여준다.

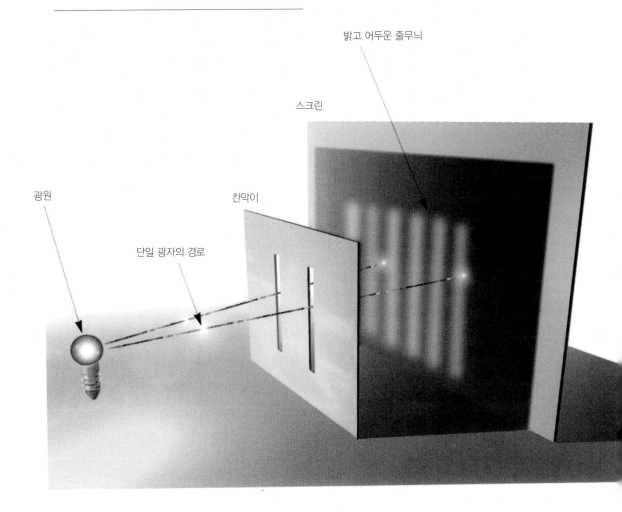

밝고 어두운 줄무늬

스크린

광원

칸막이

단일 광자의 경로

이다. 보다 기이한 일은 하나의 틈만을 가진 칸막이를 통해서 실험을 하면, 스크린 전체에 전자들이 균일하게 분포하면서 줄무늬가 나타나지 않는다는 것이다. 따라서 틈을 하나 더 만들어주면, 스크린의 각 점에 도달하는 전자들의 수가 늘어날 뿐이라고 생각하는 사람이 있을지도 모른다. 그러나 실제로는 간섭으로 인하여 일부 지점에서는 전자들의 수가 줄어든다. 만약 전자들을 두 개의 틈을 통해서 동시에 방출시키면, 각각의 전자들이 두 개의 틈 중에서 어느 하나를 지나게 되고, 따라서 전자들이 통과하는 틈이 유일한 것인 양 거동할 것이며, 스크린에 균일하게 분포할 것이라고 생각할 수 있다. 그러나 실제로는 전자들을 동시에 방출시켜도 여전히 줄무늬가 나타난다. 따라서 각각의 전자들은 두 개의 틈을 동시에 통과하는 것이 분명하다!

입자들 사이에서 나타나는 간섭현상은 화학과 생물학의 기본 단위이자, 우리를 비롯해서 삼라만상의 기초 재료인 원자의 구조를 이해하는 데에 결정적으로 중요하다. 20세기 초에 원자는 태양의 주위를 도는 행성들처럼 전자(음전기를 띤 입자)가 양전기를 띤 중심 핵 주위를 회전하는 것으로 생각되었다. 그리고 양전기와 음전기 사이의 인력은 태양과 행성들 사이의 인력이 행성들을 궤도상에 유지시키는 것과 같은 방

식으로 전자를 그 궤도 안에 유지시키는 것으로 추측되었다(그림 4.7-2). 그런데 이런 생각은 전자가 에너지를 잃고 안쪽으로 나선을 그리며 떨어져서 원자핵과 충돌하게 될 것이라고 예견한, 양자역학 이전의 역학과 전기의 법칙들과 충돌을 빚는다. 이것은 원자 그리고 실제로는 모든 물질이 빠른 속도로 엄청난 고밀도의 상태로 붕괴할 수밖에 없음을 뜻한다. 이 문제에 대한 부분적인 해결책은 1913년에 덴마크의 과학자 닐스 보어에 의해서 발견되었다. 그는 중심 원자핵과 그 주위를 회전하는 전자 사이의 거리가 임의적인 것이 아니라 아마도 어떤 일정한 거리들로 결정되어 있을 것이라고 주장했다. 만약 한두 개의 전자들만이 이러한 거리들 중에서 어느 하나로 궤도를 돈다면, 원자의 붕괴라는 문제는 해결될 수 있을 것이다. 전자들은 최소 거리 및 에너지를 가지는 궤도를 차지할 수 있을

▶ 닐스 보어(1885-1962)의 초상.

▼ **그림 4.7** 원자에 대한 상(像)의 진화과정. 그리스의 철학자 데모크리토스(▲원 안의 그림)가 생각한 알갱이와 흡사한 원자(1)로부터, 전자가 원자핵의 주위를 도는 러더퍼드의 모형(2)을 거쳐서 슈뢰딩거의 양자역학적 원자모형(3)에 이르고 있다.

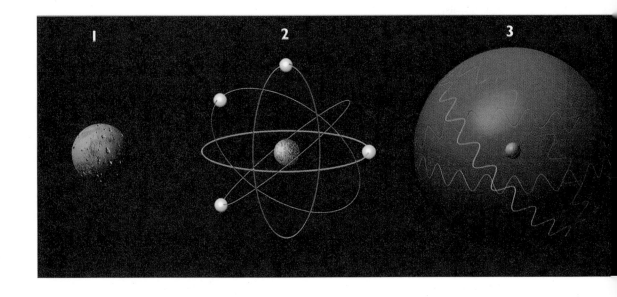

뿐, 더 이상 나선을 그리며 원자핵 가까이 접근할 수는 없기 때문이다.

이 모형은 가장 단순한 원자인 수소의 구조를 훌륭하게 설명해준다. 수소는 원자핵 주위를 도는 하나의 전자만을 가진다. 그러나 이 모형을 좀더 복잡한 원자들로 어떻게 확장시킬 수 있을지는 분명하지 않았다. 게다가 허용된 궤도들의 제한된 집합이라는 개념은 매우 자의적인 것처럼 생각되었다. 그런데 양자역학이라는 새로운 이론이 이 어려움을 해결해주었다. 양자역학은 원자핵 주위를 도는 전자를 그 속도에 따라서 파장이 달라지는 파동으로 생각할 수 있음을 밝혔다. 특정한 궤도에서 그 궤도의 길이는 그 전자 파장의 정수배(분수배가 아닌)에 상응할 것이다. 이 궤도에서 파동의 마루는 핵 주위를 돌 때마다 매번 동일한 위치에 오게 될 것이다. 따라서 파동들은 계속 더해질 것이다. 이 궤도들은 보어의 허용된 궤도(allowed orbit)에 해당할 것이다. 그러나 그 길이가 파장의 정수배가 아닌 궤도들의 경우, 각 파동의 마루는 전자가 회전하면서 결국 다른 파동의 골에 의해서 상쇄될 것이다. 따라서 이런 궤도들은 허용되지 않는다.

파동/입자 이중성을 시각화하는 훌륭한 방법은 미국의 과학자 리처드 파인먼에 의해서 소개된 이른바 역사 총합(sum over histories)이라는 접근방식이다. 여기에서 입자는, 고전적인 비양자 이론에서 생각되었듯이, 시공 속에서 단 하나의 역사나 경로를 가지는 것으로 간주되지 않는다. 대신에 이 접근방식은 입자가 A에서 B까지 도달할 때에 거쳐갈 수 있는 가능한 모든 경로를 취할 수 있다고 생각한다(그림 4.8). 각각의 경로에는 그와 연관된 두 개의 숫자들이 있다. 하나는 파동의 크기를 나타내며, 다른 하나는 주기 내에서의 위치(즉 그곳이 마루인지 골인지를 나타내는)를 가리킨다. A에서 B까지 갈 수 있는 확률은 모든 경로의 파동들을 더해서 구할 수 있다. 일반적으로 인접한 경로들의 집합을 비교하면, 주기에서의 위상이나 위치는 큰 차이를 나타낼 것이다. 이 말은 이러한 경로들과 연관된 파동들이 거의 정확히 서로를 상쇄시킬 것이라는 뜻이다. 그러나 인접한 경로들의 일부 집합의 경우에는, 그 위상이 경로에 따라서 그리 큰 차이를 나타내지 않으며, 그리하여 이 경로들에 해당하는 파동들은 상쇄되지 않을 것이다. 이런 경로들은 보어의 허용된 궤도에 해당한다.

이런 개념들을 구체적인 수학적 형태로 옮겨보면, 좀더 복잡한 원자, 심지어는 분자―하나 이상의 원자핵 주위를 도는 궤도상의 전자들에 의해서 하나로 통합되어 있는 여러 개의 원자들로 구성된다―의 허용된 궤도들을 비교적 수월

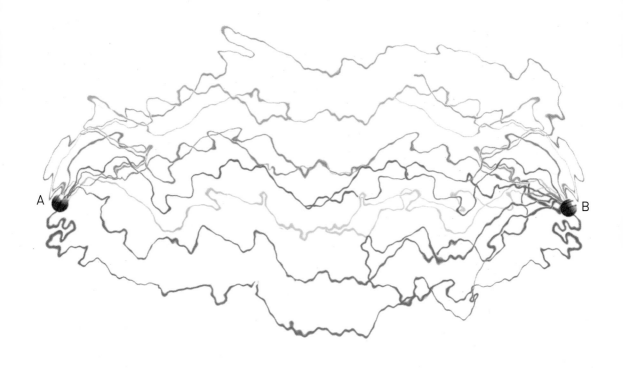

그림 4.8 리처드 파인먼의 역사 총합 이론에서, 시공 속의 하나의 입자는 가능한 모든 경로를 통해서 A에서 B까지 갈 수 있다.

하게 계산할 수 있다. 분자의 구조와 그들 간의 상호작용이 화학과 생물학의 기초를 이루고 있기 때문에, 양자역학은 우리가 주위에서 볼 수 있는 거의 모든 것들을 불확정성 원리에 의해서 구획된 한계 내에서 이론상 예측할 수 있게 해준다(그러나 몇 개 이상의 전자를 포함하는 체계에서 요구되는 계산은 너무나 복잡해서 실질적으로는 불가능하다).

아인슈타인의 일반 상대성 이론은 우주의 대규모 구조를 지배하는 것처럼 보인다. 이것은 이른바 고전 이론이라고 불리는 것이다. 즉 그 이론은 다른 이론들과 모순되지 않기 위해서 필요한 양자역학의 불확정성 원리를 고려하지 않았다. 그 이론이 실제 관찰과 아무런 불일치도 빚지 않은 까닭은 우리가 일상적으로 경험하는 중력장이 매우 약하기 때문이다. 그러나 앞에서 소개한 특이점 정리는 블랙홀과 빅뱅이라는 최소한 두 가지 상황에서는 중력장이 매우 강해질 수 있음을 지적했다. 이처럼 강한 중력장에서는 양자역학의 효과가 중요해질 것이다. 따라서 어떤 의미에서 고전적인 일반 상대성 이론은 무한한 밀도의 점들을 예견함으로써, 고전적(즉 비양

자) 역학이 원자가 무한한 밀도로 붕괴할 것임을 시사함으로써 스스로의 붕괴를 예견했듯이, 자체 붕괴를 예견하고 있었다. 우리는 아직까지 상대성 이론과 양자역학을 하나로 통일시키는 완전한 일관된 이론을 아직 가지고 있지 못하다. 그러나 우리는 통일이론이 가져야 할 여러 가지 특성들을 알고 있다. 그런 특성들이 블랙홀과 빅뱅에 어떤 영향을 미치는지에 대해서는 다음 장들에서 다루게 될 것이다. 그보다 앞서서 우리는 자연의 나머지 힘들에 대한 이해를 하나의 통일된 양자이론으로 모아내기 위한 최근의 시도들을 잠깐 살펴볼 것이다.

5

소립자와 자연의 힘들

아리스토텔레스는 우주 속의 모든 물질들이 네 가지 기본 원소들—흙, 공기, 불 그리고 물—로 이루어져 있다고 믿었다. 이 원소들은 두 가지 힘에 의해서 영향을 받았다. 하나는 흙과 물이 아래로 가라앉는 성질인 무거움이고, 다른 하나는 공기와 불이 위로 솟아오르는 성질인 가벼움이었다. 우주를 구성하는 내용물을 물질과 힘으로 나누는 식의 구분법은 오늘날까지도 여전히 사용되고 있다.

아리스토텔레스는 물질이 연속적이라고 믿었다. 즉 우리가 물질을 무한히 더 작은 조각으로

나눌 수 있으며, 더 이상 나눌 수 없는 물질의 알갱이와 맞닥뜨리는 일은 벌어지지 않는다는 것이다. 그러나 데모크리토스와 같은 몇몇 그리스인들은 물질이 본질적으로 알갱이로 이루어져 있고, 만물이 여러 가지 종류의 많은 원자들로 구성되어 있다고 주장했다(원자[atom]라는 말은 그리스어로 "나눌 수 없는"이라는 뜻이다). 그후

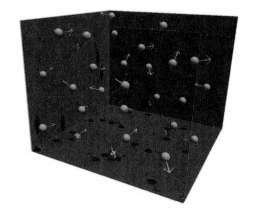

그림 5.1 현미경으로 관찰하면, 물 속에서 부유하는 먼지 입자들이 매우 불규칙하고 임의적으로 움직이는 것을 볼 수 있다. 아인슈타인은 이 "브라운 운동"으로 물이 원자들로 구성되어 있다는 사실을 증명했다.

◀◀ 조지프 존 톰슨(1856-1940). 영국의 물리학자인 톰슨은 최초로 전자를 발견했다.
◀ 어니스트 러더퍼드(1871-1937). 러더퍼드가 맥길 대학교에 재직하던 당시의 사진이다.

수세기 동안, 양편의 주장은 실질적인 어떠한 근거도 없이 계속 반복되어왔다. 그러다가 1803년 영국의 화학자이자 물리학자인 존 돌턴이 화합물이 항상 일정한 비율로 결합되어 있는 것은 분자라는 단위를 이루기 위해서 원자들이 서로 무리를 짓는 것으로 설명될 수 있다는 사실을 밝혀냈다. 그러나 이들 두 사상 유파 사이에서 벌어진 논쟁이 결국 원자론자들의 승리로 끝나게 된 것은 그로부터 다시 상당한 시간이 흐른 후인 20세기 초였다. 그 중요한 물적 증거의 하나가 아인슈타인에 의해서 제시되었다. 1905년, 유명한 특수 상대성 이론이 발표되기 수주일 전에 발표한 한 논문에서 아인슈타인은 브라운 운동(Brownian motion)―액체 속을 부유하는 먼지 입자의 불규칙하고 임의적인 운동―이라는 현상을 그 액체의 원자들이 먼지 입자들과 충돌하기 때문에 나타나는 것으로 설명할 수 있음을 지적했다(그림 5.1).

이 무렵 원자들이 더 이상 나누어질 수 없다는 생각에는 이미 의심이 일고 있었다. 이보다 몇 년 전에 케임브리지 대학 트리니티 칼리지의 연구원인 톰슨은 가장 가벼운 원자의 질량의 1,000분의 1에도 못 미치는, 전자(electron)라는 물질 입자가 존재한다는 사실을 입증했다. 그는 오늘날의 TV 브라운 관과 흡사한 실험장치를 사용했다. 적열하는 금속 필라멘트가 전자를 방출하면, 전자가 음전하를 띠기 때문에 전기장을 이용해서 이 전자들을 인으로 코팅된 스크린을 향해서 가속시킬 수 있었다. 전자들이 스크린에 충돌하면, 빛의 섬광이 발생했다. 그 후 얼마 지나지 않아서 이 전자들이 원자 자체에서 나온 것이라는 사실이 알려졌고, 1911년에는 마침내 영국의 물리학자 어니스트 러더퍼드가 물질을 구성하고 있는 원자가 내부 구조를 가진다는 사실을 입증했다. 원자는 양전하를 띤 극히 작은 원자핵과 그 주위를 도는 많은 수의

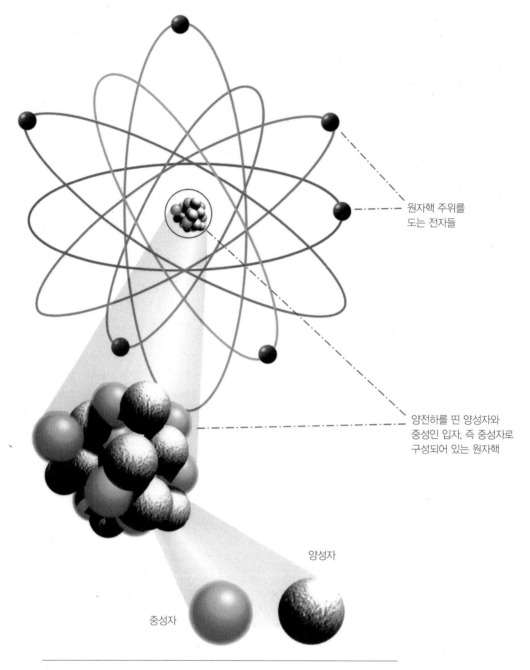

원자핵 주위를
도는 전자들

양전하를 띤 양성자와
중성인 입자. 즉 중성자로
구성되어 있는 원자핵

양성자

중성자

그림 5.2 러더퍼드–채드윅의 원자모형. 이 모형에서 전자들은 양성자와 중성자로 이루어진 작고 밀도가 높은 원자핵 주위를 돈다.

전자들로 이루어져 있다는 것이다. 그는 이 사실을 방사성 원자에서 방출된 양전하를 띤 입자인 알파 입자들이 원자와 충돌하면서 그 방향이 빗겨나는 방식을 분석함으로써 추론했다.

처음에는 원자핵이 양성자라고 부르는, 양전하를 띤 많은 수의 입자들과 전자들로 이루어져 있다고 생각되었다. 양성자(proton)라는 말은 그리스어로 "첫 번째"라는 뜻이다. 양성자에 이런 명칭이 붙여진 까닭은 그것이 물질을 이루는 가장 기본적인 단위라고 믿어졌기 때문이다. 그러나 1932년에 케임브리지에서 러더퍼드의 동료 학자인 제임스 채드윅이 원자핵이 양성자와 질량은 거의 같지만 전하를 띠지 않는 중성자(neutron)라는 또다른 물질을 포함한다는 사실을 밝혀냈다. 채드윅은 이 발견으로 노벨상을 수상했고, 케임브리지에 있는 곤빌 & 키 칼리지의 학장으로 임명되었다(이 칼리지는 현재 내가 연구원으로 있는 곳이기도 하다). 훗날 그는 연구원들과 의견이 맞지 않아서 학장직을 사임했다. 이 칼리지는 전쟁이 끝난 후 돌아온 젊은 연구원들이 오랫동안 근무해왔던 나이든 연구원들을 투표를 통해서 무더기로 몰아낸 사건 이후로 줄곧 심각한 분란이 벌어지던 곳이었다. 그것은 내가 이 칼리지에 들어오기 전의 일이었다. 나는 1965년에 이곳의 연구원이 되었는데, 그때에도 노벨상을 수상한 또 한 사람의 학장 네빌 모트

제임스 채드윅 경(1891-1974). 제2차 세계대전 동안 영국의 원자폭탄 개발계획 책임자를 맡았던 채드윅은 중성자를 발견한 것으로 가장 잘 알려져 있다. 이 발견으로 그는 1935년에 노벨상을 수상했다.

경이 비슷한 불화로 사임하는 불상사가 일어나서 그 뒷수습이 이루어지고 있었다.

약 30년 전까지만 해도 양성자와 중성자가 "기본" 입자라고 생각되었다. 그러나 양성자를 다른 양성자나 전자와 빠른 속도로 충돌시키는 실험을 통해서 양성자도 실제로는 그보다 작은 입자들로 구성되어 있다는 사실이 밝혀졌다. 이 입자들에는 캘리포니아 공과대학의 물리학자 머리 겔만에 의해서 쿼크(quark)라는 이름이 붙여졌다. 그는 이 공로를 인정받아 1969년에 노벨상을 받았다. 쿼크라는 이름은 제임스 조이스의 수수께끼와 같은 문구, "마크 대장에게 쿼크를 세 번 워칩시다!"에서 따온 것이다. 쿼크라는 말은 마지막 t가 k로 바뀐다는 점만 빼고는 쿼트(quart : 같은 짝의 최고의 넉 장의 패, 또는 1쿼트의 맥주라는 뜻/옮긴이)와 발음이 비슷하다. 그러나 대개 라크(lark : 희롱, 농담이라는 뜻/옮긴이)와 같

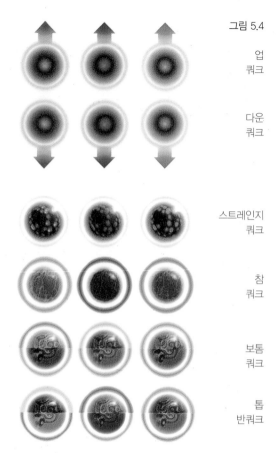

그림 5.4

업
쿼크

다운
쿼크

스트레인지
쿼크

참
쿼크

보톰
쿼크

톱
반쿼크

그림 5.3 중성자는 $-\frac{1}{3}$의 전하를 가진 두 개의 다운 쿼크와 $+\frac{2}{3}$의 전하를 가진 하나의 업 쿼크로 이루어지며, 전체 전하는 0이다.

양성자는 각기 $+\frac{2}{3}$의 전하를 가진 두 개의 업 쿼크와 $-\frac{1}{3}$의 전하를 가진 하나의 다운 쿼크로 이루어진다.

은 운(韻)으로 발음된다.

쿼크에는 여러 가지 종(種)이 있다. 즉 업(up), 다운(down), 스트레인지(strange), 참(charmed), 보톰(bottom) 그리고 톱(top)의 여섯 가지 "향(flavor)"(이것은 쿼크의 물리량으로 실제 향과는 아무런 관련이 없다/옮긴이)이 그것이다. 앞의 세 가지 쿼크는 1960년대에 이미 알려졌지만, 참 쿼크는 1976년, 보톰 쿼크는 1977년 그리고 마지막으로 톱 쿼크는 1995년에야 발견되었다. 각각의 향은 다시 적색, 녹색, 청색의 세 가지 "색(color)"으로 이루어져 있다(이 색깔들은 단지 서로를 구분하기 위한 명칭에 불과하다는 것을 강조해야 할 것 같다. 쿼크는 가시광선의 파장보다도 작기 때문에, 일반적인 의미에서는 어떤 색도 띠지 않는다. 현대 물리학들은 새로운 소립자나 현상에 이름을 붙일 때, 보다 풍부한 상상력을 발휘하는 것 같다— 이제 그들은 더 이상 그리스어에 속박되지 않는다!). 양성자와 중성자는 각기 고유한 색을 가지는 세 개의 쿼크로 이루어진다. 양성자는 두 개의 업 쿼크와 하나의 다운 쿼크로 이루어지며, 중성자는 두 개의 다운 쿼크와 하나의 업 쿼크로 이루어진다(그림 5.3). 우리는 그 외의 쿼크들(스트레인지, 참, 보톰, 톱)로 이루어진 소립자들을 만들 수 있다. 그러나 그렇게 만들어진 쿼크들은 질량이 너무 커져서 아주 빠른 속도로 양성자나 중성자 속으로 붕괴하고 만다(그림 5.4와 5.5).

오늘날 우리는 원자나 그 속에 들어 있는 중성자와 양성자를 더 작게 나눌 수 있다는 사실

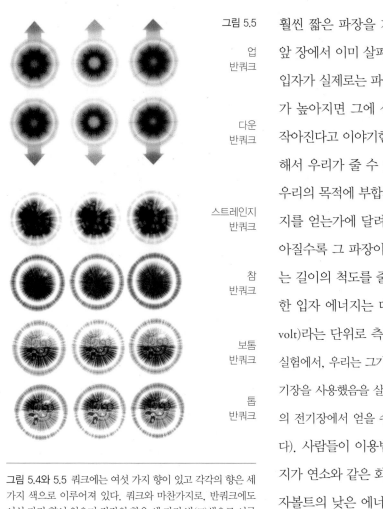

그림 5.5

업
반쿼크

다운
반쿼크

스트레인지
반쿼크

참
반쿼크

보톰
반쿼크

톱
반쿼크

그림 5.4와 5.5 쿼크에는 여섯 가지 향이 있고 각각의 향은 세 가지 색으로 이루어져 있다. 쿼크와 마찬가지로, 반쿼크에도 여섯 가지 향이 있으며 각각의 향은 세 가지 반(反)색으로 이루어져 있다(96쪽 참조).

을 알고 있다. 그렇다면 이런 물음이 제기된다. 진정한 기본 입자, 만물을 구성하는 가장 근본적인 기초 단위는 무엇인가? 빛의 파장이 원자의 크기보다 훨씬 크기 때문에, 우리는 일상적인 방식으로 원자를 구성하는 부분을 "볼" 수 있으리라고는 기대할 수 없다. 그러려면 그보다

훨씬 짧은 파장을 가진 무엇인가가 필요하다. 앞 장에서 이미 살펴보았듯이, 양자역학은 모든 입자가 실제로는 파동이며, 어떤 입자의 에너지가 높아지면 그에 상응하는 파동의 파장은 더 작아진다고 이야기한다. 따라서 앞의 물음에 대해서 우리가 줄 수 있는 최선의 답변은 어떻게 우리의 목적에 부합되는 정도로 높은 입자 에너지를 얻는가에 달려 있다. 입자의 에너지가 높아질수록 그 파장이 짧아져서 우리가 볼 수 있는 길이의 척도를 줄일 수 있기 때문이다. 이러한 입자 에너지는 대개 전자 볼트(eV : electron volt)라는 단위로 측정된다(전자를 이용한 톰슨의 실험에서, 우리는 그가 전자를 가속시키기 위하여 전기장을 사용했음을 살펴보았다. 전자 한 개가 1볼트의 전기장에서 얻을 수 있는 에너지가 1전자볼트이다). 사람들이 이용법을 아는 유일한 입자 에너지가 연소와 같은 화학반응으로 생성되는 수 전자볼트의 낮은 에너지가 고작이었던 19세기에는 원자가 가장 작은 단위라고 생각되었다. 러더퍼드의 실험에서, 알파 입자는 수백만 전자볼트의 에너지를 가졌다. 좀더 최근에, 우리는 처음에는 수백만 전자볼트에서 나중에는 수십억 전자볼트의 입자 에너지를 걸 수 있는 전자기장을 사용하는 방법을 알아냈다. 그리고 이제 우리는 불과 30년 전까지만 해도 "기본" 입자라고 생각되던 입자들이 실제로는 그보다 더 작은 입

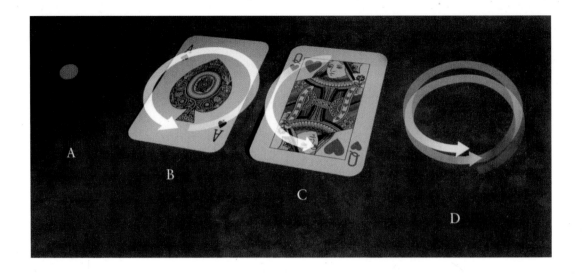

자들로 구성되어 있다는 사실을 알게 되었다. 그렇다면 우리가 좀더 높은 에너지를 사용할수록, 더 작은 입자들을 발견하게 되지 않을까? 이것은 분명히 가능한 일이다. 우리가 자연의 궁극적인 기초 단위에 대한 지식을 얻었다고 또는 그 지식에 아주 가깝게 접근했다고 믿을 만한 몇 가지 이론적인 근거가 있다.

앞 장에서 논의되었던 파동/입자 이중성을 적용하면, 빛과 중력을 포함해서 우주의 만물은 입자의 측면에서 기술될 수 있다. 이러한 입자들은 스핀(spin)이라고 하는 물리적 특성을 가진다. 스핀을 쉽게 이해하는 한 가지 방법은 입자들이 축을 중심으로 돌고 있는 작은 팽이라고 상상하는 것이다. 그러나 여기에는 오해의 소지가 있다. 왜냐하면 양자역학은 입자들이 명확하게 정의된 어떠한 축도 가지지 않음을 말해주고 있기 때문이다. 입자의 스핀이 진정한 의미에서 우리에게 이야기해주는 것은 그 입자가 서로 다른 방향에서 어떻게 보이는가이다. 스핀 0인 입자는 점과 같이 보인다. 그것은 모든 방향에서 동일한 모습이다(그림 5.6-A). 반면, 스핀 1의 입자는 화살과 같다. 따라서 이 입자는 다른 방향에서는 다른 모습으로 보인다(그림 5.6-B). 이 입자는 완전히 한 바퀴(360도)를 돌릴 때에만, 같은 모습을 나타낸다. 스핀 2인 입자는 양쪽 방향을 가리키는 화살표와 같다(그림 5.6-C).이 입자는 반 바퀴(180도)만 회전해도 같은 모습이 된다. 이런 식으로 스핀 수가 높은 입자일수록 한 바퀴보다 적게 회전해도 원래의 모습과 같아진다. 지금까지의 설명만으로는 매우 간단한 것처럼 보이지만, 주목할 만한 사실은 한 바퀴만 돌려서는 원래의 모습과 동일해지지 않는 입자가

◀ 그림 5.6 소립자는 스핀이라고 하는 특성을 가진다. 스핀 0 인 입자는 모든 방향에서 동일하게 보인다(A). 스핀 1인 입자는 완전히 360도를 회전해야 같은 모습이 되며(B) 스핀 2인 입자는 180도만 회전해도 원래의 모습이 된다(C). 그러나 스핀 $\frac{1}{2}$인 입자는 완전히 두 바퀴를 회전해야 같은 모습이 된다(D).
▶ 폴 디랙(1902-1984). 반물질의 존재를 주장한 영국의 물리학자.
▶▶ 볼프강 파울리(1900-1958). 배타원리를 발견한 인물.

있다는 것이다. 이런 입자는 완전히 두 바퀴를 회전시켜야 처음의 모습과 같아진다! 이런 입자는 $\frac{1}{2}$의 스핀을 가진다고 말한다(그림 5.6-D).

우주에서 지금까지 알려진 모든 입자는 두 그룹으로 나눌 수 있다. 우주 속의 물질을 구성하는 스핀 $\frac{1}{2}$의 입자 그리고 앞으로 살펴보게 될, 물질입자들 사이의 힘을 발생시키는 스핀 0, 1, 2의 입자가 그것이다. 물질입자들은 파울리의 배타원리(Pauli's exclusion principle)라는 법칙에 따른다. 이 법칙은 1925년에 오스트리아의 물리학자 볼프강 파울리가 발견했다—그는 이 발견으로 1945년에 노벨상을 받았다. 파울리는 전형적인 이론물리학자로서, 심지어는 그가 같은 마을에 있기만 해도 실험이 잘못되었다는 이야기가 돌기까지 했다! 파울리의 배타원리란, 두 개의 비슷한 입자가 같은 상태에 있을 수 없다는 것이다. 다시 말해서 두 입자는 불확정성원리에 의해서 주어지는 한계 내에서, 같은 위치와 같은 속도를 가질 수 없다는 것이다. 배타원리는 왜 물질입자들이 스핀 0, 1, 2의 입자들에 의해서 생성되는 힘의 영향 아래에서 매우 높은 밀도의 상태로 붕괴하지 않는지를 설명한다는 점에서 매우 중요하다. 만약 물질입자들이 거의 비슷한 위치를 점한다면, 그 입자들은 서로 다른 속도를 가져야 한다. 그 말은 그 입자들이 오랫동안 같은 위치에 머물지 않는다는 뜻이다. 만약 세계가 배타원리 없이 창조되었다면 쿼크들은 독립적인, 명확하게 정의된 양성자와 중성자를 형성하지 않았을 것이다. 또한 전자들과 더불어서 독립적인, 명확하게 정의된 원자를 이루지도 않았을 것이다. 쿼크들은 모두 붕괴해서 거의 균일하고 밀도 높은 "수프"가 되었을 것이다.

1928년에 폴 디랙의 이론이 발표된 후에야 전자와 그밖의 스핀 $\frac{1}{2}$ 입자들에 대한 올바른 이해가 이루어졌다. 디랙은 훗날 케임브리지의 루

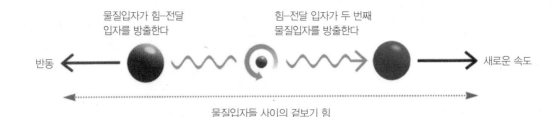

물질입자가 힘-전달
입자를 방출한다

힘-전달 입자가 두 번째
물질입자를 방출한다

반동 ← ／／／／／ ○ ／／／／／ → 새로운 속도

물질입자들 사이의 겉보기 힘

그림 5.7 물질입자들 사이의 상호작용은 힘-전달 입자들의 교환으로 기술될 수 있다.

카스 석좌 수학 교수로 임명되었다(이 자리는 한때 뉴턴이 거쳐갔고, 현재 내가 몸담고 있는 교수직이다). 디랙의 이론은 양자역학과 특수 상대성 이론 모두가 모순을 빚지 않는 최초의 이론이다. 그 이론은 전자가 왜 $\frac{1}{2}$의 스핀을 가지는지, 즉 전자가 완전히 한 바퀴를 회전해도 동일한 모습이 되지 않고 두 바퀴를 돌아야 원래의 모습으로 돌아오는 이유를 수학적으로 설명했다. 또한 그 이론은 전자가 반드시 그것의 짝, 다시 말해서 반전자(antielectron) 또는 양전자(positron)를 가질 것이라고 예견했다. 1932년에 이루어진 양전자의 발견은 디랙의 이론을 확인해주었고, 1933년에 그에게 노벨 물리학상을 안겨주었다. 오늘날 우리는 모든 입자가 반입자를 가지며, 입자와 반입자가 만나면 서로 소멸될 수 있다는 사실을 알고 있다(힘-전달 입자의 경우에는 입자와 반입자가 동일하다). 전체가 반입자들로 이루어진 반인간과 반세계가 존재할 수도 있다. 그러나

만약 여러분이 반자아와 만나게 되더라도(그림 5.8). 절대로 악수를 나누어서는 안 된다! 손이 닿는 순간 거대한 섬광이 일어나면서 둘 다 사라지고 말 테니까. 왜 우리 주위에 반입자보다 입자들이 훨씬 더 많이 존재하는가라는 물음은 매우 중요하다. 이 물음에 대해서는 이 장의 뒷부분에서 다시 다루게 될 것이다.

양자역학에서 물질입자들 사이의 힘이나 상호작용은 모두 정수—0, 1, 2—스핀을 가진 입자들에 의해서 전달된다고 추정된다. 전자와 쿼크와 같은 물질입자는 힘-전달 입자를 방출한다. 이 방출로 일어나는 반동이 물질입자의 속도를 변화시킨다. 그런 다음 힘-전달 입자는 다

자아 　　　 반자아

그림 5.8

90

른 물질입자와 충돌하여 흡수된다. 이 충돌이 두 번째 입자의 속도를 변화시킨다. 그래서 마치 두 물질입자들 사이에서 힘이 작용한 것처럼 보이는 것이다(그림 5.7). 힘-전달 입자들이 가지는 중요한 특성은 그 입자들이 배타원리를 따르지 않는다는 것이다. 이 말은 교환될 수 있는 힘-전달 물질의 숫자에 아무런 제한이 없으며, 따라서 이 입자들은 강한 힘을 일으킬 수 있다는 뜻이다. 그러나 만약 힘-전달 입자들이 높은 질량을 가진다면, 그 입자들이 방출되어 먼 거리에까지 교환되기는 힘들 것이다. 따라서 이들이 전달하는 힘은 짧은 거리밖에는 미치지 못할 것이다. 반면, 힘-전달 입자들이 자체 질량을 가지지 않는다면, 그 힘은 넓은 범위에까지 전달될 것이다. 물질입자들 사이에서 교환되는 힘-전달 입자들은 "실제" 입자들과는 달리 입자검출기에 직접 검출되지 않기 때문에 가상입자(virtual particle)라고 불린다. 그러나 그 입자들이 측정 가능한 효과를 일으키기 때문에 우리는 그 입자들의 존재를 안다. 그 효과란 물질입자들 사이에서 힘을 발생시키는 것이다. 스핀 0, 1 또는 2의 입자들은 일부 조건에서는 실제 입자와 마찬가지로 존재하기도 하며, 그럴 때에는 직접적으로 검출이 가능하다. 그때 그 입자들은 광파나 중력파와 같이 고전 물리학자들이 파동이라고 부르는 것으로서 우리에게 모습을 드러낸

다. 때로는 물질입자가 가상의 힘-전달 입자들을 교환함으로써 상호작용을 할 때에도 그런 파동이 방출된다(일례로, 두 전자 사이에서 나타나는 전기적 반발력은 직접적으로는 검출될 수 없는 가상의 광자[光子]의 교환에 의해서 일어난다. 그러나 하나의 전자가 다른 전자를 지나쳐 가면 실제 광자가 방출될 수 있으며, 우리는 그것을 광파로 검출한다).

힘-전달 입자들은 전달하는 힘의 세기 그리고 상호작용하는 입자들에 따라서 네 가지 범주로 나뉠 수 있다. 그런데 이러한 네 가지 유형으로의 분류가 인위적인 것임을 강조할 필요가 있겠다. 그런 분류가 사용되는 까닭은 그것이 부분 이론을 세우기에 편리하기 때문일 뿐이며, 그것은 더 심층적인 무엇인가에 부합하지 않을 수도 있다. 궁극적으로 대부분의 물리학자들은 네 가지 힘을 단일한 힘의 서로 다른 측면으로 설명하게 될 통일이론의 발견을 기대하고 있다. 실제로, 많은 사람들은 그러한 통일이론이 오늘날의 물리학자들의 일차적인 목표라고 이야기할 것이다. 최근 들어서 힘의 네 가지 범주들 중에서 세 가지를 하나로 통일시키려는 시도가 성공적으로 이루어졌다 — 이 주제에 대해서는 이 장에서 곧 살펴볼 것이다. 나머지 하나의 힘인 중력의 통일 문제는 아직도 과제로 남아 있다.

첫 번째 범주는 중력(gravitational force)이다. 이 힘은 보편적이다. 다시 말해서, 모든 입자는

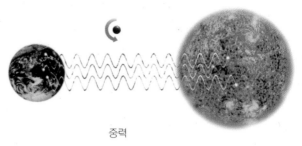

그림 5.9

지구와 태양 사이의 중력은 두 천체가 가상의 중력자를 교환하기 때문에 발생한다. 중력은 항상 인력으로 작용하기 때문에, 지구와 태양 속의 개별 입자들 사이에서 작용하는 약한 힘이 모두 축적되어 상당한 크기의 힘이 된다.

중력

그 질량이나 에너지에 따라서 중력을 받는다. 중력은 네 가지 힘 중에서 가장 그리고 훨씬 약하다. 중력은 너무나 약해서 그것이 가지고 있는 두 가지 특성이 아니라면 우리는 그런 힘이 있는지조차 알아차리지 못할 것이다. 그 두 가지 특성이란 아무리 멀리 떨어진 거리에라도 중력은 작용할 수 있으며 항상 끌어당기는 힘(인력)으로 작용한다는 것이다. 이 말은 가령 지구와 태양처럼 커다란 두 개의 천체 속에 들어 있는 개별 입자들 사이에서 작용하는 약한 중력이 더해져서 큰 힘이 될 수 있다는 뜻이다. 다른 세 힘은 짧은 범위에만 영향을 미치며 때에 따라 인력이나 반발력으로도 작용하기 때문에, 서로를 상쇄하는 경향이 있다. 중력장을 양자역학적 관점에서 보면, 두 물질입자들 사이에 작용하는 힘은 중력자(graviton)라는 스핀 2의 입자에 의해서 전달되는 것으로 생각할 수 있다. 이 중력자는 그 자체로는 질량을 가지지 않기 때문에, 중력자가 나르는 힘은 먼 거리에까지 전달

된다. 태양과 지구 사이의 중력은 이 두 천체를 구성하는 입자들 사이에서 일어나는 중력자의 교환으로 기술될 수 있다. 여기에서 교환되는 입자들이 비록 가상적이기는 하지만, 그 입자들은 분명히 측정 가능한 효과를 일으킨다—그 효과가 지구를 태양 주위로 공전하게 만드는 것이다! 실제 중력자들은 고전 물리학자들이 중력파라고 불렀을 것을 구성하고 있다. 중력파는 너무 약해서 검출이 힘들기 때문에 아직도 관측되었다는 보고가 나오지 않고 있다(중력파는 미국의 데이비드 라이츠가 이끄는 라이고[LIGO] 프로젝트 팀에 의해 2016년 2월 11일에 검출되었다/옮긴이).

두 번째 범주가 전자기력(electromagnetic force)이다. 이 힘은 전자나 쿼크처럼 전하를 띤 입자들과는 상호작용을 하지만 중력자처럼 전하를 띠지 않은 입자들과는 상호작용을 하지 않는다. 전자기력은 중력보다 훨씬 강하다. 두 전자 사이에 작용하는 전자기력은 중력에 비해서 10^{42}

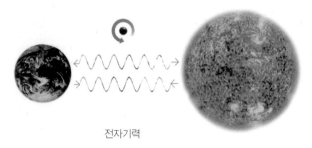

그림 5.10

지구　　　가상 광자　　　태양
　　　(스핀 1의 입자)

전자기력

전자기력이 광자에 의해서 전달되는 경우에, 이 힘은 인력과 반발력으로 모두 작용할 수 있기 때문에, 지구와 태양 속의 입자들 사이에서 작용하는 힘은 대부분 서로 상쇄된다.

배나 크다. 그런데 전하에는 음(−)과 양(+) 두 가지가 있다. 같은 양전하 또는 같은 음전하 사이에는 밀어내는 힘, 즉 반발력이 작용하고, 음전하와 양전하 사이에는 끌어당기는 힘, 즉 인력이 작용한다. 지구나 태양과 같은 거대한 물체는 거의 같은 수의 음전하와 양전하를 가지고 있다. 따라서 개별 입자들 사이의 인력과 반발력은 서로 거의 상쇄되고, 전체적으로는 거의 전자기력을 띠지 않는다. 그러나 원자나 분자 수준의 작은 크기에서는 전자기력이 지배적인 힘으로 작용한다. 음으로 대전된 전자들과 원자핵 속의 양으로 대전된 양성자들 사이에서 발생하는 전자기적 인력이 전자들로 하여금 원자핵 주위를 돌게 만든다. 이것은 중력의 인력이 지구를 태양 주위로 공전하게 만드는 것과 마찬가지이다. 전자기 인력은 광자(photon)라고 부르는, 질량을 가지지 않는 스핀 1의 수많은 가상입자들에 의해서 발생한다고 생각된다. 여기에서도 서로 교환되는 광자들은 가상입자들이다. 그러나 전자가 하나의 허용된 궤도로부터 원자핵에 더 가까운 다른 궤도로 자리를 바꿀 때, 에너지가 발산되고 실제 광자가 방출된다─만약 그 광자가 적절한 파장을 가지고 있다면 육안으로 또는 사진 필름과 같은 광자 검출장치에 의해서 가시광선으로 관찰될 수 있다. 마찬가지로, 만약 실제 광자가 원자와 충돌하면, 그 광자는 전자를 원자핵에 가까운 궤도에서부터 먼 궤도로 이동시킬 수 있다. 이 과정에서 광자는 에너지를 모두 소모하기 때문에 흡수된다.

세 번째 범주는 약한 핵력(weak nuclear force)이라고 불린다. 이 힘은 방사능의 원인이 되는 것으로서, 스핀 $\frac{1}{2}$인 모든 물질입자에 작용하지만 광자나 중력자와 같은 스핀 0, 1, 2의 입자에는 영향을 주지 못한다. 약한 핵력은 1967년까지 제대로 이해되지 못했다. 그해에 런던 임페리얼 칼리지의 압두스 살람과 하버드 대학교의 스티븐 와인버그가, 약 100년 전에 맥스웰이 전기력과 자기력을 통일시켰듯이, 약한 핵력을 전

룰렛 판이 빠른 속도로 회전하면, 공은 모든 가능한 위치들 사이에서 자유롭게 이동할 수 있다. 그러나 룰렛 판이 느려지면, 공은 37개의 서로 다른 위치들 가운데 어느 하나로 자리잡게 된다.

자기력과 통일시킨 이론을 발표했다. 두 사람은 약한 핵력을 전달하는 것에는 광자 외에도 세 개의 스핀 1입자들—총칭해서 질량이 큰 벡터 보손(massive vector boson)이라고 부른다—이 더 있다고 주장했다. 여기에 속하는 입자들은 W^+(W 플러스라고 읽는다), W^-(W 마이너스라고 읽는다), Z^0(Z 노트라고 읽는다)라고 하며, 각각 약 100기가전자볼트(GeV : 10억 전자볼트를 뜻한다)의 질량을 가진다. 와인버그-살람 이론은 자연발생적인 대칭성 붕괴(spontaneous symmetry breaking)로 알려진 특성을 나타낸다. 이 말은 낮은 에너지에서 전혀 다른 입자들로 보이는 많은 것들이 실제로는 상태만 다를 뿐 모두 동일한 종류의 입자들이라는 것이다. 높은 에너지를 가질 때에 이 입자들은 모두 비슷하게 움직인다.

그 효과는 룰렛 판 위를 굴러가는 공의 움직임과 흡사하다. 고에너지에서(즉 판이 빠른 속도로 회전할 때), 공은 본질적으로 오직 한 가지 방식으로 움직인다—끝없이 돈다. 그러나 룰렛 판이 느려지면, 공의 에너지가 줄어들고 궁극적으로 공은 룰렛 판 위의 37개의 구멍 중 하나 속으로 떨어지게 되는 것이다. 다시 말하면 에너지가 낮을 때에는 공이 존재할 수 있는 37가지의 서로 다른 상태들이 있다. 만약 어떤 이유로 우리가 그 공을 낮은 에너지하에서만 관찰한다면, 우리는 37가지의 서로 다른 종류의 공이 있다고 생각할 것이다!

와인버그-살람 이론에 따르면 100기가전자볼트보다 훨씬 큰 에너지하에서, 이 세 개의 새로운 입자들과 광자는 모두 비슷한 방식으로 움직일 것이다. 그러나 그보다 낮은 입자 에너지하에서는—대부분의 일상적인 상황이 여기에 속한다—이러한 입자들 사이의 대칭성은 붕괴될 것이다. W^+, W^- 그리고 Z^0는 큰 질량을 얻어서 그들이 전달하는 힘이 아주 짧은 범위에만 영향력을 미치게 할 것이다. 살람과 와인버그가 그들의 이론을 제기했을 당시에, 그 이론을 믿은 사람은 거의 없었고 당시까지 입자가속기는 실제 W^+, W^- 그리고 Z^0 입자들을 만드는 데에 필요한 100기가전자볼트의 에너지에 도달할 수 있을 정도로 강력하지 못했다. 그러나 그로부터

약 10년이 흐른 후, 보다 낮은 에너지에 대한 그 이론의 예견들이 실험 결과와 너무 정확하게 일치했기 때문에, 살람과 와인버그는 1979년에 역시 하버드 대학교에서 재직 중이던 셸던 글래쇼와 함께 노벨 물리학상을 받았다. 글래쇼 역시 전자기력과 약한 핵력을 하나로 묶는 유사한 통일이론을 제기했다. 1983년에 유럽 입자물리연구소(CERN)에서 광자와 짝을 이루는 세 개의 질량이 큰 입자들이, 예측되었던 정확한 질량과 그밖의 특성을 가진 채 발견됨으로써 노벨상 수상위원회는 이들에게 상을 잘못 안겨준 것이 아닌가 하는 당혹감을 모면하게 되었다. 그 발견을 이룬 수백 명의 물리학자들 팀을 이끈 카를로 루비아는 그 실험에 사용된 반물질 저장체계를 개발한 같은 연구소의 공학자 시몬 판데르메이르와 함께 1984년에 노벨상을 수상했다(여기서도 잘 알 수 있듯이, 항상 최선두에 서지 않고서는 오늘날 실험 물리학 분야에서 두각을 나타내기란 매우 힘들다!).

네 번째 범주는 강한 핵력(strong nuclear force)이다. 강한 핵력은 양성자와 중성자 속에 들어 있는 쿼크들을 하나로 묶어주고, 양성자와 중성자를 원자핵 속에서 결합시켜주는 힘이다. 이 힘은 글루온(gluon)이라는 또다른 스핀 1의 입자에 의해서 전달되는 것으로 믿어진다. 글루온은 쿼크와 글루온 자체와만 상호작용을 한다. 강한 핵력은 가둠(confinement)이라는 신비로운 특성을 가지고 있다. 이 특성은 항상 입자들을 어떤 색도 가지지 않는 조합으로 한데 결합시킨다. 그러므로 하나의 쿼크만 그 자체로 존립할 수는

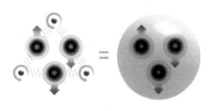
글루온의 끈으로   중성자
결합된 쿼크들

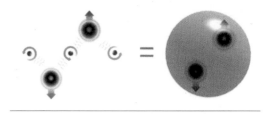
쿼크와 반쿼크로   중간자
이루어진 쌍

그림 5.11 쿼크들은 서로 결합해서 색깔이 없어진 상태로만 존재할 수 있다. 적색, 녹색, 청색의 쿼크들은 글루온에 의해서 하나로 묶여져 "흰색" 중성자를 형성한다.

그림 5.12 무색의 조합은 쿼크와 반쿼크에 의해서도 형성될 수 있다. 쿼크와 반쿼크는 서로의 색을 상쇄시킨다(즉 적색+반적색 식으로).

없다. 왜냐하면 하나의 쿼크는 하나의 색(적색, 녹색, 청색)을 가지기 때문이다. 대신에 적색 쿼크는 글루온들의 "끈"에 의해서 녹색 쿼크와 청색 쿼크와 결합된다(적색 + 녹색 + 청색 = 흰색). 이 세 쌍둥이가 양성자나 중성자를 구성한다(그림 5.11). 또 하나의 가능성은 쿼크와 반쿼크로 구성되는 쌍이다(적색 + 반적색, 또는 녹색 + 반녹색, 또는 청색 + 반청색 = 흰색)(그림 5.12). 이러한 조합이 중간자(meson)라고 알려진 입자들을 형성한다. 중간자는 매우 불안정한데, 그 이유는 쿼크와 반쿼크가 서로 소멸을 일으켜서 전자와 다른 입자들로 바뀔 가능성이 있기 때문이다. 마찬가지로 가둠은 단일한 글루온이 존재할 가능성을 배제한다. 글루온 역시 색들이 합쳐져서 흰색이 되는 글루온의 집합을 가져야 한다. 그러한 집합은 글루볼(glueball)이라고 하는 불안정한 입장을 형성한다.

가둠이라는 특성이 분리된 개개의 쿼크나 글루온을 관찰할 수 없게 한다는 사실은 쿼크와 글루온이 마치 형이상학적인 입자처럼 생각되게 만든다. 그러나 강한 핵력에는 점근적 자유(asymptotic freedom)라는 또 하나의 특성이 있다. 이 특성이 쿼크와 글루온의 개념을 명확하게 정의될 수 있게 해준다. 일반적인 에너지에서, 강한 핵력은 실제로 강하며 쿼크들을 단단하게 결합시킨다. 그러나 거대 입자가속기를 이용한 실험은 고에너지하에서 강한 핵력이 훨씬 약해지며, 그 상태에서 쿼크와 글루온들이 마치 자유로운 입자들처럼 움직인다는 사실을 보여주었다. 98쪽의 그림 5.13은 고에너지 양성자와 반양성자가 충돌하는 사진이다. 전자기력과 약한 핵력을 하나로 통일시키는 데에 성공하자, 이 두 가지 힘을 강한 핵력과 결합시켜서 이른바 대통일이론(grand unified theory, GUT)이라고 부르는 것으로 통합시키려는 시도가 몇 차례 이루어졌다. 그렇지만 이 명칭은 조금 과장스럽다. 그 결과로 등장한 이론들은 대통일은커녕 온전한 통일이론도 되지 못한다. 왜냐하면 그 속에는 많은 매개변수들이 들어 있는데, 그 매개변수의 값들이 이론에 의해서 예견될 수 없으며 단지 실험을 통해서 선택되어야 하기 때문이다. 그럼에도 불구하고 그 이론들은 완전하고 온전한 통일이론을 향한 진일보일 수 있다. 대통일이론의 기본 개념은 다음과 같다. 앞에서도 언급했듯이, 강한 핵력은 고에너지하에서 약해진다. 반면에 점근적으로 유리되지 않는 전자기력

과 약한 핵력은 고에너지하에서 오히려 더 강해진다. 일정한 수준의 초고에너지 — 대통일 에너지라고 부른다 — 상태에서 이 세 가지의 힘은 모두 동일한 세기를 가지며, 따라서 단일한 힘의 서로 다른 측면이 될 것이다. 또한 대통일이론은 그 정도의 에너지에서는 쿼크나 전자와 같은 스핀 $\frac{1}{2}$의 다양한 물질입자들이 본질적으로 모두 동일한 입자가 될 것이며, 따라서 또 하나

스위스의 제네바 근처에 있는 유럽 CERN의 알레프(ALEPH) 검출기의 한쪽 끝의 덮개. 연구자들은 이런 가속기에서 고에너지 입자 충돌을 일으켜서 빅뱅 직후와 흡사한 조건을 재현할 수 있다.

의 통일을 이룰 수 있을 것이라고 예견한다.

대통일 에너지의 값은 정확히 알려져 있지 않지만, 최소한 10^{15}기가전자볼트에는 이를 것으로 추측된다. 오늘날의 입자가속기는 입자들을 약 100기가전자볼트의 에너지 상태에서 충돌시킬 수 있으며, 현재 이를 수천 기가전자볼트까지 높일 수 있는 가속기가 계획 중이다. 그러나 입자들을 대통일 에너지까지 가속시킬 수 있을 만큼 강력한 기계는 태양계만 한 크기가 될 것이다 — 현재의 경제상황에서 그런 가속기에 예산이 배정될 가능성은 없을 것 같다. 따라서 대통일이론은 실험실에서 직접 테스트할 수는 없다. 그러나 전자기력과 약한 핵력을 통일시킨 이론처럼 저에너지하에서의 그 이론의 결론을 시험할 수는 있다.

그중에서 가장 흥미로운 사실은 보통 물질(ordinary matter)의 상당 부분의 질량을 이루는 양성자가 자연발생적으로 반전자와 같은 더 가벼운 입자들로 붕괴하리라는 예견이다. 이것이 가능한 이유는 대통일 에너지하에서는 쿼크와 반쿼크 사이에 어떠한 본질적인 차이도 없기 때문이다. 양성자 내에 있는 세 개의 쿼크들은 일반적인 조건에서는 반전자로 바뀔 만한 충분한 에너지를 가지지 않는다. 그러나 아주 드물게 그중 하나가 전이(轉移)를 하기에 충분한 에너지를 얻을 수 있다. 불확정성 원리에 따르면 양성

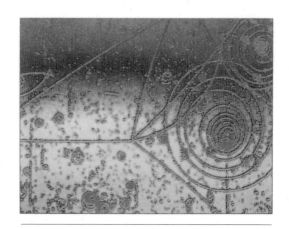

그림 5.13 가속된 입자들이 안개상자 속에서 그린 궤적을 보여주는 적외선 사진. 중앙의 교차부에서 양성자와 반양성자 상호 간의 소멸이 일어나고 있다.

자 내의 쿼크들의 에너지가 정확하게 고정될 수 없기 때문이다. 그렇게 되면 양성자는 붕괴할 것이다. 그런데 쿼크가 그런 에너지를 얻을 확률은 워낙 낮아서 최소한 10^{30}년을 기다려야 한다. 이 정도의 시간이라면 빅뱅으로부터 현재까지의 시간보다도 더 길다. 빅뱅이 일어난 지는 불과 100억(10^{10})년 정도밖에 되지 않았기 때문이다. 따라서 양성자가 자연발생적으로 붕괴를 일으킬 가능성은 실험적으로 검사가 불가능하다고 생각할 수도 있다. 그러나 엄청나게 많은 양성자를 가지고 있는 역시 엄청난 양의 물질을 관찰해서 붕괴하는 양성자를 찾아낼 가능성을 높일 수도 있다(만약 예를 들어서 1년 동안 10^{31}개나 되는 양성자를 관찰한다면, 가장 간단한 대통일이론에 따르면, 최소한 하나 이상의 양성자의

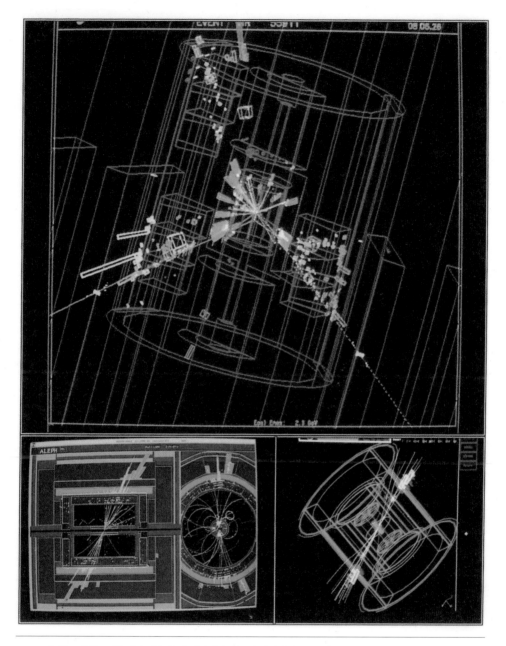

CERN에 있는 알레프 검출기를 이용한 한 실험에서 하나의 입자가 쿼크-반쿼크 쌍을 거쳐서 여러 개의 입자들로 붕괴하는 과정을 보여주는 컴퓨터 합성 장면이다.

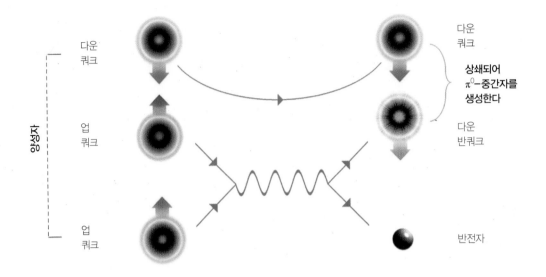

다운
쿼크

업
쿼크

업
쿼크

양성자

다운
쿼크

상쇄되어
π^0-중간자를
생성한다

다운
반쿼크

반전자

그림 5.14 대통일이론에 따르면 양성자 속에 들어 있는 두 개의 업 쿼크와 하나의 다운 쿼크는 하나의 다운/반다운 π^0-중간자와 하나의 반전자로 변환될 수 있다.

붕괴를 관찰할 수 있을 것이다).

지금까지 이런 종류의 실험이 여러 차례 수행되어왔지만, 아직까지 양성자나 중성자 붕괴의 결정적인 증거를 찾아내지는 못했다. 한 실험은 오하이오 주에 있는 모턴 암염광산에서 8,000톤의 물을 사용해서 이루어졌다(광산 안에서 실험을 한 이유는 양성자 붕괴와 혼동을 일으킬 수 있는, 우주선[宇宙線]에 의한 다른 사건이 일어나는 것을 막기 위해서였다). 이 실험에서도 자연발생적인 양성자 붕괴가 전혀 관찰되지 않았기 때문에, 양성자의 예상 수명이 10^{31}년보다는 길 것이라고 계산할 수 있다. 이 기간은 가장 단순한 대통일 이론에 의해서 예측된 시간보다도 긴 것이다.

그러나 예상 수명이 이보다 긴, 보다 많은 정교한 이론들이 있다. 그 시간을 테스트하려면 훨씬 더 많은 양의 물질을 이용한 좀더 정밀도 높은 실험이 필요할 것이다.

자연발생적인 양성자 붕괴를 관찰하는 것이 극도로 어렵기는 하지만, 우리의 존재 자체가 그 역과정인 양성자 생성의 결과일지도 모른다. 또는 좀더 간단하게 이야기하자면, 반쿼크도 쿼크도 존재하지 않았던 초기 조건에서 쿼크가 생성된—우주가 처음 출발했다고 상상할 수 있는 가장 자연스러운 방식에 해당하는—과정의 결과일 것이다. 지구상의 물질은 주로 양성자와 중성자로 이루어져 있고, 양성자와 중성자는 다시 쿼크로 구성된다. 물리학자들이 거대 입자 속기에서 인위적으로 만든 소수의 것을 제외한다면, 반쿼크로 이루어진 반양성자나 반중성자는 없다. 또한 우리는 우주선을 통해서, 우리 은하의 모든 물질도 마찬가지라는 증거를 가지고 있다. 다시 말해서 고에너지 충돌 과정에서 생성된 극소수의 입자/반입자 쌍을 제외하면 은하계 안에도 반중성자나 반양성자는 존재하지 않는다. 우리 은하 내에 반물질로 이루어진 넓은 영역이 있다면, 우리는 물질 영역과 반물질 영역 사이의 경계에서 방출되는 다량의 복사를 관측할 수 있을 것이다. 그곳에서는 많은 입자들이 그 반입자들과 충돌을 일으키고, 서로 소멸되면서 고에너지 복사를 방출할 것이기 때문이다.

우리는 다른 은하의 물질이 양성자와 중성자로 이루어져 있는지 아니면 반양성자나 반중성자로 이루어져 있는지에 대한 직접적인 증거를 가지고 있지 못하다. 그러나 분명히 둘 중 어느 한쪽일 것이다. 하나의 은하에 두 가지 물질이 혼합되어 있을 리는 없다. 그렇게 되면 소멸과정에서 발생하는 많은 양의 복사를 관측할 수 있을 테니까 말이다. 따라서 우리는 모든 은하가 반쿼크가 아니라 쿼크로 이루어져 있다고 믿는다. 어떤 은하는 물질이고, 다른 은하는 반물질일 가능성은 없는 것 같다.

반쿼크보다 쿼크가 그렇게 많은 이유는 무엇일까? 왜 쿼크와 반쿼크가 같은 수만큼 존재하지 않을까? 그러나 그 수가 같지 않다는 것은 우리에게 무척이나 다행스러운 일이다. 만약 그

수가 같았다면, 거의 모든 쿼크와 반쿼크가 초기 우주에서 서로 소멸했을 것이고, 우주에는 물질이라곤 찾아볼 수 없고 오직 복사로 가득 차버렸을 테니 말이다. 그렇게 되면 은하도, 항성도 그리고 그 위에서 인류가 진화할 수 있었던 행성도 없었을 것이다. 운 좋게도 대통일이론이 왜 우주에 오늘날 반쿼크보다 쿼크가 더 많은지 — 비록 우주가 처음 탄생했을 때에는 같은 수였다고 하더라도 — 를 설명할 수 있을지도 모른다. 이미 앞에서 살펴보았듯이, 대통일이론은 고에너지하에서 쿼크가 반전자로 변환할 수 있도록 허용한다. 또한 대통일이론은 그 역의 과정, 즉 반쿼크가 전자로 그리고 전자와 반전자가 반쿼크와 쿼크로 바뀌는 것도 허용한다. 우주 탄생 초기에는 온도가 너무 높아서 그러한 변환과정이 일어날 수 있을 정도로 입자 에너지가 높았던 시기가 있었다. 그러나 그 과정에서 반쿼크보다 쿼크가 더 많아진 까닭은 무엇인가? 그 이유는 물리법칙들이 입자와 반입자에 대해서 동일하지 않기 때문이다.

1956년까지 물리법칙들은 C, P, T라고 하는 세 가지 대칭성들 가운데 하나를 따른다고 믿어졌다. C 대칭성은 법칙들이 입자와 반입자에 대해서 모두 동일함을 뜻한다. P 대칭성은 법칙들이 모든 상황과 그 거울상(오른쪽 스핀을 가진 입자의 거울상은 왼쪽 스핀을 가진 입자이다)에 대해

서 동일함을 뜻한다. T 대칭성은 모든 입자와 반입자들의 운동방향을 역전시키면, 그 체계의 초기 상태로 돌아가야 함을 뜻한다. 다시 말해서 모든 법칙들은 시간의 정방향과 그 역방향에 대해서 동일하다는 것이다. 그런데 1956년에 두 명의 [중국 태생/옮긴이] 미국 물리학자 리정다오와 양전닝이 약한 핵력은 실제로는 P 대칭성을 따르지 않는다고 주장했다. 다시 말하면 약한 핵력은 우주가 그 거울상이 전개되는 방식과는 다른 방식으로 전개되게 만든다는 것이다. 같은 해에 동료인 우젠슝이 두 사람의 예견이 사실임을 입증했다. 그녀는 자기장 속에 방사성 원자의 원자핵을 일렬로 늘어세워서 같은 방향의 스핀을 가지게 한 다음, 전자들이 다른 방향들보다 한쪽 방향으로 더 많이 방출된다는 사실을 증명했다. 이듬해에 리정다오와 양전닝은 그 연구로 노벨상을 받았다. 또한 약한 핵력은 C 대칭성을 따르지 않는다는 사실도 발견되었다. 따라서 반입자로 구성된 우주는 우리 우주와는 다른 방식으로 움직일 것임이 밝혀진 셈이다. 그럼에도 불구하고 약한 핵력은 결합된 CP 대칭성에 따르는 것으로 생각되었다. 다시 말해서, 한 가지를 더 추가해서, 만약 모든 입자가 그 반입자로 교환된다면, 우주는 그 거울상과 같은 방식으로 전개될 것이라고 생각되었다! 그러나 1964년에 또다른 두 명의 미국인 제임스

크로닌과 발 피치가 K-중간자(K-meson)라는 특정한 입자의 붕괴에서는 CP 대칭성조차도 보존되지 않는다는 사실을 발견했다. 크로닌과 피치는 이 발견으로 1980년에 결국 노벨상을 받았다(우주가 우리의 생각처럼 그렇게 단순하지는 않다는 사실을 입증한 공로로 무척이나 많은 노벨상이 주어진 셈이다!).

양자역학과 상대성 이론을 따르는 모든 이론은 CPT 대칭성을 항상 따라야 함을 기술하는 수학정리가 있다. 다시 말해서 만약 모든 입자가 반입자로 바뀌고 거울상을 취하며 시간의 방향도 역전된다면 우주는 그 전과 똑같이 움직인다는 것이다. 그러나 크로닌과 피치는 만약 입자가 반입자로 바뀌고 거울상이 된다고 하더라도 시간의 방향이 역전되지 않으면 우주는 똑같이 움직이지 **않는**다는 것을 입증했다. 따라서 시간의 방향이 역전되면 물리법칙들은 바뀔 수밖에 없으며, T 대칭성을 따르지 않는다.

초기 우주가 T 대칭성을 따르지 않는 것은 분명하다. 즉 시간이 앞으로 흐르면서 우주가 팽창한다—만약 시간이 반대로 흐르면, 우주는 수축할 것이다. 그리고 T 대칭성에 따르지 않는 힘들이 존재하기 때문에, 우주가 팽창함에 따라서 이 힘들은 전자가 반쿼크로 바뀌는 것보다 더 많은 반전자들이 쿼크가 되게 만들었다. 그 후 우주가 팽창하고 냉각되면서 반쿼크들은 쿼

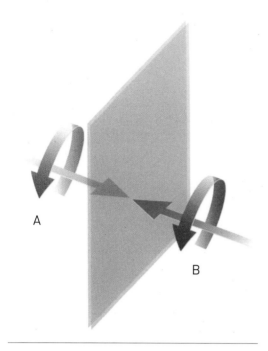

그림 5.15 오른쪽 방향의 스핀을 가진 입자의 거울상은 왼쪽 방향의 스핀을 가진 입자이다. P 대칭성이 유지된다면, 물리법칙은 양쪽에 대해서 동일하다.

크와 쌍소멸을 일으켰고, 반쿼크보다 쿼크의 수가 더 많았기 때문에 그 차이에 해당하는 만큼의 쿼크들이 살아남게 되었다. 그렇게 남은 쿼크들이 오늘날 우리가 관찰할 수 있는 물질이나 우리 자신을 구성하는 물질을 형성하게 되었다. 따라서 우리가 존재한다는 사실 자체가 대통일이론을 뒷받침하는 근거로 간주될 수 있다. 그러나 그것은 단지 정성적(定性的) 근거일 따름이다. 거기에는 상당한 불확실성이 개재하기 때문에, 우리는 쌍소멸의 과정에서 살아남은 쿼크들

의 숫자를 예측할 수 없으며, 심지어는 그 과정에서 쿼크와 반쿼크 중 어느 쪽이 남게 되는지조차도 예측할 수 없다(그러나 만약 반쿼크가 더 많았다면, 우리는 그 반쿼크에 쿼크라는 이름을, 그리고 쿼크에는 반쿼크라는 명칭을 붙였을 것이다).

대통일이론은 중력을 포괄하지 않는다. 그런데 이것은 그리 큰 문제가 아니다. 중력은 아주 약한 힘이어서 우리가 소립자나 원자를 다룰 때에는 그 효과를 일반적으로 무시할 수 있기 때문이다. 그러나 중력이 먼 거리에까지 영향을 미치고 항상 인력으로 작용한다는 사실은 그 효과가 모두 누적된다는 것을 뜻한다. 따라서 충분히 많은 수의 물질입자의 경우, 중력은 다른 모든 힘들보다 더 큰 지배력을 가질 수 있다. 중력이 우주의 진화를 결정한 것도 바로 그런 이유 때문이다. 별 정도 크기의 물체에 대해서조차 중력의 인력은 그밖의 다른 힘들을 압도해서 별을 붕괴하게 만든다. 1970년대에 이루어진 나의 연구는 이러한 별의 붕괴와 그 주변의 강력한 중력장에 의해서 발생할 수 있는 블랙홀에 초점을 맞춘 것이다. 양자역학 이론과 일반 상대성 이론이 서로에 대해서 영향을 미칠 수 있는가에 대한 최초의 암시는 바로 이 블랙홀에 의해서 주어졌다─물론 아직까지는 양자중력 이론의 모습에 대한 단초도 얻지 못하고 있다.

6

블랙홀

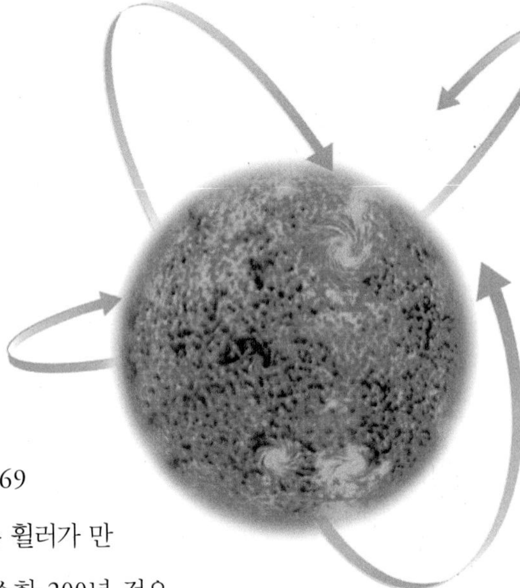

그림 6.1

블랙홀(black hole)이라는 용어는 극히 최근에 생겼다. 이 용어는 1969년 미국인 과학자 존 휠러가 만든 것으로, 그는 최소한 200년 전으로 거슬러올라가는 하나의 개념을 생생하게 설명하기 위해서 그 신조어를 만들었다. 지금으로부터 200년 전에 빛에 대한 두 가지 이론이 있었다. 뉴턴이 선호했던 한 가지 이론은 빛이 입자로 이루어져 있다는 입자설이었고, 다른 하나는 빛이 파동으로 이루어져 있다는 파동설이었다. 오늘날 우리는 두 이론이 모두 옳다는 사실을 알고 있다. 양자역학에서의 입자/파동 이중성에 의하여 빛은 파동이면서 동시에 입자로 간주될 수 있다. 빛이 파동으로 이루어져 있다는 이론에서는, 빛이 중력에 대해서 어떻게 반응하는지가 분명하지 않았다. 그러나 빛이 입자로 구성되어 있다면, 우리는 그 빛이 포탄이나 로켓 또는 행성과 똑같은 방식으로 중력에 의해서 영향을 받을 것이라고 예상할 수 있다. 처음에 사람들은 빛의 입자가 무한히 빠른 속도로 달리며, 따라서 중력이 빛의 속도를 느리게 만들 수는 없을 것이라고 생각했다. 그러나 빛의 속도가 유한하다는 뢰머의 발견은 중력이 빛에 중요한 영향을 미칠 수도 있음을 뜻했다.

이러한 가정을 기초로 하여, 케임브리지 대학의 교수 존 미첼은 1783년에 「런던 왕립학회 물리학 회보(*Philosophical Transactions of the Royal Society of London*)」에 논문을 발표했다. 그 논문에서 그는 충분한 질량과 밀도를 갖춘 별은 강한 중력장을 가지기 때문에 빛조차도 그 별을 빠져나오지 못할 것이라고 지적했다. 그 별의 표면에서 방출된 모든 빛은 별을 빠져나오기도 전에 그 별의 인력에 의해서 다시 이끌리게 될 것이다. 미첼은 이러한 별들이 상당수 존재할지도 모른다고 주장했다. 그 별에서 나온 빛이 우리에게까지 도달하지 않기 때문에 우리가 그런 별을 볼 수야 없겠지만, 우리는 그 인력만은 여전히 느낄 수 있을 것이다. 바로 이 천체가 오늘날 우리가 블랙홀이라고 부르는 것이다. 그런 명칭이 붙은 까닭은 그 천체가 우주 공간 속에서 검은 공동(空洞)으로 보이기 때문이다. 몇 년 후에 프랑스의 과학자 라플라스 후작에 의해서 비슷한 주장이—미첼과는 무관하게 독자적으로—제기되었다. 그런데 무척 흥미로운 사실은 라플라스가 이 주장을 그의 저서 『세계의 체계에 대한 해설(*Exposition du Système du monde*)』의 제1판

과 제2판에만 포함시키고, 후속판들에서는 배제했다는 것이다. 아마 그 자신도 그것이 무리한 생각이라고 판단했던 것 같다(또한 빛의 입자설은 19세기에 점차 지지를 잃게 되었고 모든 것이 파동설로 설명될 수 있다고 생각되었다. 그러나 파동설에 따르면 빛이 중력의 영향을 받는지 여부가 불명료했다).

그런데 실제로는 빛을 뉴턴의 중력 이론에 등장하는 포탄과 마찬가지로 다루는 것은 모순이다. 왜냐하면 빛의 속도가 고정되어 있기 때문이다(지구에서 하늘로 발사된 포탄은 중력에 의해서 점차 속도가 느려지다가 결국 정지하고 다시 떨어져 내릴 것이다. 그러나 광자는 일정한 속도로 계속 솟아올라야 한다. 그렇다면 뉴턴의 중력이 어떻게 빛에 영향을 미치는가?). 중력이 어떻게 빛에 영향을 미치는가를 모순되지 않게 다룬 이론은 아인슈타인이 일반 상대성 이론을 수립한 1915년까지는 등장하지 않았다. 그러나 일반 상대성 이론이 수립된 이후에도, 이 이론이 질량이 큰 별들에 대해서 가지는 함축적 의미가 이해되기까지는 다시 오랜 시간이 지나야 했다.

블랙홀의 형성 과정을 이해하기 위해서는, 우선 별의 생명 주기를 이해할 필요가 있다. 엄청난 양의 가스(대부분 수소)가 자체의 인력 때문에 스스로 붕괴하기 시작할 때 별이 생성된다. 가스가 응축하면서, 가스의 원자들은 점점 더 빈

그림 6.1 존 미첼이 제기한 내용은 어떤 별의 질량이 아주 크면, 그 엄청난 중력장이 별의 표면에서 방출된 빛을 다시 끌어들임으로써 그 별을 볼 수 없게 만든다는 것이다. 18세기에 제기된 이 "어두운 별"이 오늘날의 블랙홀의 전조에 해당된다.

번하게 충돌을 일으키고 그 충돌속도는 점차 빨라진다—이 과정에서 가스는 가열된다. 결국 가스는 수소 원자들이 충돌했을 때 더 이상 서로를 튕겨내지 못할 정도로 높은 온도에 도달하고, 그리하여 수소 원자들이 융합해서 헬륨이 형성된다. 그리고 이 반응에서 방출된 열—이 열은 제어된 수소폭탄의 폭발과 흡사하다—이 별을 빛나게 만든다. 또한 이 추가적 열은 인력과 균형을 이룰 때까지 가스의 압력을 증가시키고, 마침내 가스의 수축은 정지하게 된다. 별은 풍선과 흡사하다—풍선의 경우, 풍선을 팽창시키려는 안쪽 공기와 풍선의 팽창을 막으려는 고무의 장력(張力) 사이에서 균형이 이루어진다. 별들은 이런 상태로 핵반응에서 나오는 열과 중력의 인력이 균형을 이루면서 상당히 오랜 기간 동안 안정을 유지할 것이다(그림 6.2의 "주계열별" 참조). 그러나 결국 별은 수소를 비롯한 그밖의 핵연료를 모두 소모하게 된다. 역설적이게도, 별이 처음 생성될 때 더 빨리 연료를 소비한다. 그 이유는 별의 질량이 더 클수록, 중력의 인력과 균형을 이루기 위해서는 더 뜨거워질 필요가 있기 때문이다. 그리고 온도가 높을수록 더 빨리 연료를 소비하게 된다. 우리의 태양은 앞으로도 50억 년 동안 사용할 연료를 가지고 있다. 그러나 태양보다 질량이 더 큰 별들은 고작 1억 년이면 연료를 모두 소진하게 된다. 1억

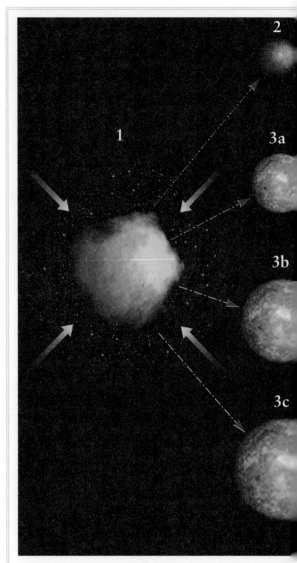

1 먼지와 가스로 이루어진 원시성(原始星) 먼지와 가스의 구름이 중력에 의해서 붕괴하면서 별이 형성된다.

2 가장 질량이 적은 별(갈색왜성)은 연료를 모두 태운 후에도 아무런 변화가 없는 것처럼 보인다.

3 주계열 별은 서 수소 연료를
a) 태양 질량.
질량의 10-30t
양 질량의 30배

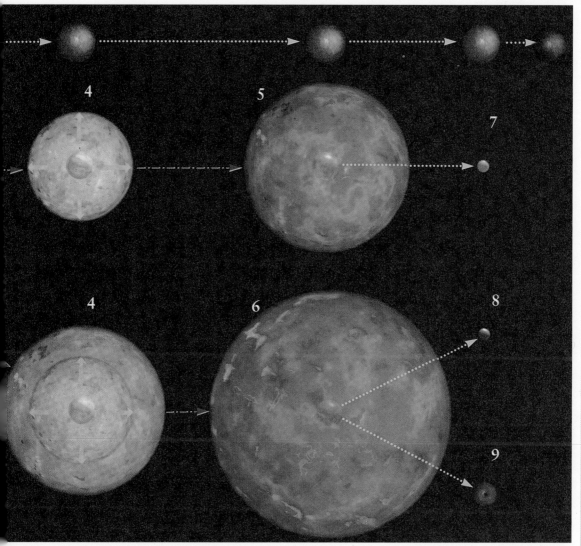

연료가
며서 헬륨
성된다.
개가 팽
시작한다.

5 태양과 질량이 같은 **적색거성**은 탄소 핵을 가지고 있으며, 그 주위를 수소를 태우는 껍질과 가스상 덮개가 에워싸고 있다.

6 초거성. 태양 질량의 10배에서 30배 이상에 달하는 질량이 큰 별이 수명을 다하면 초거성이 된다.

7 백색왜성. 태양 질량과 같은 별이 붕괴하면 백색왜성이 된다.

8 중성자별. 태양 질량의 10배에 해당하는 별이 중력붕괴하면 중성자별이 된다.

9 블랙홀. 태양 질량의 30배 이상인 별이 중력붕괴를 일으키면 블랙홀이 된다.

그림 6.2 전형적인 별의 탄생, 진화 그리고 죽음. 별의 질량이 찬드라세카르 한계보다 작으면, 그 별은 궁극적으로 갈색왜성이나 백색왜성이 된다. 별의 질량이 그 한계 이상일 경우에는, 그 초거성은 최종적인 중력붕괴를 거쳐서 중성자별이나 블랙홀이 된다.

아서 스탠리 에딩턴
(1882-1944)

레프 다비도비치 란다우
(1908-1968)

수브라마니안 찬드라세카르
(1910-1995)

년이면 우주의 나이에 비해 훨씬 짧은 시간이다. 별이 연료를 모두 사용하면, 냉각되면서 수축하기 시작한다. 그때 이 항성에 어떤 일이 발생하는지 이해되기 시작한 것은 1920년대 말 이후의 일이었다.

1928년에 인도의 한 대학졸업생 수브라마니안 찬드라세카르가 영국을 향해서 항해를 떠났다. 일반 상대성 이론의 전문가인 영국의 천문학자 아서 에딩턴 경과 케임브리지에서 함께 연구하기 위해서였다(어떤 설명에 따르면, 한 신문기자가 1920년대 초에 에딩턴에게 전 세계에서 일반 상대성 이론을 이해할 수 있는 사람은 오직 세 명밖에 없다는 이야기를 들었다고 하자, 에딩턴은 잠깐 생각에 잠겼다가 이렇게 대꾸했다고 한다. "나는 그 세 번째 사람이 누구인지 생각하고 있는 중이오."). 인도를 출발하여 항해하는 동안 찬드라세카르는 어떤 별이 연료를 모두 태운 후에 자체 중력을 지탱할 수 있는 크기가 어느 정도인지를 계산했다. 그 계산을 위한 아이디어는 이런 것이었다. 별의 크기가 작아질수록 물질입자들은 서로 가까워질 것이고, 파울리의 배타원리에 따르면 그 입자들은 서로 다른 속도를 가질 것이다. 따라서 입자들은 서로에 대해서 멀어질 것이고, 별은 팽창하는 경향을 가질 것이다. 따라서 별은 중력의 인력과 배타원리에서 발생한 반발력이―그 이전 단계에서 열과 중력이 균형을 이루었던 것과 똑같이―서로 균형을 이루는 일정한 반경에서 스스로를 유지할 수 있을 것이다.

그러나 찬드라세카르는 배타원리가 제공할 수 있는 반발력에는 한계가 있다는 사실을 깨달았다. 상대성 이론은 별 속의 물질입자들 사이에서 발생하는 속도 차이의 최댓값을 광속으로 제한한다. 이 말은 별이 충분한 밀도를 가지면, 배타원리로 인한 반발력이 중력의 인력보다 작아질 것임을 뜻한다. 찬드라세카르는 태양 질량의 대략 1.5배 이상인 죽은 별은 자체 중력을 지탱하지 못할 것이라고 계산했다(오늘날 이 질량은 찬드라세카르 한계[Chandrasekhar limit]라고 불린다). 거의 같은 시기에 러시아의 과학자 레프 다비도비치 란다우에 의해서도 비슷한 발견이 이루어졌다.

이 발견들은 질량이 큰 별의 궁극적인 운명에 대하여 매우 심대한 의미를 함축하고 있었다. 만약 어떤 별의 질량이 찬드라세카르 한계보다 작으면, 그 별은 결국 수축을 멈추고, 수천 마일의 반경과 1세제곱인치당 수백 톤의 밀도를 가진 "백색왜성(white dwarf)"이라는 최종 상태로 정착하게 될 것이다. 백색왜성을 지탱시키는 것은 그 물질 속에 들어 있는 전자들 사이에서 작용하는 배타원리의 반발력이다. 우리는 실제로 이러한 백색왜성을 무수히 관측할 수 있다. 최초로 발견된 백색왜성들 중의 하나는 밤하늘에서 가장 밝은 별인 시리우스 주위를 도는 별이다.

란다우는 별이 맞이할 수 있는 또다른 최종 상태가 있다고 지적했다. 그 상태는 태양 질량의 1-2배가량 되는 한계질량을 가지지만, 크기는 백색왜성보다 훨씬 작다. 이러한 별들은 전자가 아니라 중성자와 양성자 사이에서 작용하는 배타원리의 반발력에 의해서 지탱될 것이다. 따라서 이런 별을 중성자별(neutron star)이라고 부른다. 중성자별은 반경이 10마일에 불과하지만 밀도는 1세제곱인치당 수억 톤이나 된다. 이러한 천체의 존재가 처음 예견되었을 때, 중성자별을 실제로 관측할 수 있는 방법은 없었다. 그 천체가 실제로 발견된 것은 훨씬 나중의 일이었다.

반면에 찬드라세카르 한계 이상의 질량을 가지는 별들은 연료를 모두 태웠을 때, 아주 심각한 문제에 부딪친다. 일부 별들은 폭발을 일으키거나 물질들을 바깥으로 방출시키는 방법으로 질량을 한계 이하로 줄여서 파국적인 중력붕괴를 피할 수 있을 것이다. 그러나 별이 아무리 크더라도 그와는 무관하게 항상 이런 일이 일어나주리라고 믿기는 힘들다. 그 별이 자신이 무게를 줄여야 한다는 사실을 어떻게 알겠는가? 그리고 설령 모든 별들이 파국을 피할 수 있을 정도로 질량을 잃는 데에 성공했다고 하더라도, 백색왜성이나 중성자별에 한계 이상으로 더 많은 질량을 추가시킨다면 어떤 일이 벌어질 것인가? 그렇게 되면 그 별은 무한 밀도로 붕괴하게 되는가? 에딩턴은 그러한 함축적 의미에 충격을 받아서 찬드라세카르의 결론을 받아들이기를 거부했다. 에딩턴은 어떤 별이 하나의 점으로 붕괴한다는 것부터가 불가능하다고 생각했다. 그것은 당시 대부분의 과학자들의 생각이기도 했다. 아인슈타인 자신도 별들이 0의 크기로 줄어들 수는 없다는 내용의 논문을 발표했다. 다른 과학자들, 특히 별의 구조에 대한 최고의 권위자이자 그의 스승이었던 에딩턴의 반대로 찬드라세카르는 자신의 연구를 포기하고 대신에 성단의 운동과 같은 천문학의 다른 문제로 방향을 돌리도록 설득당했다. 그러나 1983년에 그가 노벨상을 수상한 것은 최소한 부분적으로는, 차가운 별의 한계 질량에 대한 그의 초기 연구 덕분이었다.

찬드라세카르는 배타원리가 찬드라세카르 한계보다 질량이 큰 별의 붕괴를 정지시킬 수 없다는 것을 증명했다. 그러나 이러한 별에 어떤 일이 일어날 것인가를 일반 상대성 이론에 따라서 이해하는 문제는 1939년에 미국의 젊은 물리학자 로버트 오펜하이머에 의해서 처음으로 해결되었다. 하지만 그의 결과는 당시의 망원경으로 알아낼 수 있는 관측 증거가 존재하지 않는다는 것을 시사했다. 그후 제2차 세계대전이 일어나는 바람에 오펜하이머 자신은 원자폭탄 개발계획에 밀접히 관여하게 되었다. 전쟁이 끝난 후, 대부분의 과학자들이 원자와 원자핵 크기에서 벌어지는 일에 관심을 기울이면서 중력 붕괴 문제는 거의 잊혔다. 그러나 1960년대에 들어서면서, 현대적 기술의 적용으로 천문 관측의 횟수와 범위가 폭발적으로 늘어나면서 천문학과 우주론의 거시적 문제에 대한 관심이 다시

로버트 오펜하이머(1904-1967). 그는 1942년부터 1945년까지 뉴멕시코에 있는 로스앨러모스 연구소의 소장으로 재직했다. 그 연구소는 최초의 원자폭탄을 설계하고 제작한 곳이다.

부활했다. 이 시기에 오펜하이머의 연구가 재조명되었고, 많은 사람들에 의해서 확장되었다.

오펜하이머의 연구를 통해서 오늘날 우리가 가지게 된 상(像)은 다음과 같다. 별의 중력장은 시공 속에서의 광선의 경로를 원래의 경로—그 별이 없었다면 취했을—로부터 바꾸어놓는다. 광원뿔—꼭짓점에서 방출된 빛의 섬광이 시공을 지나는 경로들을 나타내는—은 별의 표면 쪽으로 약간 안으로 휘어진다. 일식이 진행되는 동안 멀리 떨어진 별에서 오는 빛이 휘어지는 모습에서도 이러한 현상을 관측할 수 있다. 별이 수축함에 따라서 그 별 표면의 중력장은 더욱 강해지고, 광원뿔은 안쪽으로 더 심하게 휜다. 이 때문에 그 별에서 나오는 빛은 탈출이 더 어려워지며, 그 빛은 멀리 떨어진 관측자에게

그림 6.3

점차 더 흐리고 붉게 보인다. 마침내 그 별이 특정한 임계 반경 이내로 줄어들면, 표면의 중력장이 너무 강해져서 광원뿔은 안쪽으로 극도로 휘어져서 빛은 더 이상 별 표면을 빠져나오지 못하게 된다(그림 6.3). 상대성 이론에 따르면 그 무엇도 빛보다 빠른 속도로 달릴 수 없다. 따라서 만약 빛이 빠져나올 수 없다면, 그 이외의 무엇도 별을 탈출할 수는 없게 된다. 모든 것이 중력장에 의해서 끌어당겨지는 것이다. 따라서 그 별은 그곳을 빠져나와 멀리 떨어진 관측자에게 도달할 수 없는 사건(event)의 집합, 즉 시공의 영역을 가지고 있다. 이 영역이 우리가 오늘날 블랙홀이라고 부르는 것이다. 블랙홀의 경계는 사건 지평선(event horizon)이라고 불리며, 블랙홀에서 벗어나려다가 실패한 광선들의 경로와 일치한다.

만약 여러분이 하나의 별이 붕괴해서 블랙홀이 되는 과정을 지켜보고 있다고 가정했을 때, 여러분의 눈앞에서 벌어지는 일들을 이해하기 위해서는 먼저 상대성 이론에 어떠한 절대적인 시간도 존재하지 않는다는 것을 기억해둘 필요가 있다. 모든 관찰자들은 저마다의 시간 척도를 가지고 있는 것이다. 별 위에 있는 사람의 시간은 그 별의 중력장 때문에, 멀리 떨어진 다른 사람의 시간과 다를 것이다. 붕괴하는 별 표면에 서 있는 용감한 우주비행사가 있다고 가정해

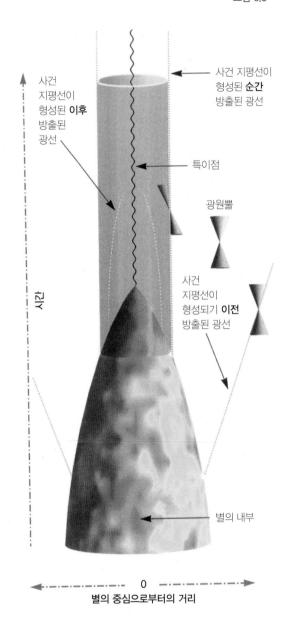

사건 지평선이 형성된 **순간** 방출된 광선

사건 지평선이 형성된 **이후** 방출된 광선

특이점

광원뿔

사건 지평선이 형성되기 **이전** 방출된 광선

별의 내부

시간

0
별의 중심으로부터의 거리

그림 6.3 질량이 큰 별이 붕괴해서 블랙홀을 형성하는 과정의 시공 도표.

그림 6.4

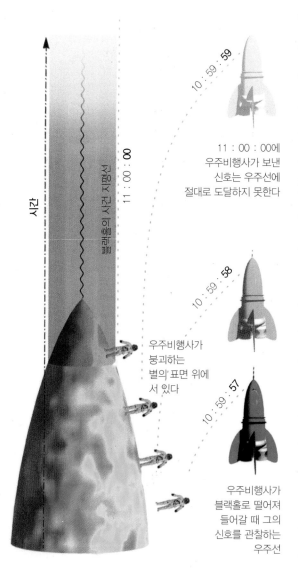

시간

붕괴하는 별의 시공간 경로

11 : 00 : 00

10 : 59 : 59

11 : 00 : 00에
우주비행사가 보낸
신호는 우주선에
절대로 도달하지 못한다

우주비행사가
붕괴하는
별의 표면 위에
서 있다

10 : 59 : 58

10 : 59 : 57

우주비행사가
블랙홀로 떨어져
들어갈 때 그의
신호를 관찰하는
우주선

계 반경 이내—이 반경 이내가 되면 중력장이 너무 강해져서 아무것도 빠져나올 수 없다—로 줄어들고, 그의 신호는 더 이상 우주선에 도달하지 못한다. 11 : 00에 가까워지면, 우주선에서 그를 지켜보는 동료들은 우주비행사로부터 연속적으로 도달하는 신호의 간격이 점차 느려지는 것을 발견하게 될 것이다. 그러나 이 지연효과는 10 : 59 : 59까지는 극히 작을 것이다. 우주선의 동료들은 우주비행사가 10 : 59 : 58에 보낸 신호를 받은 다음 그가 자신의 시계로 10 : 59 : 59라고 읽었을 때 보낸 신호를 받기까지 1초보다 약간 더 긴 시간을 기다리기만 하면 된다. 그러나 11 : 00의 신호를 받으려면 영원히 기다려야 할 것이다. 우주비행사의 시계로 10 : 59 : 59에서 11 : 00 사이에 별 표면에서 방출된 광파는 우주선에서 볼 때 무한한 시간에 걸쳐 확산될 것이다. 우주선에 도달하는 연속적인 파동들 사이의 시간 간격은 점차 느려져서, 별에서 나오는 빛은 점점 더 붉어지고 희미해질 것이다. 마침내 그 별은 너무 흐려져서 더 이상 우주선에서 보이지 않게 된다. 그뒤에 남는 것은 공간 속에 있는 블랙홀뿐이다. 그러나 그 별은 블랙홀 주위를 선회하는 우주선에 계속 동일한 중력을 미칠 것이다. 이 시나리오는 다음과 같은 문제 때문에 실제로는 전혀 불가능하다. 여러분이 별에서 멀어질수록 중력은 약해진다.

보자. 그는 별 안쪽으로 떨어져 들어가면서 별 주위를 선회하는 우주선에 1초에 한 번씩—그의 시계에 따라서—신호를 보내온다. 우주비행사의 시계로 어떤 시각, 가령 11 : 00에 별이 임

따라서 우리의 용맹한 우주비행사의 발에 미치는 중력은 그의 머리에 미치는 중력보다 항상 크다. 이러한 중력의 차이가 별이 임계 반경 — 여기에서 사건 지평선이 형성된다! —으로 수축하기 전에 우리의 우주비행사를 마치 스파게티처럼 잡아늘이거나, 또는 갈갈이 찢어놓을 것이다(그림 6.5 참조). 그러나 우리는 은하의 중심부와 같은 우주 공간 속에는 이보다 큰 수많은 천체들이 있을 것이라고 믿고 있다. 그 천체들도 중력붕괴를 일으켜서 블랙홀을 생성할 수 있다. 이러한 천체들 중 하나에 있는 우주비행사는 블랙홀이 형성되기 전에 산산조각이 나지는 않을 것이다. 실제로 그는 임계 반경에 도달할 때, 아무런 특별한 느낌도 받지 않을 것이다. 아무것도 느끼지 못하는 채 돌아올 수 없는 지점을 지

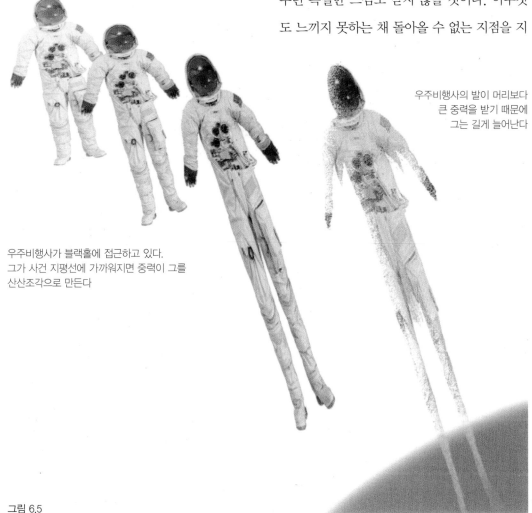

우주비행사의 발이 머리보다 큰 중력을 받기 때문에 그는 길게 늘어난다

우주비행사가 블랙홀에 접근하고 있다. 그가 사건 지평선에 가까워지면 중력이 그를 산산조각으로 만든다

그림 6.5

질량이 큰 별이 자체 중력으로
붕괴하기 시작한다

별이 내파되면서 자체 중력 우물 속으로
점점 더 깊이 떨어진다

그림 6.6

나겠지만 그 영역이 계속 붕괴함으로써 불과 몇 시간 이내에 그의 머리와 발에 미치는 중력의 차이가 너무 강해지면서 그를 산산조각으로 만들 것이다.

로저 펜로즈와 내가 1965년부터 1970년 사이에 수행했던 연구는 일반 상대성 이론에 따른다면 블랙홀 속에 무한한 밀도와 무한한 시공 곡률을 가지는 특이점이 존재할 것임을 입증했다. 이것은 시간이 시작되었던 때의 빅뱅과 흡사하다. 다만 이 특이점은 붕괴하는 천체나 우주비행사에게는 시간의 끝이라는 점에서만 다를 것이다. 이 특이점에서 과학법칙과 미래를 예측하는 우리의 능력은 모두 무너져내릴 것이다. 그러나 블랙홀 바깥에 머무르고 있는 관찰자는 이러한 예측능력의 파괴에 아무런 영향도

그림 6.6 수축하는 별의 중력장이 점차 강해지면서 주위 공간에 미치는 영향은 우주 공간을 아주 민감한 고무 판으로 상상하면 쉽게 시각화시킬 수 있다. 질량이 클수록, 오목하게 들어간 부분은 더 깊어진다. 여기에서 볼 수 있는 최종적인 중력 내파는 블랙홀의 특이점을 나타낸다.

받지 않는다. 왜냐하면 빛을 포함한 어떠한 신호도 특이점으로부터 그에게 도달할 수 없기 때문이다. 이 주목할 만한 사실을 기초로 로저 펜로즈는 우주검열관 가설(cosmic censorship hypothesis)을 제안했다. 그 가설은 "신은 벌거벗은 특이점을 혐오한다"라는 말로 바꿀 수 있을 것이다. 다시 말해서, 중력붕괴에 의해서 생성되는 특이점은 블랙홀처럼 사건 지평선에 의해서 볼썽사납지 않게 외부의 시각으로부터 가려져 있는 장소에서만 나타난다는 것이다. 엄밀하게

아직까지 별을 볼 수는 있지만
사건 지평선을 형성하기 직전이다

특이점이 형성된다

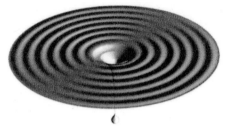

이야기하자면, 이것은 약한 우주검열관 가설이라고 알려진 주장의 내용이다. 그 가설은 블랙홀 바깥에 남아 있는 관찰자를, 특이점에서 일어나는 예측 가능성 파괴의 영향으로부터 보호해준다. 그러나 이 가설은 속으로 떨어져 들어가는 불운하고 불쌍한 우주비행사와는 아무런 관련도 없다.

일반 상대성 이론의 방정식의 해들 중에 우리의 우주비행사가 벌거벗은 특이점을 볼 수 있는 경우가 몇 가지 있다. 어쩌면 그는 특이점과의 충돌을 피하고 대신에 "벌레구멍(wormhole)"을 통과해서 우주의 다른 영역으로 나올 수 있을지도 모른다. 이것은 시공 여행에 매우 중요한 가능성을 제공할 수 있다. 그러나 불행하게도 이러한 해들은 극도로 불안정할 것 같다. 우주비

행사의 존재와 같은 최소한의 교란으로도 해가 바뀌어서 우주비행사는 특이점과 충돌할 때까지도 그 특이점을 보지 못한 채 자신의 시간상의 종말을 맞이할지도 모른다. 다시 말하면, 특이점은 언제나 그의 미래에 있을 뿐 그의 과거에는 결코 존재하지 않을 것이다. 강한 우주검열관 가설은 현실적인 해에서는 특이점이 언제나 미래에 존재하든지(중력붕괴로 인한 특이점처럼) 아니면 전적으로 과거에 존재하든지(빅뱅처럼) 둘 중 하나일 것이라고 주장한다. 나는 우주검열관의 존재를 강하게 확신하기 때문에 캘리포니아 공과대학의 킵 손, 존 프레스킬과 내기를 했다. 그런데 아주 멀리 떨어진 곳에서 볼 수 있는 특이점을 가진 해들의 예가 나타났기 때문에 나는 구체적인 내용에서는 내기에 졌다. 내

그림 6.7 위의 그림처럼 서로의 주위를 회전하는 두 개의 별이나 또는 심지어 두 개의 블랙홀에 의해서 강력한 중력파가 생성될 수 있다. PSR 1913+16의 영역에 대해서 이루어진 관측 결과는 두 개의 중성자별이 중력파를 방출하며 에너지를 잃기 때문에 서로를 향해서 나선을 그리며 접근하고 있다는 사실을 분명하게 보여주었다.

기의 내용에 따르면 나는 그 벌거벗은 특이점을 덮어야 하는 셈이다. 그러나 실제적으로는 나의 승리를 주장할 수 있다. 벌거벗은 특이점들은 불안정해서 최소한의 교란으로도 사라지거나 사건 지평선 뒤로 숨을 수 있기 때문이다. 따라서 그 특이점들은 실제 상황에서는 나타나지 않을 것이다.

사건 지평선, 즉 그곳으로부터 아무것도 빠져나올 수 없는 시공 영역의 경계는 마치 블랙홀 주위에 둘러쳐져 있는 일방향 막과도 같다. 조심성 없는 우주비행사와 같은 물체가 사건 지평

선을 지나서 블랙홀 속으로 떨어질 수는 있지만 그 무엇도 사건 지평선을 통과해서 블랙홀 밖으로 나올 수는 없다(사건 지평선은 블랙홀에서 빠져나오려고 애쓰는 빛의 시공상의 경로이며, 빛보다 빠른 것은 없다는 사실을 기억하라). 시인 단테가 지옥의 입구에 대해서 한 말을 사건 지평선에도 적용할 수 있을 것이다. "이곳으로 들어오는 이들이여, 모든 희망을 버릴지어다." 사건 지평선을 지나서 블랙홀 속으로 떨어지는 모든 사물과 사람은 곧 무한한 밀도의 영역과 시간의 끝에 도달하게 될 것이다.

일반 상대성 이론은 움직이고 있는 무거운 물체는 중력파, 즉 공간곡률에 파문을 일으킬 것이며 빛의 속도로 달린다고 예견했다. 이것은 전자기장의 파문인 광파와 비슷하지만, 검출이 훨씬 더 힘들다. 중력파는 인접해서 자유롭게

움직이는 물체들 사이에서 그것들이 야기하는 극히 작은 변화를 통해서만 관측이 가능하다. 미국, 유럽, 일본 등지에 수많은 검출장치들이 건설되어 있는데 이 장치들은 10^{21}분의 1의 극미한 변위(變位)를 찾아내기 위한 것이다. 이것은 10마일의 거리에서 원자핵보다도 작은 변화를 찾아내는 격이다.

빛과 마찬가지로 중력파도 그것이 방출된 물체들에서 에너지를 빼앗아온다. 따라서 질량이 큰 물체들로 이루어진 체계는 결국에는 정상상태(stationary state)에 도달할 것이라고 예상할 수 있다. 모든 운동 속에 포함된 에너지가 중력파의 방출에 의해서 소실될 수 있기 때문이다(그것은 마치 물 속에 코르크를 떨어뜨리는 것과 마찬가지이다. 처음에는 위아래로 큰 폭으로 흔들리지만, 파문들이 그 에너지를 모두 앗아가면서 코르크는 결국 정상상태로 정착하게 된다). 예를 들면, 태양 주위를 공전하는 궤도상의 지구의 운동은 중력파를 발생시킨다. 그 에너지 손실 효과가 지구의 궤도를 변화시켜서 지구를 점점 더 태양에 가깝게 접근시킬 것이다. 따라서 지구는 결국 태양과 충돌을 일으켜서 정상상태로 정착하게 될 것이다. 태양과 지구의 경우, 에너지 손실 비율은 매우 낮다 — 이때 손실되는 에너지는 작은 전기 난로를 켤 수 있는 정도밖에 되지 않는다. 이 말은 아직도 지구가 태양 주위를 10^{27}년 동안이나

더 돌 수 있다는 말이다. 따라서 아직까지는 그다지 걱정할 필요가 없을 것이다! 지구의 공전 궤도의 변화는 관측할 수 없을 정도로 느리다. 그러나 이와 동일한 효과가 지난 수년에 걸쳐서 PSR 1913+16(PSR은 "펄서[pulsar]"를 뜻한다. 펄서란, 규칙적으로 전파 펄스를 방출하는 특수한 종류의 중성자별이다)이라고 부르는 체계에서 나타난 것이 관측되었다. 이 체계는 서로의 주위를 도는 두 개의 중성자별을 포함하고 있는데(그림 6.7), 이 천체들이 중력파 방출을 통해서 잃는 에너지로 두 중성자별은 서로를 향하여 나선을 그리며 회전한다. 일반 상대성 이론을 확인해 준 이 발견으로 조지프 테일러와 러셀 헐스는 1993년에 노벨상을 받았다. 이 천체들이 서로 충돌을 일으키려면 앞으로 3억 년이 지나야 할 것이다. 충돌을 일으키기 직전에 두 중성자별은 빠르게 서로를 회전함으로써 LIGO(Laser Interferometer Gravitational wave Observatory : 레이저 간섭계 중력파 검출기)와 같은 검출기가 잡아낼 수 있을 정도의 중력파를 방출할 것이다.

별이 중력붕괴를 일으켜서 블랙홀이 되는 동안, 그 운동이 훨씬 빨라져서 에너지가 상실되는 속도도 보다 빨라질 것이다. 따라서 그 별이 정상상태가 되기까지에는 그리 오랜 시간이 걸리지 않을 것이다. 그렇다면 그 최종 상태는 과연 어떠한 것일까? 우리는 그 최종 상태가, 그

그림 6.8 자전하는 "커(Kerr)" 블랙홀은 자전속도가 빨라짐에 따라서 적도 부근이 불룩하게 솟아오른다. 자전속도가 0일 때에는 완전하게 둥근 구체가 된다.

것이 형성되어 나온 원래의 별의 모든 복잡한 특성들―그 질량이나 자전속도뿐 아니라 별의 각 부분의 서로 다른 밀도 그리고 그 별 내의 가스들의 복잡한 운동 등―에 따라서 달라지리라고 추측할 수 있을 것이다. 그리고 만약 블랙홀이 붕괴한 원래의 천체의 종류에 따라서 달라진다면, 블랙홀에 대한 어떠한 일반적인 예측도 하기 힘들 것이다.

그러나 1967년에 캐나다의 과학자 워너 이즈리얼―그는 베를린에서 태어나 남아프리카에서 자랐고, 아일랜드에서 박사학위를 받았다―에 의해서 블랙홀에 대한 연구에 일대 혁명이 일어났다. 이즈리얼은 일반 상대성 이론에 따르면 자전하지 않는 블랙홀은 매우 단순해야 한다는 것을 증명했다. 그런 블랙홀은 완전한 구형

이어야 하고, 그 크기는 질량에만 의존하며, 같은 질량을 가진 두 개의 블랙홀은 똑같아야 한다. 실제로 이러한 블랙홀들은 1917년 이래로 알려진 아인슈타인의 방정식의 특별한 해에 의해서 기술될 수 있다. 이 특수 해는 일반 상대성 이론이 밝혀진 직후, 카를 슈바르츠실트에 의해서 발견되었다. 처음에 이즈리얼 자신을 포함해서 많은 사람들은 블랙홀이 완벽한 구형이어야 하기 때문에, 블랙홀은 완전히 구형인 천체의 붕괴를 통해서만 생성될 수 있다고 주장했다. 그렇다면 모든 실제 별―현실의 별은 결코 완벽한 구형일 수 없다―은 붕괴한 후에 벌거벗은 특이점을 생성할 수 있을 따름이다.

그러나 이즈리얼의 결과에 대한 전혀 다른 해석이 있었다. 그 해석을 주장한 사람은 특히 로저 펜로즈와 존 휠러로, 두 사람은 별의 붕괴에 따른 빠른 운동에서 방출되는 중력파가 그 별을 더욱 구형으로 만들 것이며, 별이 정상상태로 정착하게 될 때쯤에는 정확한 구형이 될 것이라고 주장했다. 이 견해에 따르면, 자전하지 않는 모든 별은 그 형태와 내부 구조가 아무리 복잡하다고 하더라도 중력붕괴를 일으킨 후 최종적으로 완전한 구형 블랙홀이 될 것이다. 그 블랙홀의 크기는 질량에 따라서만 달라진다. 이후 이루어진 계산 결과들은 이 견해를 뒷받침해주었고, 이 이론은 곧 보편적으로 받아들여지게

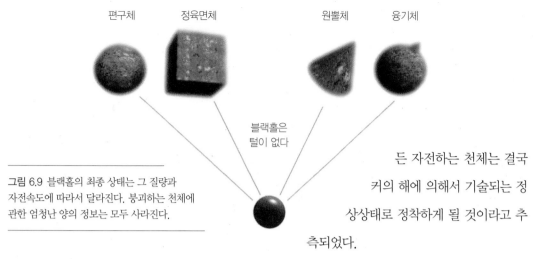

편구체　　　　정육면체　　　　　　원뿔체　　　융기체

블랙홀은
털이 없다

그림 6.9 블랙홀의 최종 상태는 그 질량과 자전속도에 따라서 달라진다. 붕괴하는 천체에 관한 엄청난 양의 정보는 모두 사라진다.

된 자전하는 천체는 결국 커의 해에 의해서 기술되는 정상상태로 정착하게 될 것이라고 추측되었다.

1970년에 케임브리지의 나의 동료이자 연구 학생인 브랜든 카터가 이 추측을 증명하기 위한 첫걸음을 떼어놓았다. 그는 한 지점에 고정되어 있는 상태에서 자전하는 블랙홀이 회전하는 팽이처럼 대칭축을 가지고 있다면, 그 크기와 형태는 질량과 자전속도와만 관계를 가진다는 것을 증명했다. 1971년에는 내가 고정 상태에서 자전하는 모든 블랙홀이 실제로 대칭축을 가지고 있음을 증명했다. 그리고 마침내 1973년에 런던의 킹스 칼리지의 데이비드 로빈슨이 카터와 나의 연구 결과를 이용해서 이러한 블랙홀이 실제로 커의 해를 가지고 있음을 증명했다. 따라서 중력붕괴 이후에, 블랙홀은 맥동(脈動)하지는 않지만 자전할 수 있는 상태로 정착해야 한다. 게다가 그 크기와 형태는 오직 그 천체의 질량과 자전속도에 의해서만 결정되며, 붕괴를 일으켜서 블랙홀을 형성한 천체의 그밖의 성질과

되었다.

이즈리얼의 결과는 자전하지 않는 천체에서 형성된 블랙홀의 경우만을 다루고 있다. 1963년에 뉴질랜드의 과학자 로이 커는 자전하는 블랙홀을 기술하는 일반 상대성 이론 방정식의 해의 집합을 발견했다. 이러한 "커(Kerr)" 블랙홀들은 일정한 속도로 회전하며, 그 크기와 형태는 질량과 자전속도에만 관계를 가진다. 만약 자전속도가 0일 경우, 그 블랙홀은 완전히 구형이며, 그 해는 슈바르츠실트의 해와 같다. 자전속도가 0이 아닐 경우, 그 블랙홀은 적도 부근이 바깥쪽으로 불룩 튀어나온(지구나 태양이 자전 때문에 적도 근처가 튀어나오듯이) 형상을 하게 될 것이다. 그리고 자전속도가 빠를수록 부풀어오르는 정도도 심해질 것이다(그림 6.8). 따라서 이즈리얼의 결과를 확장시켜서 자전하는 천체까지 포괄하기 위해서는, 붕괴해서 블랙홀을 생성하는 모

는 아무런 관련도 없다. 이 결과는 "블랙홀은 털이 없다"라는 말로 알려지게 되었다. 이 "무모" 정리(無毛定理, no hair theorem)는 가능한 블랙홀의 유형을 엄격하게 제한하기 때문에 그 실제적인 중요성은 매우 크다. 따라서 우리는 블랙홀을 가질 수 있는 천체들의 상세한 모형들을 만들고, 그 모형들에 대한 예견과 관측결과를 비교할 수 있다. 또한 그 정리는 우리가 그 천체에 대해서 측정할 수 있는 것은 오직 질량과 자전 속도밖에 없기 때문에, 블랙홀이 생성되었을 때, 붕괴한 천체에 대한 엄청나게 많은 양의 정보가 상실될 수밖에 없음을 뜻한다(그림 6.9). 이 사실이 가지는 의미에 대해서는 다음 장에서 살펴볼 것이다.

블랙홀은 과학의 역사상, 관찰을 통해서 그 모형이 옳다는 증거를 얻기 이전에 수학적 모형으로서 그 이론이 상세한 세부까지 수립될 수 있었던 극소수의 예들 중 하나이다. 실제로 이러한 사실은 블랙홀에 반대하는 사람들의 주된 논거가 되어왔다. 유일한 증거라고는 모호한 일반 상대성 이론에 기반을 둔 계산밖에 없는 천체를 어떻게 믿을 수 있다는 말인가? 그러나 1963년에 캘리포니아에 있는 팔로마 천문대의 천문학자 마텐 슈미트는 3C273(제3케임브리지 전파원 목록에 들어 있는 273번 전파원이라는 뜻이다)이라고 부르는 전파원의 방향에서 희미한 항

성상(恒星狀) 천체의 적색편이를 측정했다. 그는 그 천체의 적색편이가 중력장에 의해서 발생한 것이라고 하기에는 너무 크다는 사실을 발견했다. 만약 그것이 중력에 의한 적색편이였다면, 그 천체는 질량이 엄청나게 클 것이고, 더욱이 우리와 아주 가깝기 때문에 태양계의 행성들의 궤도를 교란시킬 것이었다. 이 사실은 그 천체의 적색편이가 우주의 팽창으로 인한 것임을 시사했다. 다시 말해서, 그 사실은 문제의 천체가 아주 멀리 떨어져 있음을 뜻했다. 그리고 그렇게 먼거리에서도 관측이 가능하려면 아주 밝아야 한다. 즉 그 천체는 엄청난 양의 에너지를 방출하지 않으면 안 된다. 그 정도로 많은 양의 에너지를 생산할 수 있으리라고 사람들이 생각할 수 있는 유일한 메커니즘은 단 하나의 별이 아니라 은하의 중심 영역 전체가 중력붕괴를 일으키는 경우밖에는 없는 것으로 생각되었다. 이와 유사한 그밖의 많은 "준항성체(quasi-stellar object)" 또는 퀘이사(quasar)가 발견되었고, 모두 큰 적색편이를 나타냈다. 그러나 그 천체들은 모두 너무 멀리 떨어져 있어서 관측이 힘들고,

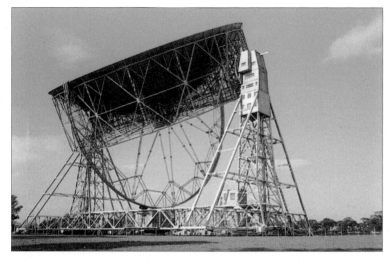

◀ 영국 조드럴 뱅크에 있는 전파망원경. 강력한 전파원인 펄서는 광학적 관측보다 이러한 거대한 망원경의 안테나를 통해서 더 쉽게 발견된다.
◀◀ 케임브리지 대학의 앤터니 휴이시 연구 팀의 일원인 조슬린 벨 버넬이 1967년에 최초로 펄서를 발견했다.

따라서 블랙홀의 결정적인 증거를 제공할 수 없었다.

블랙홀이 존재한다는 사실을 뒷받침하는 좀 더 진전된 증거는 1967년에 케임브리지의 연구 학생 조슬린 벨버넬에 의해서 발견되었다. 그녀는 하늘에서 규칙적인 전파 펄스를 방출하는 천체를 찾아냈다. 처음에 벨버넬과 그녀의 지도교수인 앤터니 휴이시는 자신들이 은하 안의 외계 문명과 접촉한 것이라고 생각했다! 실제로 두 사람이 세미나에서 그들의 발견을 보고했을 때, 그들이 최초로 발견한 네 개의 전파원을 LGM 1-4(LGM은 "작은 녹색 인간들[Little Green Men]"을 뜻한다)라고 불렀던 것을 나는 기억한다. 그러나 그들을 비롯한 모든 사람들은 결국 펄서라는 이름이 붙여진 이 천체들이 실제로는 자전하고 있는 중성자별이라는 그리 낭만적이지 못한 사실을 받아들이게 되었다. 이 천체들은 자신의 자기장과 주변 물질들 사이의 복잡한 상호작용 때문에 전파의 펄스를 방출하고 있었다. 이것은 우주 서부극을 쓰는 과학소설가들에게는 나쁜 소식이었지만 그 당시 블랙홀의 존재를 믿고 있던 우리와 같은 소수의 과학자들에게는 무척이나 희망적인 소식이었다. 그 발견은 중성자별이 존재한다는 최초의 명확한 증거였다. 중성자별은 반경이 약 10마일 정도로서, 별이 블랙홀이 되는 임계 반경의 몇 배밖에 되지 않는다. 만약 별이 이렇게 작은 크기로까지 붕괴할 수 있다면, 다른 별들이 그보다 더 작은 크기로 붕괴해서 블랙홀이 될 수 있다는 추측도 그리 터무니 없는 것은 아니다.

정의 그대로 결코 어떠한 빛도 내지 않는 블랙홀을 과연 발견하리라고 어떻게 희망할 수 있

그림 6.10 블랙홀 주위의 중력장은 너무 강해서 인근 별로부터 물질을 빨아들인다. 이 과정에서 사건 지평선을 향해서 나선을 그리며 회전하는 강착 원반을 생성한다. X선의 형태로 방출되는 엄청난 양의 에너지가 블랙홀의 존재를 드러내는 신호의 하나이다.

을까? 그것은 마치 지하 석탄창고 속에 있는 검은 고양이를 찾는 것과 흡사할 것 같다. 그러나 다행스럽게도 방법이 있다. 존 미첼이 1783년에 발표한 선구적인 논문에서 지적했듯이, 블랙홀은 인접한 물체들에 대하여 여전히 중력을 미친다. 천문학자들은 두 별이 중력으로 서로를 끌어당기면서 서로의 주위를 도는 많은 쌍성계(雙星系)를 관측했다. 또한 그들은 눈에 보이는

그림 6.11 사진의 중앙에서, 서로 가까이 자리하고 있는 두 별 가운데 상대적으로 밝은 것이 백조자리 X-1이다. 이것은 하나의 블랙홀과 하나의 일반적인 별로 이루어진 쌍성계로 추측되고 있다. 두 천체는 그림 6.10에서 묘사한 것처럼 서로의 주위를 회전한다.

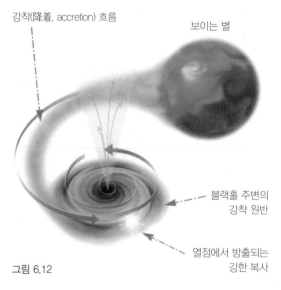

강착(降着, accretion) 흐름

보이는 별

블랙홀 주변의 강착 원반

열점에서 방출되는 강한 복사

그림 6.12

하나의 별이 어떤 보이지 않는 동반성 주위를 회전하는 쌍성계도 관측했다. 물론 우리는 그 보이지 않는 동반성이 블랙홀이라고 즉각적으로 결론지을 수는 없다. 어쩌면 너무 희미해서

눈에 보이지 않는 별일 수도 있다. 그러나 백조자리 X-1(그림 6.11)이라고 부르는 것과 같은 일부 쌍성계는 동시에 강력한 X선 방출원이기도 하다. 이 현상에 대한 가장 그럴듯한 설명은 보이는 별 표면에서 물질이 날아가버리고 있다는 것이다. 그리고 그 물질이 보이지 않는 동반성으로 떨어져 들어가면서 나선운동을 하게 되고 (욕조를 빠져나가는 물처럼), 그에 따라 매우 뜨거워져서 X선을 방출하게 되는 것이다(그림 6.12). 이 메커니즘이 작동하기 위해서는, 보이지 않는 천체는 백색왜성이나 중성자별 또는 블랙홀처럼 아주 작아야 한다. 보이는 별의 관측된 궤도를 통해서, 우리는 보이지 않는 천체의 가능한 최초 질량을 계산할 수 있다. 백조자리 X-1의 경우, 그 최소 질량은 태양 질량의 약 6배에 해당한다. 찬드라세카르의 계산 결과에 따르면, 그 질량은 보이지 않는 천체가 백색왜성이 되기에는 지나치게 크다. 또한 그 정도의 질량은 중성자별이 되기에도 너무 크다. 따라서 그 천체는 블랙홀임이 분명한 것 같다.

블랙홀을 도입하지 않고 백조자리 X-1을 설명하는 또다른 모형들이 있기는 하지만 그러한 모형들은 모두 설득력이 약하다. 이 현상에 대한 유일하게 자연스러운 설명은 블랙홀인 것 같다. 그럼에도 불구하고, 나는 백조자리 X-1이 실제로는 블랙홀을 포함하지 않는다고 캘리포

니아 공과대학의 킵 손과 내기를 했다! 이것은 내가 선택한 일종의 보험 정책이다. 나는 블랙홀에 대해서 많은 연구를 했다. 그러므로 만약 블랙홀이 실제로 존재하지 않는다는 사실이 증명된다면, 그동안의 나의 노력은 모두 수포로 돌아갈 것이다. 그러나 설령 그런 불행한 사태가 벌어진다고 해도, 내기에 이겼다는 사실로 약간의 위안을 얻을 수는 있을 것이다. 그 내기에 이기면 나는 「프라이빗 아이(Private Eye)」라는 잡지를 4년간 무료로 받아보게 된다. 그러나 사실 1975년에 우리가 내기를 한 이후로 백조자리 X-1과 관계된 상황은 크게 변하지 않았지만, 블랙홀의 존재를 뒷받침하는 그밖의 많은 관측 증거들이 발견되었기 때문에 나는 내기에 졌다고 인정하지 않을 수 없었다. 나는 약속된 벌칙을 이행했다. 그것은 「펜트하우스(Penthouse)」 1년치 정기 구독권이었는데, 덕분에 손의 아내는 불같이 화를 냈다.

오늘날 우리는 우리 은하와 마젤란 운(Magellanic Cloud)이라고 부르는 두 이웃 은하 안에서 백조자리 X-1과 비슷한 쌍성계에 몇몇 다른 블랙홀들이 존재한다는

증거를 가지고 있다. 그러나 블랙홀의 수가 그보다 훨씬 더 많다는 것은 거의 분명하다. 우주의 장구한 역사에 걸쳐 수많은 별들이 핵연료를 모두 태우고 붕괴했을 것이며, 당연히 블랙홀의 수는 눈에 보이는 별들의 수보다도 훨씬 더 많을 것이다. 그런데 그 눈에 보이는 별들의 수는 우리 은하에만 1,000억 개에 이른다. 이렇듯 엄청난 수의 블랙홀들의 추가 중력은 우리 은하가 현재의 속도로 회전하는 이유를 설명해줄 수 있다. 눈에 보이는 별들의 질량만으로는 은하의 회전을 설명하기에 불충분하다. 그밖에 우리는 우리 은하의 중심에 태양 질량의 약 10만 배에 달하는 훨씬 더 큰 블랙홀이 있다는 증거도 가지고 있다. 은하 내에서 이러한 블랙홀에 너무 가깝게 접근한 별들은 블랙홀에 가까운 쪽과 먼 쪽의 중력 차이 때문에 산산조각으로 분해될 것이다. 그 파편과 다른 별들에서 분출된 가스는 블랙홀 속으로 빨려들어간다. 백조자리 X-1의 경우와 마찬가지로, 그 가스는 나선을 그리며 블랙홀 속으로 떨어져 들어가면서 가열될 것이다. 그러나 백조자리 X-1처럼 뜨겁게 가열되지는

Whereas Stephen Hawking has such a large investment in General Relativity and Black Holes and desires an insurance policy, and whereas Kip Thorne likes to live dangerously without an insurance policy.

Therefore be it resolved that Stephen Hawking bets 1 year's subscription to "Penthouse" as against Kip Thorne's wager of a 4-year subscription to "Private Eye", that Cygnus X-1 does not contain a black hole of mass above the Chandrasekhar limit.

그림 6.13 은하의 중심에 있는 거대한 질량의 블랙홀은 나선을 그리며 빨려들어오는 물질들과 함께 회전하면서 거대한 자기장을 형성한다. 이 과정에서 매우 높은 에너지 입자들이 모여서 블랙홀의 회전축을 따라서 분출하는 흐름을 만든다.

않을 것이다. 그 가스는 X선을 방출할 정도로 뜨거워지지는 않지만, 은하의 중심에서 관측되는 전파와 적외선을 내뿜는 아주 밀도가 높은 방출원을 설명해줄 수는 있을 것이다.

이와 비슷하지만 태양 질량의 약 1억 배나 되는 엄청난 질량을 가진 훨씬 큰 블랙홀이 퀘이사의 중심에서 발생할 것이라고 생각된다. 예를 들면, M87이라고 알려진 은하를 허블 우주망원경으로 관측한 결과, 그 은하가 태양 질량의 20억 배나 되는 중심 물체 주위를 회전하는 직경

130광년의 가스 원반을 가지고 있다는 사실이 밝혀졌다. 그러한 물체는 블랙홀밖에는 없다. 그러한 초거대 질량을 가진 블랙홀 속으로 빨려들어가는 물질만이 그 물체가 방출하는 엄청난 양의 에너지를 설명할 수 있을 만한 유일한 동력원을 제공할 수 있다. 물질이 나선을 그리면서 블랙홀 속으로 빨려들어감으로써, 그 물질들은 블랙홀을 같은 방향으로 회전하게 만들 것이며, 따라서 지구의 경우와 거의 흡사한 자기장을 발생시킨다. 블랙홀로 떨어져 들어오는 물질에 의해서 블랙홀 가까운 곳에서 초고에너지 입자들이 생성될 것이다. 이 자기장은 너무 강해서 이 입자들은 블랙홀의 회전축을 따라서 바깥쪽, 즉 남북극 방향으로 분출하는 흐름을 형성

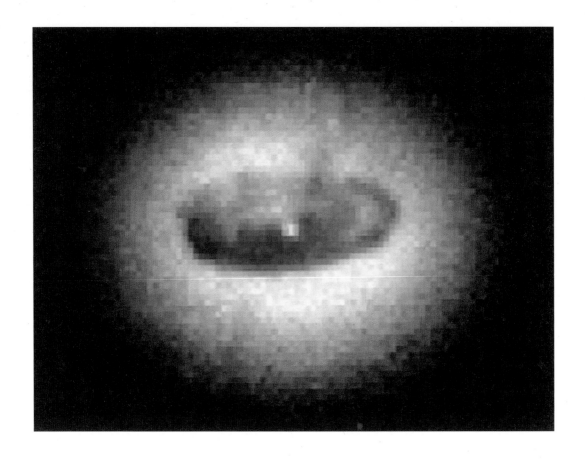

한다. 이러한 분출 흐름은 많은 수의 은하와 퀘이사에서 실제로 발견된다. 또한 우리는 태양보다 훨씬 질량이 작은 블랙홀이 존재할 가능성도 고려할 수 있다. 이러한 블랙홀들은 중력붕괴에 의해서 생성될 수는 없다. 왜냐하면 그들의 질량이 찬드라세카르 질량 한계 이하이기 때문이다. 이처럼 작은 질량을 가진 별들은 핵연료를 모두 태운 후에도 중력에 맞서서 스스로를 지탱할 수 있다. 질량이 작은 블랙홀들은 매우 큰 외부의 압력에 의해서 물질이 엄청난 밀도로 압축

될 때에만 형성이 가능하다. 아주 큰 수소폭탄에서 이러한 조건이 발생할 수 있다. 물리학자 존 휠러는 전 세계의 바다 속에 들어 있는 중수(重水 : 보통의 물보다 분자량이 큰 물. D_2O. 원자로의 감속재 등으로 이용된다/옮긴이)를 모두 모으면, 그 중심에서 물질을 압축시켜서 블랙홀이 생성될 수 있는 수소폭탄을 만들 수 있을 것이라는 계산 결과를 내놓은 적이 있다(물론 그렇게 된다면 지구상에는 그 사실을 관찰할 수 있는 사람이 한 명도 살아남지 않겠지만 말이다!). 좀더 실제적인

가능성은 이처럼 질량이 작은 블랙홀이 탄생 초기 우주의 고온고압 상태에서 생성되었을 수 있다는 것이다. 그 블랙홀들은 초기 우주가 완전히 평활하고 균일하지 않았을 경우에만 형성될 수 있었을 것이다. 평균보다 밀도가 높은 작은 영역만이 이런 식으로 압축되어 블랙홀을 형성할 수 있었을 것이기 때문이다. 그러나 우리는 초기 우주에 약간의 불규칙성이 분명히 존재했다는 것을 알고 있다. 그렇지 않았다면 우주 속의 물질은 오늘날에도 완전히 균일하게 분포되어 있을 것이며, 별이나 은하라는 덩어리가 뭉쳐질 수도 없었을 것이다.

별과 은하를 설명하는 데에 요구되는 불규칙성이 상당한 수의 "원시(primordial)" 블랙홀의 형성으로 이어지게 되었는지 여부는 분명히 초기 우주의 조건의 세부적인 내용에 달려 있다. 따라서 만약 우리가 오늘날 얼마나 많은 원시 블랙홀들이 존재하는지를 알 수 있다면, 우주의 초기 단계에 대해서 많은 사실을 알 수 있게 될 것이다. 수십억 톤 이상의 질량을 가진 원시 블랙홀들은 눈에 보이는 물질이나 우주의 팽창에 미치는 중력효과에 의해서만 검출이 가능하다. 그러나 다음 장에서 살펴보겠지만, 블랙홀은 실

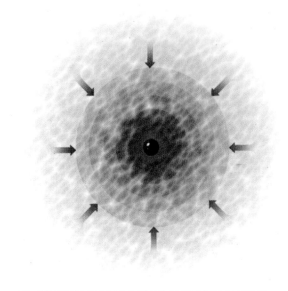

▲ 그림 6.14 내부 압력이 아니라 외부 압력에 의해서 생성되는 원시 블랙홀.
◀ 허블 우주망원경으로 촬영한 이 사진은 처녀자리에 있는 NGC4261이라고 부르는 은하이다. 이 은하에서는 엄청난 질량의 블랙홀 속으로 나선을 그리며 빨려들어가는 먼지와 가스 원반으로 생각되는 것이 관측된다. 회전하는 가스의 속도를 기초로 한 계산 결과는 중심 물체의 질량이 태양의 12억 배나 되지만, 그 크기는 우리 태양계보다도 작다는 사실을 시사한다. 이 사진은 1996년 1월에 촬영된 것이다.

제로는 결코 검지 않다. 블랙홀은 뜨거운 물체와 똑같이 빛을 내며 질량이 작을수록 더 많은 복사를 방출한다. 따라서 역설적이게도, 블랙홀은 크기가 작을수록 쉽게 발견될 수 있다는 사실이 입증될 것이다.

7

블랙홀은 그다지 검지 않다

1970년 이전까지 일반 상대성 이론에 대한 나의 연구는 주로 빅뱅 특이점이 존재했는가 여부에 초점이 맞추어져 있었다. 그러나 그해 11월, 딸 루시가 태어난 지 며칠되지 않은 어느 날 저녁, 나는 잠자리에 들면서 블랙홀에 대해서 생각하기 시작했다. 몸이 불편하기 때문에 침대에 오르기까지 꽤 많은 시간이 걸렸고, 그 덕분에 나는 그동안 많은 생각을 할 수 있었다. 당시까지 시공상의 어떤 점들이 블랙홀 안에 있고 어떤 점들이 블랙홀 밖에 있는지에 대한 명확한 규정이 없었다. 나는 이미 로저 펜로즈와 함께 블랙홀을, 그곳에서부터 먼 거리까지 탈출할 수

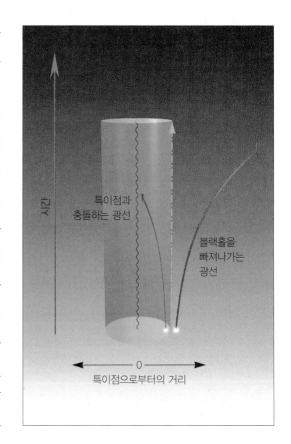

시간

특이점과
충돌하는 광선

블랙홀을
빠져나가는
광선

0

특이점으로부터의 거리

그림 7.1 블랙홀의 사건 지평선 또는 경계는 아슬아슬하게 블랙홀을 빠져나가는 데에 실패한 광선들에 의해서 형성된다.

없는 사건들의 집합으로 정의하자는 생각에 대해서 토론한 적이 있었다. 오늘날 그 생각은 일반적으로 받아들여지는 정의이다. 그 말은 블랙홀의 경계, 즉 사건 지평선이 블랙홀에서 빠져나오지 못하고 영원히 그 가장자리를 맴돌고 있는 광선들에 의해서 형성된다는 뜻이다(그림 7.1). 이것은 뒤쫓는 경찰로부터 한 걸음 정도 앞서서 달리지만 더 이상 거리를 벌리지 못하는 범인의 상황과 흡사하다!

갑자기 나는 이 광선의 경로들이 결코 서로에게 접근할 수 없다는 것을 깨달았다. 만약 그 경로가 서로 접근한다면, 광선들은 결국에는 서로 충돌하게 될 것이다. 그것은 마치 맞은편에서 경찰에게 쫓기며 달려오는 누군가와 부딪치는 것과 마찬가지일 것이다―그렇게 되면 모두 붙잡히고 말 것이다(또는, 여기서의 경우라면 블랙홀 속으로 떨어지게 될 것이다)! 그러나 이 광선들이 블랙홀에 의해서 삼켜진다면, 그때 그 광선들은 블랙홀의 경계에 머물러 있었을 리가 없다. 따라서 사건 지평선 위의 광선들의 경로는 항상 평행하게, 또는 서로 멀어져가는 상태로 진행되어야 한다. 여기에 대한 또다른 관점은 사건 지평선, 즉 블랙홀의 경계가 그림자의 경계―즉 그림자 속으로 곧 들어갈 수밖에 없는 가장자리―와 흡사하다는 것이다. 태양처럼 상당히 멀리 떨어진 광원에 의해서 생긴 그림자를 보

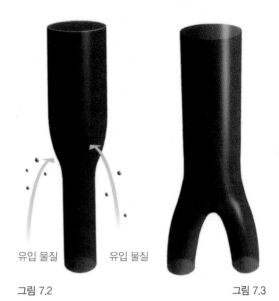

유입 물질　　　유입 물질

그림 7.2　　　　　　　　　　　　　　　　　　그림 7.3

그림 7.2와 7.3 사건 지평선의 넓이는 물질들이 블랙홀 속으로 더 많이 유입될수록 더 커진다. 그림 7.3에서처럼 두 개의 블랙홀이 충돌하면 원래의 넓이의 합보다 더 큰 사건 지평선을 형성한다.

면, 여러분은 가장자리의 광선들이 절대로 서로 접근하지 않는다는 사실을 발견할 수 있을 것이다.

사건 지평선, 즉 블랙홀의 경계를 형성하는 광선들이 결코 서로 가까워질 수 없다면, 사건 지평선의 넓이는 시간의 흐름에 따라서 동일하거나 늘어나지만 결코 줄어들 수는 없다. 그 넓이가 줄어든다는 것은 그 경계 속의 광선의 최소한 일부가 서로에 대해서 접근해야 함을 뜻하기 때문이다. 실제로 물질과 복사가 블랙홀 속으로 떨어져 들어갈 때마다 그 넓이는 늘어날 것이다(그림 7.2). 또는 만약 두 개의 블랙홀이

충돌해서 하나로 합쳐져 단일한 블랙홀이 된다면, 최종적으로 생성된 블랙홀의 사건 지평선의 넓이는 원래 블랙홀들의 사건 지평선의 넓이의 합과 같거나 더 클 것이다(그림 7.3). 사건 지평선의 넓이가 줄어들지 않는다는 특성은 블랙홀이 취할 수 있는 거동에 중요한 제약을 가한다. 나는 이 깨달음으로 너무나 흥분한 나머지 그날 밤 잠을 제대로 이루지 못했다. 다음날 나는 로저 펜로즈에게 전화를 걸었다. 그도 나의 생각에 동의했다. 사실 나는 그가 이미 이 넓이의 특성에 대해서 알고 있었다고 생각한다. 그러나 그는 블랙홀에 대해서 약간 다른 정의를 사용하고 있었다. 그는 블랙홀이 시간에 따라서 변화하지 않는 상태로 정착하게 된다면 두 가지 정의에 의한 블랙홀의 경계가 같을 것이며, 따라서 그 넓이도 동일할 것이라는 사실을 미처 깨닫지 못했던 것이다.

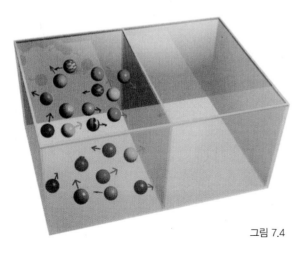

그림 7.4

블랙홀의 넓이가 줄어들지 않는다는 행동 특성은 엔트로피(entropy)라고 부르는 물리량의 움직임을 바로 상기시킨다. 엔트로피는 어떤 체계의 무질서도(無秩序度)를 측정하는 양이다. 사물을 그대로 방치해두었을 때, 무질서도가 늘어난다는 것은 일반적으로 경험할 수 있는 일이다(가령 집을 수리하지 않고 그대로 방치해두기만 해도 이런 현상을 관찰할 수 있다!). 우리는 무질서에서 질서를 창조할 수도 있다(예를 들면, 집에 페인트 칠을 하는 식으로). 그러나 그러기 위해서는 노력, 즉 에너지의 소모가 필요하고, 따라서 질서 있는 가용 에너지의 총량이 줄어들게 된다.

이러한 개념을 정확하게 기술한 것이 바로 열역학 제2법칙이라고 알려진 것이다. 이 법칙에 따르면 고립된 체계의 엔트로피는 항상 증가하며, 두 체계가 하나로 결합했을 때에 그 결합된 체계의 엔트로피는 개별 체계들의 엔트로피의 합보다 크다고 한다. 예를 들면, 상자 안에 기체 분자들이 들어 있는 체계에 대해서 생각해보자. 그 분자들은 끊임없이 서로 충돌하고 상자의 벽에 부딪치는 작은 당구공들로 생각될 수 있다. 기체의 온도가 높아질수록 분자들은 더 빠르게 운동할 것이며, 따라서 더 빈번하고 강하게 상

그림 7.4 기체 분자들로 가득 차 있는 상자. 칸막이에 막혀서 모든 입자들이 왼쪽에 몰려 있다.

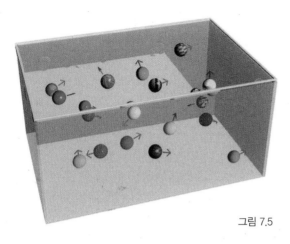

그림 7.5

자의 벽에 충돌할수록 그 분자들이 벽에 행사하는 압력은 더 커질 것이다. 가령 처음에는 모든 분자들이 칸막이로 나누어진 상자의 왼쪽 편에 몰려 있었다고 가정하자(그림 7.4). 상자를 둘로 나누던 칸막이를 제거하면, 기체 분자들은 퍼져 나가서 상자의 양쪽을 모두 차지하게 될 것이다(그림 7.5). 조금 시간이 흐른 후, 분자들은 우연히 상자의 오른쪽 절반이나 왼쪽 절반에 몰려 있을 수 있다. 그러나 상자의 양쪽에 대략 같은 수의 분자들이 분포할 확률이 압도적으로 높다. 이러한 상태는 분자들 모두가 상자의 어느 한쪽에 몰려 있던 처음의 상태에 비해서 질서도가

낮다. 즉 무질서도가 더 높다. 따라서 우리는 기체의 엔트로피가 증가했다고 말한다. 마찬가지로, 이번에는 하나에는 산소 분자들이 들어 있고, 다른 하나에는 질소 분자들이 들어 있는 두 개의 상자가 있다고 생각해보자. 만약 두 상자를 하나로 연결하고 그들 사이에 있던 벽을 제거한다면, 산소 분자들과 질소 분자들이 섞이기 시작할 것이다. 잠시 후에 일어날 확률이 가장 높은 상태는 질소 분자와 산소 분자들이 두 상자 전체에 걸쳐 골고루 섞여 있는 상태일 것이다. 이 상태는 질서도가 낮으며, 따라서 엔트로피는 두 상자가 서로 분리되어 있던 처음의 상태 때보다 높아진다.

열역학 제2법칙은 예를 들면 뉴턴의 중력법칙과 같은 다른 과학법칙들에 비해서 조금 색다른 지위를 차지하고 있다. 그 까닭은 열역학 제2법칙이 무수한 경우에서 항상 옳지는 않기 때문이다. 앞에서 예를 든 첫 번째 상자 속에 들어 있는 모든 기체 분자들이 잠시

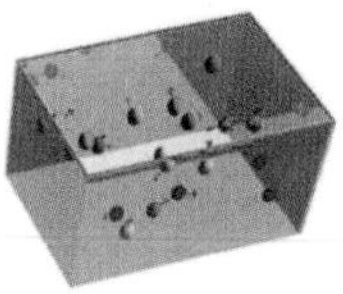

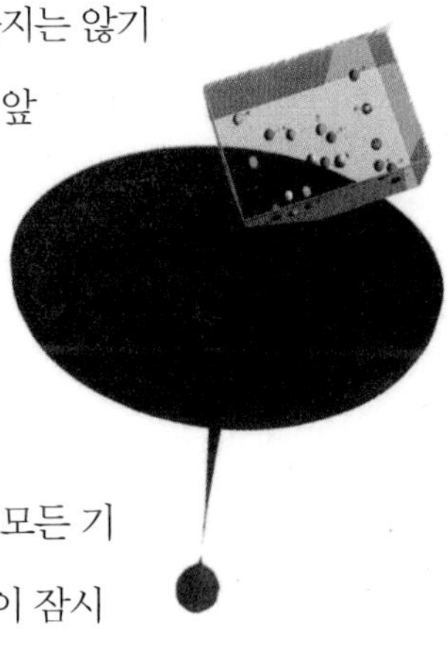

그림 7.6

▲ 그림 7.5 칸막이를 제거하면 분자들은 전체 상자로 퍼져나가서, 덜 질서 있는 상태가 된다.
▶ 그림 7.6 기체가 들어 있는 상자가 블랙홀 속으로 떨어지고 있다. 상자가 블랙홀 속으로 들어가면 블랙홀 바깥의 총엔트로피는 내려간다. 그러나 우주의 총엔트로피(블랙홀을 포함해서)는 일정한 상태를 유지할 것이다.

후에 상자의 한쪽 절반에 몰려 있는 모습을 보일 확률은 수백만×수백만 분의 1도 채 되지 않는다. 그러나 이런 일이 일어날 가능성은 분명히 있다. 그런데 만약 주위에 블랙홀이 있다면, 우리는 열역학 제2법칙을 쉽게 깨뜨릴 수 있을 것이다. 기체가 들어 있는 상자와 같이 엔트로피가 높은 어떤 물체를 블랙홀 속으로 던져 넣기만 하면 되기 때문이다. 그렇게 되면 블랙홀 외부에 있는 물체의 총엔트로피는 낮아질 것이다(그림 7.6). 물론 블랙홀 내부의 엔트로피를 포함한 전체 엔트로피는 낮아지지 않았다고 여전히 말할 수도 있을 것이다―그러나 블랙홀 안쪽을 들여다볼 수 있는 방법이 없기 때문에, 우리는 블랙홀 내부의 물질이 얼마나 많은 엔트로피를 가지고 있는지를 알 수가 없다. 그러므로 블랙홀 바깥쪽에 있는 관찰자가 그 엔트로피를 알 수 있는 블랙홀의 특성이 존재한다면, 그리고 블랙홀의 엔트로피가 엔트로피를 가진 물질이 블랙홀 속으로 떨어질 때마다 증가한다면 좋을 것이다. 앞에서 설명했듯이 물질이 블랙홀 속으로 떨어질 때마다 그 블랙홀의 사건 지평선의 넓이가 증가한다는 발견에 이어서, 프린스턴 대학교의 연구학생인 야코브 베켄스타인은 사건 지평선의 넓이가 그 블랙홀의 엔트로피를 측정할 수 있는 척도라는 주장을 제기했다. 엔트로피를 가진 물질이 블랙홀 속으로 떨어질 때,

Commun. math. Phys. 31,161,170 (1973)
© by Springer-Verlag 1973

The Four Laws of Black Hole Mechanics

J.M. Bardeen*

Department of Physics. Yale University, New Haven, Connecticut, USA

B. Carter and S. Hawking

Institute of Astronomy, University of Cambridge, England

Received January 24, 1973

Abstract. Expressions are derived for the mass of a stationary axisymmetric solution of the Einstein equations containing a black hole surrounded by matter and for the difference in mass between two neighboring such solutions. Two of the quantities which appear in these expressions, namely the area A of the event horizon and the "surface gravity" x of the black hole have a close analogy with entropy and temperature respectively. This analogy suggests the formulation of the four laws of black hole mechanics which correspond to and in some ways transcend the four laws of thermodynamics.

1972년에 작성된 논문 "블랙홀 역학의 네 가지 법칙"의 표지.

그 블랙홀의 사건 지평선의 넓이가 늘어날 것이며, 따라서 블랙홀 바깥쪽 물질의 총엔트로피와 사건 지평선의 넓이 사이의 합은 결코 줄어들지 않을 것이다.

이러한 주장은 열역학 제2법칙이 대부분의 상황에서 위배되지 않도록 막아주는 역할을 한다. 그러나 여기에는 한 가지 치명적인 결함이 있다. 만약 블랙홀이 엔트로피를 가진다면, 동시에 그 블랙홀은 온도를 가져야 한다. 그러나 특정한 온도를 가지는 물체는 일정한 비율로 복사(輻射)를 방출해야 한다. 부지깽이를 불 속에 넣어 가열시키면 벌겋게 달아올라서 복사를 방출한다는 것은 상식에 속하는 일이다. 그러나

그보다 낮은 온도의 물체도 복사를 방출하는데 일반적으로 그 양이 아주 작기 때문에 우리가 알아차리지 못하는 것뿐이다. 열역학 제2법칙의 위배를 막으려면 이러한 복사가 필요하다. 따라서 블랙홀은 복사를 방출해야 한다. 그러나 블랙홀의 정의 자체에 의하면, 블랙홀은 아무것도 방출하지 않는 천체로 생각되고 있다. 따라서 블랙홀의 사건 지평선의 넓이는 그 엔트로피로 간주할 수 없을 것 같았다. 1972년에 나는 브랜던 카터와 미국인 동료 짐 바딘과 함께 논문을 한 편 썼다. 그 논문에서 우리는 엔트로피와 사건 지평선의 넓이 사이에는 많은 유사성이 있지만, 이처럼 명백히 간과할 수 없는 곤란한 문제가 있음을 지적했다. 내가 그 논문을 쓰게 된 부분적인 이유는 사건 지평선의 넓이가 증가한다는 나의 발견을 잘못 이용한 —최소한 나는 그렇게 생각했다— 베켄스타인에게 화가 치밀었기 때문이라는 사실을 인정하지 않을 수 없다. 그러나 결국은, 그도 전혀 예상치 않은 일이었지만, 그가 근본적으로 옳았음이 입증되었다.

1973년 9월, 모스크바를 방문하고 있을 때, 나는 소비에트의 두 저명한 전문가인 야코프 젤도비치와 알렉산드르 스타로빈스키와 함께 블랙홀에 대해서 토론할 기회를 가졌다. 그들은 내게, 양자역학의 불확정성 원리에 따르면 자전하는 블랙홀이 입자를 생성하고 방출해야

한다는 사실을 납득시켰다. 나는 물리학적인 근거로 그들의 주장을 믿었다. 그러나 그들이 복사량을 계산한 수학적 방식은 마음에 들지 않았다. 따라서 나는 보다 나은 수학적 방법을 고안하려는 노력을 시작했고, 1973년 11월 말에 옥스퍼드에서 열린 한 비공식 세미나에서 마침내 그 방법을 설명했다. 당시 나는 얼마나 많은 양의 복사가 실제로 방출되는지를 알아내기 위해서 그 계산을 한 것이 아니었다. 나는 젤도비치와 스타로빈스키가 자전하는 블랙홀로부터 나오리라고 예견했던 복사를 발견할 수 있지 않을까 기대하고 있었다. 그러나 막상 계산을 했을 때—당시 나는 한편으로는 놀랍고 다른 한편으로는 약이 올랐는데—자전을 하지 않는 블랙홀조차도 분명히 일정한 비율로 입자를 생성하고 방출하는 것이 분명하다는 사실을 발견했다. 처음에 나는 이 방출이 내가 사용했던 근사(近似)가 타당하지 않기 때문이라고 생각했다. 나는 만약 베켄스타인이 이것을 알게 된다면, 그가 그 사실을 블랙홀의 엔트로피에 대한 자신의 생각을 뒷받침하는 더 진전된 근거로 이용하지나 않을까 걱정이 되었다. 당시까지도 나는 여전히 그의 주장을 좋아하지 않았다. 그러나 그 문제에 대해서 더 깊이 생각해볼수록, 그 근사가 실제로 옳다는 생각이 들었다. 그러나 궁극적으로 나에게 그 복사가 실재한다는 확신을 준 것은

방출된 입자의 스펙트럼이 뜨거운 물체에서 방
출된 입자의 스펙트럼과 똑같다는 사실이었다.
따라서 블랙홀은 열역학 제2법칙의 위배를 방지
하는 정확한 비율로 입자를 방출하고 있는 것이
었다. 그후로 많은 사람들이 같은 계산을 여러
가지 형식으로 무수히 되풀이했다. 그들은 한결
같이, 질량이 커질수록 온도는 낮아지는 식으로
오직 자신의 질량에 따라서만 온도가 달라지는
블랙홀이 뜨거운 물체와 똑같이 입자와 복사를
방출해야 한다는 사실을 확인했다.

사건 지평선에서는 아무것도 빠져나올 수 없
다고 알려져 있는데도 불구하고, 블랙홀이 입자
를 방출하는 것처럼 보이는 것이 어떻게 가능할
까? 양자역학이 우리에게 주는 답은 입자들이
블랙홀 속에서 나오는 것이 아니라 블랙홀의 사
건 지평선 바로 바깥쪽에 있는 "빈" 공간에서 나
온다는 것이다! 우리는 이 사실을 다음과 같이
이해할 수 있다. 우리가 비어 있다고 생각하는
곳도 완전히 비어 있을 수는 없다. 완전히 비어
있다는 말은 중력장이나 전자기장과 같은 모든
장들이 정확히 0이어야 한다는 뜻이기 때문이
다. 그러나 어떤 장의 값 그리고 시간에 따른 변
화율은 입자의 위치 및 속도와 흡사하다. 불확
정성의 원리는 우리가 이러한 양들 중 어느 하
나를 더 정확하게 알수록 다른 양은 덜 정확해
진다는 것을 암시한다. 따라서 빈 공간에서, 그

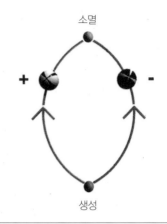

그림 7.7

소멸

생성

▲ 그림 7.7 "빈" 공간은 가상의 입자와 반입자의 쌍으로 채워
져 있다. 이들은 하나로 생성되었다가 따로 떼어진 후 다시 합
쳐서서 소멸한다.
▶ 그림 7.8 만약 블랙홀이 존재한다면, 가상의 입자쌍 중 하나
가 떨어져서 실제 입자가 될 수도 있다. 그러면 다른 하나는 블
랙홀에서 벗어날 수 있다.

장은 정확히 0으로 고정될 수 없다. 그렇게 된다
면, 정확한 값(0)과 정확한 변화율(역시 0)을 동
시에 가지게 될 것이기 때문이다. 장의 값에는
불확정성의 특정한 최소 양 또는 양자요동
(quantum fluctation)이 있어야 한다. 우리는 이러
한 요동을, 어느 때에 하나로 나타났다가 서로
멀어지고 그런 다음 다시 하나로 합쳐져서 쌍소
멸하는 광자나 중력자의 쌍으로 생각할 수 있다
(그림 7.7). 이 입자들은 태양의 중력을 전달하는
입자처럼 가상의 입자들이다. 이 입자들은 실제
입자들과는 달리 입자검출기를 통해서 직접 관
측될 수 없다. 그러나 원자 내의 전자 궤도의 에
너지에 나타나는 작은 변화처럼 이들의 간접적

그림 7.8

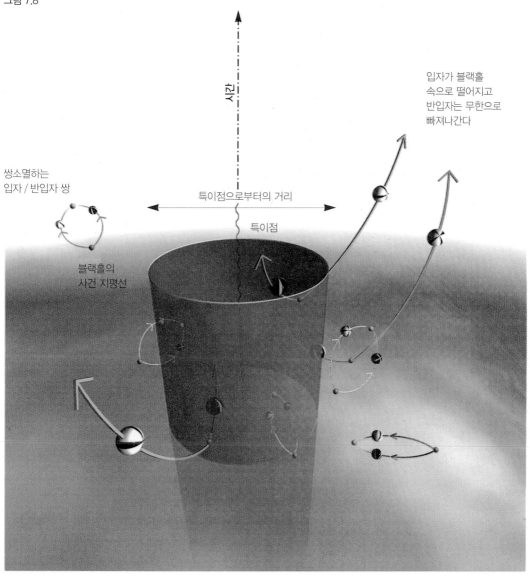

입자가 블랙홀
속으로 떨어지고
반입자는 무한으로
빠져나간다

시간

쌍소멸하는
입자 / 반입자 쌍

특이점으로부터의 거리

특이점

블랙홀의
사건 지평선

인 효과는 측정이 가능하며, 이론적인 예측과 놀랄 만큼 정확하게 일치한다. 또한 불확정성의 원리는 전자나 쿼크와 같은 물질입자들에도 그와 유사한 가상의 쌍이 존재할 것이라고 예측했

다. 그러나 이 경우에, 입자쌍 중 하나는 입자이고 다른 하나는 반입자(빛과 중력의 반입자는 입자와 같다)일 것이다.

에너지는 무에서 창조될 수 없기 때문에 입

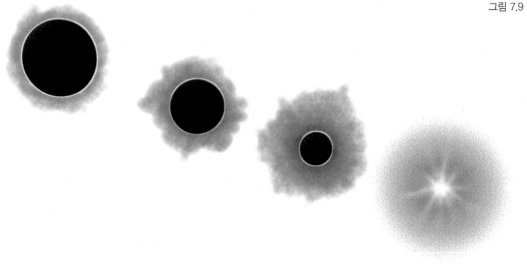

그림 7.9

자/반입자 쌍의 둘 중 하나는 양의 에너지를 가지고 다른 하나는 음의 에너지를 가질 것이다. 음의 에너지를 가지는 쪽은 짧은 수명의 가상입자가 될 수밖에 없다. 실제 입자는 정상적인 상황에서 항상 양의 에너지를 가지기 때문이다. 따라서 가상입자는 상대를 찾아서 함께 소멸해야 한다. 그러나 질량이 큰 물체 가까이에 있는 실제 입자는 멀리 떨어져 있는 경우보다 적은 에너지를 가질 것이다. 왜냐하면 그 입자를 천체의 인력에서 멀리 벗어나게 하는 데에 에너지가 들어가기 때문이다. 일반적인 상태에서 그 입자의 에너지는 여전히 양이지만, 블랙홀 내부의 중력장이 워낙 강하기 때문에 실제 입자조차도 그곳에서는 음의 에너지를 가진다. 따라서 만약 블랙홀이 존재한다면, 음의 에너지를 가진

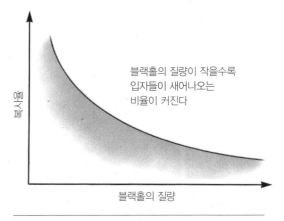

블랙홀의 질량이 작을수록 입자들이 새어나오는 비율이 커진다

그림 7.9 블랙홀은 복사를 방출하며, 따라서 에너지와 질량을 잃는다. 그 비율은 블랙홀이 작을수록 커진다. 블랙홀은 결국 거대한 폭발을 일으키며 완전히 사라지는 것으로 생각된다.

가상입자가 블랙홀 속으로 떨어져서 실제 입자나 반입자가 될 가능성이 존재한다. 이런 경우, 그 입자는 더 이상 짝을 찾아 소멸할 필요가 없다. 이때 버림받은 짝 역시 블랙홀 속으로 떨어

질 수가 있다. 또는 양의 에너지를 가지고 있다면, 실제 입자나 반입자로 블랙홀 가까운 곳에서 벗어날 수도 있다(그림 7.8). 이때 멀리 떨어져 있는 관찰자에게는 마치 블랙홀에서 입자가 방출된 것처럼 보일 것이다. 블랙홀이 작을수록 음의 에너지를 가진 입자가 실제 입자가 되기 전에 이동해야 하는 거리가 짧아지고, 따라서 블랙홀의 방출속도와 겉보기 온도는 높아진다.

밖에서 방출되는 복사의 양(+)의 에너지는 블랙홀 속으로 유입되는 음(−)의 에너지 입자의 흐름과 균형을 이룰 것이다. 아인슈타인의 방정식 $E = mc^2$(E는 에너지, m은 질량, c는 빛의 속도이다)에 따르면 에너지는 질량에 비례한다. 따라서 음의 에너지가 블랙홀 속으로 유입되면 그 질량은 감소한다. 블랙홀이 질량을 상실함에 따라서, 사건 지평선의 넓이는 점차 줄어든다. 그러나 블랙홀의 엔트로피 감소는 방출된 복사의 엔트로피에 의해서 보상되고도 남는다. 따라서 열역학 제2법칙은 결코 위배되지 않는다.

게다가 블랙홀의 질량이 작아질수록 그 온도는 높아진다. 따라서 블랙홀이 질량을 잃을수록 그 온도와 방출속도는 높아진다. 그렇기 때문에 질량은 더욱 빠른 속도로 상실된다(그림 7.9). 블랙홀의 질량이 마침내 극도로 작아졌을 때에 어떤 일이 일어날지는 그리 확실하지 않다. 그러나 가장 그럴듯한 추측은 수백만 개의 수소폭탄의 폭발과 맞먹는 엄청난 복사를 최후로 방출하면서 블랙홀이 완전히 사라지리라는 것이다.

태양 질량의 몇 배에 해당하는 질량을 가진 블랙홀은 절대온도 1,000만 분의 1도에 불과할 것이다. 이 온도는 우주를 채우고 있는 극초단파 복사의 온도(절대온도 약 2.7도)보다도 훨씬 낮다. 따라서 이러한 블랙홀은 흡수하는 양보다 훨씬 적은 복사를 방출할 것이다. 만약 우주가 영원히 팽창을 계속하도록 운명지어져 있다면, 극초단파 복사의 온도는 결국 이러한 블랙홀보다도 낮아질 것이고, 그렇게 되면 블랙홀은 질량을 상실하기 시작할 것이다. 그러나 그때에도 블랙홀의 온도는 너무 낮아서, 블랙홀이 완전히 증발하기까지는 약 100만×100만×100만×……×100만(10^{66}) 년이 걸릴 것이다. 이 정도의 시간이라면 우주의 나이보다도 더 길다. 우주의 나이는 100억에서 200억(1이나 2 뒤에 0이 10개 붙는 숫자이다) 년 정도에 불과하다. 반면에 제6장에서 언급했듯이, 우주의 극히 초기 단계에 불규칙성의 붕괴에 의해서 이루어진 훨씬 더 작은 질량의 원시 블랙홀이 존재할지도 모른다. 이러한 블랙홀들은 훨씬 온도가 높고, 보다 큰 비율로 복사를 방출할 것이다. 수십억 톤의 초기 질량을 가진 원시 블랙홀은 대략 우주의 나이와 같은 수명을 가질 것이다. 이 숫자보다 작은 초기 질량을 가진 원시 블랙홀들은 이미 완

그림 7.10

전히 증발했을 것이다. 그러나 그보다 약간이라도 더 큰 질량을 가진 블랙홀들은 지금까지도 X선과 감마선의 형태로 복사를 방출하고 있을 것이다. X선과 감마선은 광파와 비슷하지만, 파장이 훨씬 더 짧다. 이런 블랙홀에는 블랙(black)이라는 형용사를 붙이기가 적절치 않다. 실제로 이들은 백열하고 있으며, 약 1만 메가와트의 비율로 에너지를 방출하고 있다.

이러한 블랙홀 하나는 열 개의 거대한 발전소를 가동시킬 수 있을 것이다. 물론 우리가 블랙홀의 에너지를 제어할 수 있다는 전제에서 말이다. 그러나 실제로 블랙홀을 발전에 사용하기는 매우 힘들 것이다. 블랙홀은 웬만한 산 하나에 해당하는 질량을 10^{12}분의 1인치의 크기, 즉 원자핵 정도의 크기로 압축시켜놓을 것이다! 만약 여러분이 이러한 블랙홀 하나를 지구 표면에 가지고 있다면, 그것이 지각을 뚫고 지구의 중심으로 떨어지는 것을 어떤 방법으로도 막을 수 없을 것이다. 그 블랙홀은 지구를 관통하면서 계속 진동하다가 결국 지구 중심에서 멎게 될 것이다. 따라서 블랙홀이 방출하는 에너지를 이용할 수 있는 유일한 장소는 지구 궤도밖에는 없다—그리고 블랙홀이 지구 궤도를 돌게 만드는 유일한 방법은 마치 당나귀 앞에 당근을 매달 듯이 블랙홀 앞에 거대한 질량을 가진 물체를 놓아두고 블랙홀을 끌게 만드는 것이다(그림 7.10). 이런 이야기는 최소한 가까운 미래에는 실현 가능하지 않은 제안으로 들릴 것이다.

이러한 원시 블랙홀에서 나오는 에너지를 사용할 수는 없다고 하더라도, 그것들을 관측할 가능성은 과연 있는가? 우리는 원시 블랙홀들이 그 생애의 대부분의 기간 동안 방출하는 감마선을 찾을 수 있다. 그 블랙홀들은 아주 멀리 떨어져 있기 때문에 대부분의 원시 블랙홀에서 방출되는 복사가 아주 약하기는 하지만, 전체 블랙홀에서 나오는 복사의 총합은 검출이 가능할 것이다. 우리는 실제로 이러한 배경 감마선을 관측하고 있다. 그림 7.11은 관측된 감마선의 세기가 진동수(초당 파동의 수)에 따라서 어떻게 달라지는지를 보여주고 있다. 그러나 이 배경 감마선이 원시 블랙홀이 아닌 다른 과정에 의해서 생성되었을 수 있으며, 실제로 그럴 가능성이 높다고 본다. 그림 7.11에서 점선은 1세제곱광년의 공간당 300개의 원시 블랙홀이 있을 때, 그 감마선의 세기가 원시 블랙홀에 의해서 방출된 감마선의 진동수에 따라서 어떻게 달라지는지를 보여준다.

원시 블랙홀들은 희귀하기 때문에, 우리가 개별적인 감마선 방출원을 관측할 수 있을 만큼 우리에게 가까이 존재할 가능성은 없는 것 같

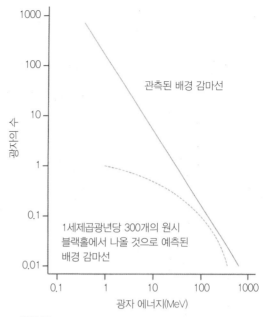

그림 7.11

다. 그러나 중력이 물질들 쪽으로 이 블랙홀들을 끌어당기기 때문에, 이 블랙홀들은 은하들 주위에 훨씬 더 많이 존재할 것이 분명하다. 따라서 배경 감마선이 1세제곱광년당 평균 300개 이상의 원시 블랙홀이 있을 수 없음을 이야기해준다고 하더라도, 우리 은하 안에 얼마나 많은 원시 블랙홀이 있는지에 대해서는 아무것도 이야기해주지 못한다. 만약 원시 블랙홀들이 이보다 가령 100만 배나 더 많다면, 우리에게 가장 가까운 블랙홀은 약 10억 킬로미터, 즉 태양계에서 가장 멀리 떨어진 행성인 (명왕성은 2006년 8월 24일 세계천문연맹회의에서 행성의 지위를 잃고 왜소행성으로 재분류되었다. 따라서 현재 가장 먼 행

성은 해왕성이다/옮긴이) 명왕성까지의 거리 정도가 될 것이다. 이 정도 거리라면, 1만 메가와트라고 하더라도, 블랙홀의 지속적인 복사 방출을 검출하기는 여전히 매우 힘들 것이다. 원시 블랙홀을 관측하기 위해서는, 가령 1주일가량의 적당한 시간 간격 동안 동일한 방향에서 여러 개의 감마선 양자를 검출해야 할 것이다. 그렇지 않다면 그 복사는 단지 배경복사의 일부일 것이다. 그러나 플랑크의 양자원리는 각각의 감마선 양자들이 매우 높은 에너지를 가지고 있다고 설명해준다. 감마선은 진동수가 매우 높으므로 1만 메가와트를 방출하는 데에도 많은 양자가 필요하지 않을 것이기 때문이다. 그리고 명왕성 정도의 거리에서 오는 몇 개 되지 않는 양자를 검출하기 위해서는 지금까지 건설된 것들보다 훨씬 더 큰 감마선 검출장치가 필요할 것이다. 게다가 그 검출기는 우주 공간에 설치되어야 한다. 감마선은 대기권을 뚫고 들어올 수 없기 때문이다.

물론 만약 명왕성의 거리 정도로 가까운 블랙홀이 수명을 다해서 폭발한다면 최후 폭발의 방출을 쉽게 검출할 수는 있을 것이다. 그러나 만약 블랙홀이 지난 100억 년이나 200억 년 동안 방출을 계속해왔다면, 그 블랙홀이 수백만 년 전이나 수백만 년 후가 아니라 향후 수년 내에 종말을 맞이할 가능성은 훨씬 적을 것이다. 따라서 당신의 연구자금이 바닥나기 전에 블랙홀의 폭발을 볼 수 있으려면, 약 1광년의 거리 이내에서 일어나는 모든 폭발을 탐지할 수 있는 방법을 찾아야 한다. 실제로 우주에서 날아오는 감마선의 폭발은 원래 대기권 내 핵실험 금지조약의 위반을 감시하기 위해서 쏘아올려진 인공위성에 의해서 검출되어왔다. 그 감마선들은 한 달에 약 16회 정도 검출되며, 하늘의 모든 방향에서 거의 균일하게 분포되어 있는 것으로 생각되었다. 이것은 그 감마선들이 태양계 밖에서 온다는 것을 시사한다. 그렇지 않다면 감마선이 행성들의 궤도면을 향해서 집중되어야 하기 때문이다. 또한 균일한 분포는 감마선 방출원들이 우리 은하 내에서 우리와 상당히 가깝거나 우주 거리로 우리 은하의 바로 바깥에 존재한다는 사실을 암시한다. 그렇지 않다면 이 경우에도 역시 감마선 방출원들이 은하면 쪽으로 집중되어 있어야 하기 때문이다. 후자의 경우, 폭발적 방출을 설명하기 위해서 필요한 에너지는 너무나 높은 것이어서 작은 블랙홀들로는 생성될 수 없다. 그러나 만약 방출원들이 은하적 척도에서 볼 때 가깝다면, 그 방출원들이 블랙홀을 폭발시킬 수 있을 것이다. 나는 이러한 설명을 훨씬 더 좋아하지만, 중성자별들의 충돌과 같이 감마선 폭발에 대한 다른 설명들이 가능하다는 사실을 인정하지 않을 수 없다. 앞으로 몇 년 이내에

케임브리지의 스티븐 호킹 교수. 『시간의 역사』 초판을 쓸 당시의 모습이다.

이루어질 새로운 관측들, 특히 LIGO와 같은 중력파 탐지장치에 의한 탐색은 감마선 폭발의 기원을 찾을 수 있게 해줄 것이다.

원시 블랙홀에 대한 탐색 가능성이 부정적으로 밝혀진다고 하더라도 — 현재의 상황으로는 그렇게 보인다 — 그 탐색과정은 우리에게 우주의 초기 단계에 대한 중요한 정보를 제공할 것이다. 만약 초기 우주가 카오스적이거나 불규칙했다면, 또는 만약 물질의 압력이 낮았다면, 우리는 배경 감마선 관측에 의해서 지금까지 설정된 한계보다 많은 원시 블랙홀들이 생성되었을 것이라고 예상할 수 있다. 초기 우주가 매우 평활하고 균일하며 높은 압력하에 있을 때에만, 우리는 관측 가능한 원시 블랙홀들이 존재하지 않는 이유를 설명할 수 있다.

블랙홀이 복사를 방출한다는 개념은 본질적으로 20세기의 가장 위대한 두 이론인 일반 상대성 이론과 양자역학에 기초한 최초의 예견이었다. 이 예견은 기존의 관점을 완전히 뒤엎는 것이었기 때문에, 처음에는 격렬한 반발을 불러일으켰다. "어떻게 블랙홀이 무엇인가를 방출할 수 있단 말인가?" 옥스퍼드 근처에 있는 러더퍼드-애플턴 연구소에서 마련된 회의에서 내가 계산 결과를 처음 발표했을 때, 그 자리에 있던 사

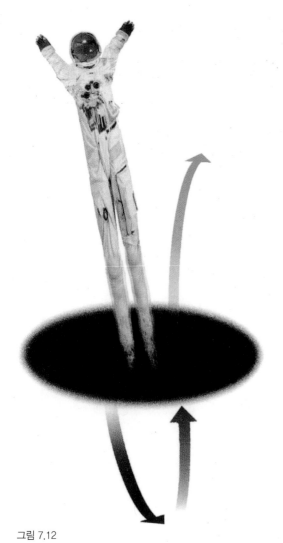

그림 7.12

블랙홀 속으로 떨어지는 우주비행사는 결국 블랙홀이
방출하는 입자와 복사라는 형태로 재순환될 것이다.

논문을 쓰기까지 했다. 그러나 결국 존 테일러를 포함해서 대부분의 사람들은 만약 일반 상대성 이론과 양자역학에 대한 다른 아이디어들이 옳다면, 블랙홀이 뜨거운 물체와 마찬가지로 복사를 방출해야 한다는 결론에 도달하게 되었다. 따라서 아직까지 우리가 원시 블랙홀을 발견하지는 못했지만 만약 그것을 발견한다면, 그 블랙홀은 분명히 많은 감마선과 엑스 선을 방출할 것이라는 일반적인 합의가 이루어져 있다.

블랙홀로부터의 복사가 존재한다는 것은, 과거에 우리가 생각했듯이, 중력붕괴가 최종적이거나 되돌릴 수 없는 현상은 아님을 시사하는 것으로 보인다. 우주비행사가 블랙홀 속으로 떨어지면, 블랙홀의 질량이 증가해서 결국 추가적 질량에 상응하는 에너지가 복사의 형태로 우주로 되돌아오게 될 것이다(그림 7.12). 따라서 어떤 의미에서 그 우주비행사는 "재순환되는" 셈이다. 그러나 그것은 불행한 종류의 불사(不死)일 것이다. 우주비행사의 개인적인 시간 개념은 그가 블랙홀 안에서 산산조각이 날 때 끝날 것이 분명하기 때문이다! 궁극적으로 블랙홀에 의해서 방출되는 입자들의 종류도 우주비행사를 구성하고 있던 입자들과는 일반적으로 다를 것이다. 우주비행사가 가지고 있는 특성들 중에서 유일하게 살아남을 수 있는 것은 그의 질량과 에너지뿐이다.

람들은 한결같이 내 계산을 믿으려고 하지 않았다. 내가 발표를 끝내자 그 회의의 의장이었던 런던 킹스 칼리지의 존 테일러는 그것은 완전히 넌센스라고 일축했다. 심지어 그는 같은 취지로 블랙홀에서 복사의 방출을 유도하기 위해서 내가 사용한 근사들은 블랙홀이 1그램의 약 몇 분의 1 이상의 질량을 가지고 있을 경우에 가장 잘 적용된다. 그러나 질량이 아주 작으면 그 블랙홀이 수명을 다하면서 이러한 근사도 작용되지 못한다. 가장 가능성이 높은 결과는 블랙홀이, 최소한 우리의 우주 영역으로부터, 우주비행사와 그 블랙홀 속에 들어 있던 특이점─만약 그런 것이 실제로 존재한다면─과 함께 사라지는 것이다. 이것이 일반 상대성 이론에 의해서 예측되었던 특이점을 양자역학이 제거할 수 있는 해법에 대한 최초의 제시 사례이다. 그러나 나를 비롯한 여러 사람들이 1974년에 사용했던 방법으로는 양자중력하에서 특이점이 발생할 것인가라는 물음에 답을 줄 수 없었다. 그런 이유 때문에 1975년 이후로 줄곧 나는 리처드 파인먼의 역사 총합 개념을 기반으로 하여 양자중력에 대한 좀더 강력한 접근방법을 전개하기 시작했다. 이 접근방법으로 우주의 기원과 미래의 운명 그리고 우주비행사처럼 그 속에 들어 있는 내용물의 운명에 대해서 제시하는 답변이 다음의 두 장에서 다룰 주제이다. 우리는 불확정성 원리가 우리의 모든 예측의 정확성에 한계를 부여하고 있음에도 불구하고, 한편으로 시공 특이점에서 나타나는 궁극적인 예측 불가능성을 제거해줄 것임을 살펴볼 것이다.

8

우주의 기원과 운명

아인슈타인의 일반 상대성 이론은, 그 이론 자체에 의하면, 시공이 빅뱅 특이점에서 시작되어서 빅크런치 특이점(만약 우주 전체가 재붕괴한다면)이나 블랙홀 속에 들어 있는 특이점(별과 같은 국부적인 영역이 붕괴한다면)에서 종말을 맞이할 것이라고 예견했다. 블랙홀 속으로 떨어져 들어가는 모든 물질은 이 특이점에서 파괴될 것이고 블랙홀 바깥에서는 그 질량에 의한 중력효과만이 계속 느껴질 것이다. 반면에 양자효과를 고려에 넣는다면, 그 물질의 질량이나 에너지는 결국 우주의 나머지 부분으로 환원될 것이며, 블랙홀은 그 내부의 특이점과 함께 증발해서 완전히 사라질 것으로 보인다. 과연 양자역학은 빅뱅과 빅크런치 특이점에 대해서도 그와 똑같은 극적인 효과를 발휘할 것인가? 중력장이 워

낙 강해서 양자효과를 무시할 수 없는 우주의 극히 초기 단계나 후기 단계에서는 정말로 어떠한 일이 일어나는 것인가? 실제로 우주에는 시

1981년에 교황 요한 바오로 2세를 알현하고 있는 저자.

작이나 끝이 있는가? 만약 그렇다면, 그것은 어떠한 모습일 것인가?

1970년대 내내 나는 주로 블랙홀의 연구에 매달려 있었다. 그러나 1981년에 바티칸 예수회에서 주최한 우주론에 대한 회의에 참석한 이후, 우주의 기원과 그 미래의 운명에 대한 문제에 관심이 되살아났다. 가톨릭 교회는 예전에 과학 문제에 대한 원칙을 세우려는 과정에서 태양이 지구의 주위를 돈다고 선언함으로써 갈릴레오에게 큰 잘못을 저질렀다. 그로부터 수세기가 지난 오늘날, 가톨릭 교회는 우주론에 대해서 자문을 구하기 위하여 많은 전문가들을 초빙하기로 결정했던 것이다. 회의가 끝나갈 무렵, 참석자들은 교황을 알현할 기회를 얻었다. 교황은 우리들에게 빅뱅 이후의 우주 진화과정을 연구하는 것은 정당하지만, 빅뱅 그 자체에 대해서 물음을 제기해서는 안 된다고 말했다. 그 이유는 빅뱅이 창조의 순간이고 따라서 신의 작품이기 때문이라는 것이었다. 나는 그때 교황이 방금 전에 내가 회의에서 했던 강연의 내용을 모르고 있다는 사실에 안도했다. 그때 나의 강연의 요지는 시공이 유한하지만 경계가 없다는 가능성에 대한 것이었다. 그 말은 시공이 출발점, 즉 어떠한 창조의 순간도 가지지 않음을 뜻한다. 나는 갈릴레오와 같은 신세가 되고 싶은 생각은 추호도 없었다. 사실 나는 갈릴레오에

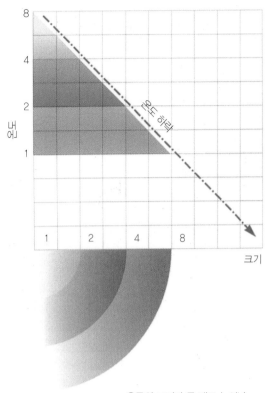

그림 8.1 우주의 크기가 두 배로 늘어날 때마다 그 온도는 절반씩 떨어진다

대해서 강한 일체감을 느끼고 있었는데, 그 부분적인 이유는 우연의 일치로 그가 죽은 지 정확하게 300년이 지난 후에 내가 태어났기 때문이다!

나를 비롯하여 그밖의 여러 사람들이 어떻게 양자역학이 우주의 기원과 운명에 영향을 미칠 것인가에 대해서 품고 있는 생각을 설명하기 위해서는, 우선 이른바 "뜨거운 빅뱅 모형(hot big bang model)"이라고 알려진 것에 의해서 일반적으로 받아들여지는 우주의 역사를 이해할 필요

1954년 비키니 산호섬에서 있었던 수소폭탄 실험. 폭발하는 원자폭탄의 중심부는 약 100억 도에 달한다. 이 정도의 온도는 빅뱅 1초 후의 우주의 온도에 해당한다.

가 있다(148쪽 그림 8.2 참조). 이것은 우주가 프리드만의 모형에 의해서 기술되며, 그 직접적인 기원을 빅뱅에 둔다는 것을 시사한다. 이 모형에서 우리는 우주가 팽창할수록 그 속에 들어 있는 물질이나 복사의 온도가 내려간다는 사실을 알 수 있다(우주의 크기가 두 배로 늘어나면, 그 온도는 절반으로 떨어진다. 그림 8.1 참조). 온도라는 것은 우주 속의 입자들의 평균 에너지—또는 속도—에 대한 측정치일 뿐이므로, 우주의

온도 저하는 그 속에 들어 있는 물질에 중요한 영향을 미친다. 초고온 상태에서, 입자들은 매우 빠른 속도로 움직이기 때문에 핵력이나 전자기력으로 서로를 끌어당기는 모든 인력으로부터 벗어날 수 있다. 그러나 온도가 내려가면, 입자들이 서로를 끌어당겨서 덩어리를 형성하기 시작할 것임을 예측할 수 있다. 게다가 우주 속에 존재하는 입자들의 종류도 온도에 따라서 달라진다. 충분히 높은 온도에서는 입자들이 무척 강한 에너지를 띠기 때문에 그 입자들이 서로 충돌할 때마다 매우 다양한 입자/반입자 쌍이 생성될 것이다—이러한 입자들 가운데 일부가 반입자와 충돌해서 쌍소멸하겠지만, 대부분은

소멸 속도보다 생성 속도가 더 빠를 것이다. 그러나 낮은 온도에서는, 충돌하는 입자들의 에너지가 작아서 입자/반입자 쌍은 덜 빠른 속도로 생성된다―그리고 쌍소멸이 생성보다 빠르게 일어날 것이다.

빅뱅의 순간에 우주의 크기는 0이었고, 무한히 높은 온도였을 것으로 생각된다. 그러나 우주가 팽창하면서, 복사의 온도도 내려갔다. 빅뱅이 일어난 지 1초 후, 온도는 약 100억 도로 내려갔을 것이다. 이 온도는 태양 중심부의 온도의 1,000배 정도이지만, 수소폭탄의 폭발로 얻을 수 있는 정도의 온도이다. 이 시기에 우주는 거의 대부분 광자, 전자, 중성미자(neutrino : 약한 핵력과 중력에 의해서만 영향을 받는 극히 가벼운 입자)와 그들의 반입자들로 이루어져 있었을 것이고, 약간의 중성자와 양성자도 포함되어 있었을 것이다. 우주가 계속 팽창하면서 온도가 떨어짐에 따라서, 충돌 과정에서 전자/반전자 쌍이 생성되는 속도도 쌍소멸에 의해서 파괴되는 속도보다 낮아질 것이다. 따라서 대부분의 전자와 반전자들은 쌍소멸되어 더 많은 광자를 생성하게 되고, 소수의 전자들만이 남게 되었을 것이다. 그러나 중성미자와 반중성미자들은 쌍소멸을 일으키지 않았을 것이다. 왜냐하면 이 입자들은 그들 서로 간에 또는 다른 입자들과의 사이에서 매우 약한 상호작용만을 일으키기 때

이 합성사진에서 조지 가모프가 "아일럼(Ylem)"이라고 부르는 빅뱅 당시의 가상적 시원물질이 들어 있는 병 속에서 알라딘의 램프의 요정처럼 튀어나오고 있다. 가모프와 랠프 알퍼―역시 사진 속에 등장하는―는 우주가 매우 뜨거운 초기 단계를 가졌다는 주장을 최초로 제기했다.

문이다. 따라서 이 입자들은 오늘날까지도 존재할 것이다. 만약 우리가 그 입자들을 관측할 수 있다면, 우주의 초기 단계가 초고온 상태였을 것이라는 우리의 상(像)을 검증할 수 있는 좋은 기회가 될 것이다. 그러나 불행하게도 오늘날 그 입자들의 에너지는 너무나 낮아서 우리가 그 입자들을 직접적으로 검출하기는 힘들다. 그러나 만약 중성미자들이 전혀 질량을 가지지 않는 것이 아니라 최근의 일부 실험 결과들에서 주장되는 것처럼 그 자체로 약간의 질량을 가진다면, 우리는 그 입자들을 간접적으로 검출할 수 있을 것이다. 이 중성미자들이 앞에서도 언급했

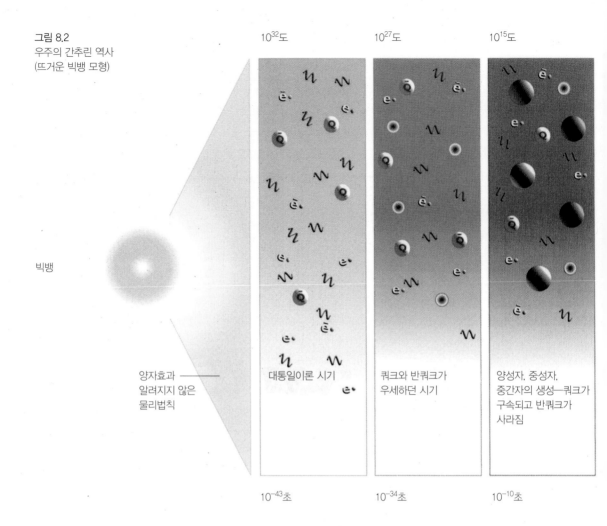

그림 8.2
우주의 간추린 역사
(뜨거운 빅뱅 모형)

10^{32}도 10^{27}도 10^{15}도

빅뱅

양자효과 ——
알려지지 않은
물리법칙

대통일이론 시기   쿼크와 반쿼크가   양성자, 중성자,
                        우세하던 시기   중간자의 생성—쿼크가
                                              구속되고 반쿼크가
                                              사라짐

10^{-43}초 10^{-34}초 10^{-10}초

듯이, 우주의 팽창을 정지시키고 다시 수축하게 만들 정도의 충분한 인력을 가진 일종의 "암흑 물질"일지도 모른다.

빅뱅이 일어난 후 약 100초 정도가 지나면, 우주의 온도는 10억 도로 내려갈 것이다. 이 온도는 가장 뜨거운 별의 내부 온도에 해당한다. 이 온도에서 양성자와 중성자는 더 이상 강한

핵력의 인력을 벗어날 만큼 충분한 에너지를 가지지 못한다. 따라서 중성자와 양성자는 하나로 결합해서 중수소(무거운 수소)의 원자핵을 구성하기 시작한다. 그 원자핵은 하나의 양성자와 하나의 중성자를 가진다. 그런 다음 중수소의 원자핵은 더 많은 양성자 및 중성자와 결합해서 두 개의 양성자와 두 개의 중성자를 가진 헬륨

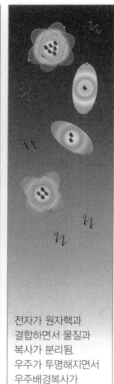

양성자와 중성자가 결합해서 수소, 헬륨, 리튬, 중수소의 원자핵이 됨

물질과 복사가 한데 뒤엉켜 있던 시기

전자가 원자핵과 결합하면서 물질과 복사가 분리됨. 우주가 투명해지면서 우주배경복사가 방출됨

물질이 덩어리를 형성하면서 퀘이사, 별, 원시은하 등이 생성됨. 별들이 원시 수소와 헬륨을 태우면서 무거운 원자핵이 합성됨

별들 주위에 태양계가 응집됨. 원자들이 서로 연결되어 복잡한 분자들과 생물을 형성함

1초   3분   30만 년   10억 년   150억 년

의 원자핵을 만들 것이다. 그리고 리튬과 베릴륨과 같은 몇 개의 무거운 원소들이 적은 양 생성된다. 우리는 뜨거운 빅뱅 모형에서 양성자와 중성자의 약 4분의 1이 헬륨 원자핵과 소량의 중수소 및 그밖의 원소들의 원자핵으로 변환되었을 것으로 계산할 수 있다. 나머지 중성자들은 양성자로 붕괴해서 일반 수소 원자의 원자핵

이 된다.

우주의 뜨거운 초기 단계에 대한 이 상은 1948년에 과학자 조지 가모프가 당시 그의 학생이었던 랠프 알퍼와 함께 쓴 유명한 논문에서 처음으로 제기되었다. 가모프는 풍부한 유머 감각의 소유자였다. 그는 핵물리학자인 한스 베테를 설득해서 그의 이름을 논문에 첨가시켰다.

그리하여 공저자의 이름을 "알퍼, 베테, 가모프"라고 나열함으로써 그리스 알파벳의 처음 세 문자인 알파(α), 베타(β), 감마(γ)와 비슷하도록 만들었다. 우주의 기원을 다룬 논문의 저자의 이름으로는 아주 적절한 셈이었다! 이 논문에서 그들은 우주의 온도가 매우 높았던 초기 단계에 (광자의 형태로) 방출된 복사가 오늘날에도 여전히 우리의 주위를 떠돌고 있지만, 그 온도는 절대온도 0도(섭씨 -273도)에서 겨우 몇 도 높은 정도로 식어버렸을 것이라는 주목할 만한 예측을 내놓았다. 그것이 바로 펜지어스와 윌슨이 1965년에 발견한 복사였던 것이다. 알퍼, 베테 그리고 가모프가 그 논문을 쓰던 시기에는 양성자와 중성자의 핵반응에 대해서 별반 많은 사실이 알려져 있지 않았기 때문에 초기 우주의 다양한 원소들의 비용에 대한 예측은 다소 부정확한 편이었다. 그러나 이후 이 계산은 진전된 지식을 기초로 반복되어서 오늘날 우리가 관측하는 사실들과 상당히 부합하게 되었다. 더욱이 그밖의

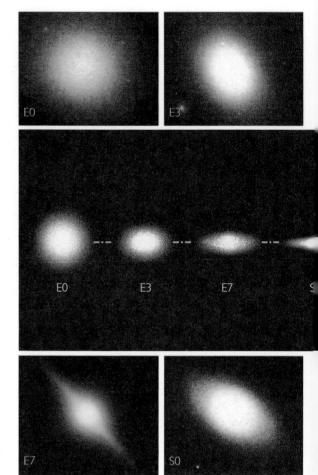

그림 8.3 1936년에 에드윈 허블과 밀턴 휴메이슨에 의해서 제안된 은하 분류체계의 개정판. 왼쪽에 있는 것이 회전하지 않는, 네 가지의 특징 없는 타원형 체계인 E0, E3, E7 그리고 S0이다. 오른쪽 윗부분에 나타나 있는 것들은 나선은하인 Sa, Sb 그리고 Sc이다. 그 아래쪽 그룹은 막대나선 은하인 SBa, SBb, SBc이다. 각 그룹에 들어 있는 세 가지 범주인 a, b, c는 차례대로 은하의 팔이 점점 넓게 열리는 반면에 중심핵 부분은 점점 작아지는 것을 뜻한다.

다른 방식으로는 우주에 그토록 많은 헬륨이 존재하는 이유를 설명하기가 무척 힘들다. 따라서 우리는 최소한 현재로부터 빅뱅 이후 약 1초의 시점까지 거슬러올라가는 동안에 대해서는 정확한 상을 가지고 있다고 어느 정도 확신한다.

빅뱅이 일어난 지 겨우 몇 시간 이내에 헬륨을 비롯한 그밖의 원소들의 생성은 정지되었을 것이다. 그리고 그후 약 100만 년 동안 더 이상

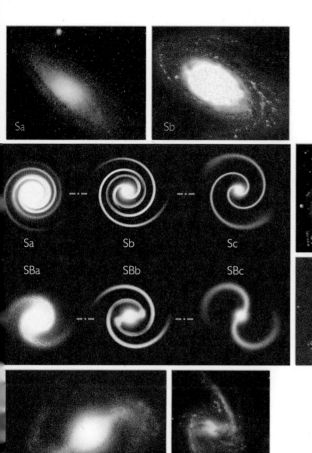

서는 그 추가적 중력에 의한 인력이 커지면서 팽창은 더욱더 느려졌을 것이다. 이러한 과정이 계속되면서 마침내 일부 영역에서는 팽창이 정지하고 재수축이 시작되었을 것이다. 이러한 영역이 수축하면서, 이 영역 바깥쪽에 있는 물질이 끌어당기는 중력 때문에 이 영역은 조금씩 회전을 시작할 수도 있다. 수축하는 영역이 점차 작아지면서, 그 영역은 더욱 빨리 회전하게 되었을 것이다 — 이것은 얼음판 위에서 회전묘기를 보이는 스케이트 선수가 팔을 안으로 끌어당기면 더욱 빠른 속도로 회전하는 것과 같은 이치이다. 마침내 수축하던 영역이 충분히 작은 크기가 되면, 그 영역은 중력의 인력과 균형을 이룰 수 있을 정도의 빠른 속도로 회전하게 될 것이다. 이렇게 하여 원반형의 회전하는 은하가 태어났다(그림 8.3). 회전을 일으키지 않았던 다른 영역들은 타원은하(elliptical galaxy)라고 부르는 길쭉한 원 모양의 은하가 된다. 이 경우, 그 영역은 은하의 개별 부분들이 그 중심 주위를 안정적으로 회전하기 때문에 수축을 멈추게 될 것이다. 그러나 은하 전체로 볼 때는 회전

큰 변화 없이 우주는 팽창을 계속하기만 했을 것이다. 마침내 온도가 수천 도로 떨어지자, 전자와 원자핵들의 에너지는 더 이상 그들 사이에 작용하는 전자기 인력을 이길 수 없게 되었다. 그 결과 전자와 원자핵이 결합해서 원자를 형성하기 시작한다. 우주 전체로는 팽창과 냉각을 계속했지만, 영역에 따라서 평균보다 약간 밀도가 높은 곳이 존재하게 되었다. 그러한 영역에

독수리 성단의 가스와 먼지 구름 속에서 새롭게 태어나고 있는 신성(新星)들. 이 두 사진은 모두 허블 우주망원경으로 촬영된 것들이다. 맞은편의 상단에 삽입된 사진이 당시 지구 궤도에서 수리 중인 허블 우주망원경의 모습이다.

하지 않는다.

시간이 흐르면서 은하 속의 수소와 헬륨 가스는 보다 작은 구름들로 분리되어 자체 중력으로 붕괴할 것이다. 이 구름들이 수축하면서 그 속에 들어 있던 원자들이 서로 충돌을 일으키고 가스의 온도가 높아져서 마침내 핵융합 반응을 일으키기 시작할 정도로까지 뜨거워진다. 이 반응은 수소를 보다 많은 헬륨으로 변환시키고, 이 과정에서 방출된 열이 압력을 높여서 가스 구름은 더 이상의 수축을 멈추게 된다. 가스 구름은 이런 상태에서 우리 태양과 같은 별로서 오랜 기간 동안 안정을 유지하며, 수소를 태워서 헬륨을 만들고 그 결과로 발생한 에너지를 열과 빛의 형태로 복사한다. 보다 질량이 큰 별들은 그만큼 더 강한 중력의 인력과 균형을 이루기 위해서 훨씬 온도가 높아야 한다. 따라서 핵융합 반응을 더욱 가속시켜서 불과 1억 년 만에 자신의 수소 연료를 모두 태우게 된다. 그후 이런 별들은 조금씩 수축하게 되고, 온도가 더욱 높아지면서 헬륨을 탄소나 산소와 같은, 보다 무거운 원소들로 변환시키기 시작할 것이다. 그러나 이 과정에서 그다지 많은 에너지가 방출되지 않기 때문에, 블랙홀을 다룬 장에서 설명했던 것과 같은 위기가 발생하게 된다. 그후에 일어나는 일은 그리 분명하지 않다. 그러나 별의 중심부는 중성자별이나 블랙홀과 같은 고밀

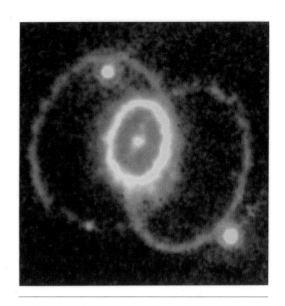

초신성 1987a의 여파. 중심 고리는 초신성의 폭발로 날려진 물질들이 도넛 모양으로 팽창한 것이다. 중심의 점은 새로운 중성자별이다.

도 상태로 수축하게 될 것 같다. 이런 별의 바깥쪽 부분은 가끔씩 초신성(supernova)이라고 부르는 엄청난 폭발을 일으키면서 외부로 떨어져나갈 것이다. 이때 초신성은 그 은하 속의 다른 모든 별들을 합친 것보다도 밝게 빛날 것이다. 별이 수명을 다할 무렵에 생성된 무거운 원소들 가운데 일부는 은하의 가스 속으로 다시 돌아가서 다음 세대의 별들이 만들어질 원료를 제공할 것이다. 우리의 태양은 이런 무거운 원소들을 약 2퍼센트 정도 가지고 있다. 왜냐하면 태양은 약 50억 년 전에 그보다 앞서서 폭발한 초신성들의 잔해로 이루어진 회전하는 가스 구름으로

부터 생성된 제2세대 또는 제3세대의 별이기 때문이다. 그 구름 속에 들어 있던 가스의 대부분은 태양을 형성하거나 멀리 날아가버렸지만, 그 무거운 원소들 가운데 소량은 한데 모여서 지구와 같이 오늘날 태양 주위를 공전하는 행성들을 형성하게 되었다.

지구도 처음에는 아주 뜨거웠고, 대기(大氣)를 포함하고 있지 않았다. 시간이 흐르면서 지구는 차츰 냉각되었고, 암석에서 분출되는 가스로부터 대기가 형성되었다. 우리는 이 원시 대기 속에서는 살 수 없었을 것이다. 그 속에는 산소가 없었고, 황화수소(달걀 썩는 냄새가 나는 기체)처럼 인간에게 해로운 많은 기체들이 포함되어 있었다. 그러나 이러한 조건들 아래에서도 번성할 수 있는 다른 형태의 원시 생명체들이 있었다. 아마도 이 생명체들은 바다 속에서 원자들이 우연히 결합함으로써 거대분자(macromolecule)라고 부르는 더 큰 구조를 형성한 결과 발전한 것으로 생각된다. 이 분자들은 바다 속에 있는 다른 원자들을 모아서 비슷한 구조를 만들 수 있었다. 그들은 이런 식으로 스스로를 재생산하고 증식할 수 있었을 것이다. 복제과정에서 때로는 실수가 일어났을 수도 있다. 실수로 탄생한 새로운 거대분자들은 대부분 스스로를 복제할 수 없어서 결국 소멸되고 말았을 것이다. 그러나 그중 몇몇 실수는 복제능력이 오히려 더 뛰어난

새로운 거대분자를 탄생시키기도 했을 것이다. 따라서 이렇게 태어난 거대분자들은 생존에 유리해져서 원래의 거대분자들을 대체하게 되었을 것이다. 이런 식으로 진화과정이 시작되었고, 점차 복잡한 자기-복제 유기체들이 발생하게 되었다. 최초의 원시 생명체들은 황화수소를 포함해서 여러 가지 물질을 섭취하고 산소를 방출했다. 이 과정이 점차 대기의 조성을 오늘날과 같이 변화시켰고 어류, 파충류, 포유류 그리고 궁극적으로는 우리 인류와 같은 보다 고등한 생명체의 발달을 가능하게 했다.

우주가 처음에는 아주 뜨거웠다가 팽창과 함께 차츰 냉각되었다는 우주상은 오늘날 우리가 가지고 있는 모든 관측증거와 일치하고 있다. 그렇지만 아직까지 대답되지 않은 중요한 질문들이 많이 남아 있다(그림 8.4).

(1) 초기 우주는 왜 그렇게 뜨거웠는가?

(2) 대규모 척도에서 볼 때 우주는 왜 그리 균일한가? 왜 모든 방향과 공간상의 모든 지점에서 우주는 똑같이 보이는가? 특히 우리가 각각 다른 방향을 향하여 관측할 때조차도 극초단파 배경복사의 온도가 거의 동일한 이유는 무엇인가? 이것은 여러 학생들을 모아놓고 시험문제를 내는 것과 흡사하다. 그 학생들이 모두 똑같은 답안을 제출했다면, 여러분은 그들이 서로 정보를 교환하고 답을 썼다고 확신할 것이다.

그림 8.4

우주는 아주 뜨거운
상태에서 시작되었다

극초단파 배경복사의
온도는 모든 방향에서
거의 똑같다

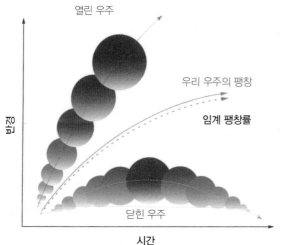

우주는 지속적인 팽창과 재수축 사이의 경계에
아슬아슬하게 놓여 있다

우주 밀도상의 작은 요동이 은하와 별들을 낳았다

그러나 앞에서 기술한 모형에 따르면, 빅뱅이 일어난 후에 빛이 멀리 떨어져 있는 한 영역으로부터 다른 영역에까지 도달할 만한 시간적 여유가 없었을 것이다. 설령 초기 우주에서 두 영역이 아무리 가까웠다고 하더라도 말이다. 상대성 이론에 따르면, 빛이 한 영역으로부터 다른 영역에까지 도달할 수 없다면 어떠한 다른 정보도 마찬가지이다. 따라서 아직까지 설명되지 않은 어떤 이유 때문에 그 영역들이 같은 온도에서 출발하게 되지 않는 한, 초기 우주의 서로 다른 영역들이 서로 똑같은 온도에 도달할 수는 없는 셈이다.

"태곳적부터 계신 이(The Ancient of Days)", 윌리엄 블레이크
(1757-1827)의 그림(이 제목은 『구약성서』 「다니엘」 7 : 9에 나오는
표현으로 하느님을 뜻한다/옮긴이).

(3) 왜 우주는 재수축하는 모형과 영원히 팽창을 계속하는 모형을 구분하는 임계 팽창률에 가까운 비율로 출발해서 우주가 탄생한 지 100억 년이 지난 지금까지도 거의 그 임계율대로 팽창을 계속하고 있는가? 만약 빅뱅 1초 후의 팽창률이 1,000억 분의 1이라도 더 작았다면, 우주는 현재의 크기에 도달하기 전에 재수축했을 것이다.

(4) 우주는 대규모 척도에서 볼 때 그토록 균일하고 균질함에도 불구하고, 별이나 은하와 같은 국부적인 불규칙성을 포함하고 있다. 이러한 불규칙성은 초기 우주의 여러 영역들 사이에 존재하던 작은 밀도 차이가 발달하면서 나타난 것으로 추측된다. 그렇다면 밀도상의 이러한 요동이 생기게 된 원인은 무엇인가?

일반 상대성 이론 그 자체로는 이러한 특성을 해명하거나 앞의 물음들에 대한 답을 줄 수 없다. 왜냐하면 일반 상대성 이론은 우주가 빅뱅 특이점에서 무한한 밀도로 시작되었다고 예측했기 때문이다. 특이점에서는 일반 상대성 이론을 비롯한 그밖의 모든 물리법칙들이 나타날지 예측할 수 없다. 앞에서도 설명했듯이, 이것은 우리가 빅뱅을 비롯해서 빅뱅 이전에 일어났던 모든 사건들을 이론에서 배제해도 괜찮음을 뜻한다. 왜냐하면 빅뱅이나 그 이전에 일어난 일들은 우리가 관찰한 사실에 아무런 영향도 미치지 못하기 때문이다. 따라서 시공은 경계, 즉 빅뱅에서의 출발점을 가질 수도 있다는 표현이 더 적절할 것이다.

지금까지 과학은 만약 우리가 특정 시간에서의 우주의 상태를 안다면, 불확정성의 원리에 의해서 설정된 한계 내에서, 우주가 시간의 흐름과 함께 어떻게 전개될 것인지를 말해주는 일련의 법칙들을 밝혀온 것으로 보인다. 이 법칙들은 태초에 신에 의해서 정해진 것일지도 모른다. 그러나 그후 신은 우주가 그 법칙들에 따라서 전개되도록 내버려두었고 오늘날에는 더 이상 개입하지 않는 것 같다. 그렇지만 신은 어떻게 우주의 초기 상태나 구성을 선택했을까? 시간이 시작된 순간의 "경계조건(boundary condition)"은 무엇이었을까?

한 가지 가능한 대답은 신이 우리가 도저히 이해할 수 없는 이유로 우주의 초기 구성을 선택했다는 것이다. 전능한 존재의 권능으로라면 분명히 그런 일을 할 수 있었을 것이다. 그러나 만약 신이 우리가 전혀 이해할 수 없는 방식으로 우주를 출발시켰다면, 우리가 이해할 수 있는 법칙에 따라서 우주가 전개되도록 선택한 이유는 도대체 무엇일까? 지금까지의 과학사는 사건들이 임의적인 방식으로 일어나지 않고 그 밑에 내재하는 어떤 질서―그것이 신의 영감에 의한 것이든, 그렇지 않든 간에―를 반영한다는 사실을 조금씩 인식해온 역사이다. 이 질서가 법칙에 따를 뿐만 아니라 우주의 초기 상태를 규정하는 시공의 경계조건에도 따라야 한다고 생각하는 것만이 온당한 추론일 것이다. 그 법칙들을 따르는 서로 다른 초기 조건을 가지는 많은 우주 모형들이 있을 수 있다. 그중에서 하나의 초기 조건, 즉 우리 우주를 나타내는 하나의 모형을 선택하는 어떤 원리가 있어야 한다.

그러한 한 가지 가능성이 우리가 카오스적 경계조건이라고 부르는 것이다. 이 조건은 우주가 공간적으로 무한하거나 또는 무한히 많은 우주들이 존재하리라는 것을 함축적으로 가정한다. 카오스적 경계조건에 의하면, 빅뱅 직후에 공간의 어느 특정 영역이 어떤 특정 구성하에 있을 확률은 다른 구성 속에서 그 영역을 발견할 확률과 어떤 의미에서 동일하다. 다시 말해서 우주의 초기 상태는 순전히 임의적으로 선택된 것이다. 이 말은 초기 우주가 아마도 매우 카오스적이고 불규칙했을 것임을 뜻한다. 그 이유는 평활하고 질서정연한 우주보다 카오스적이고 무질서한 구성의 우주가 훨씬 더 많이 존재하기 때문이다(만약 각각의 구성이 똑같은 확률을 가진다면, 우주가 카오스적이고 무질서한 상태에서 출발했을 가능성이 더 높다. 그것은 단지 그런 우주가 더 많이 존재한다는 이유 때문이다). 이처럼 카오스적인 초기 조건이 어떻게 거시 척도에서 볼 때 오늘날 우리의 우주와 같은 평활하고 규칙적인 우주를 탄생시킬 수 있었는지를 이해하기는 힘들다. 우리는 이러한 모형에서 나타난 밀도의 요동이 배경 감마선의 관측에 의해서 설정한 상한(上限)보다 훨씬 더 많은 원시 블랙홀의 생성으로 이어졌다고 예상할 수 있다.

만약 우주가 정말 공간적으로 무한하다면, 또는 무한히 많은 우주들이 존재한다면, 평활하고

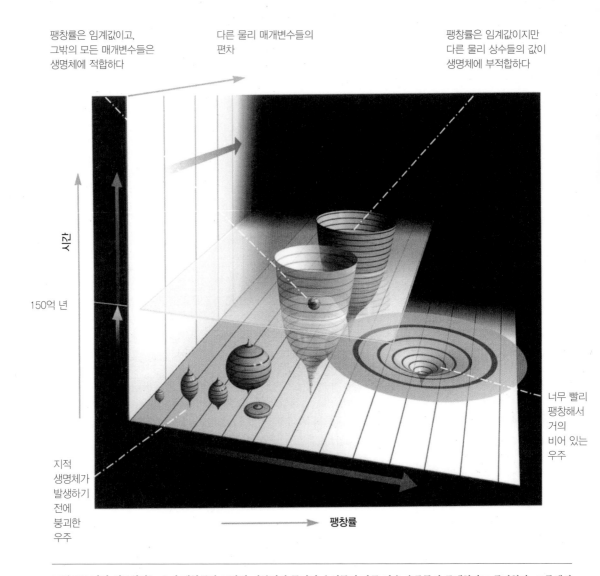

팽창률은 임계값이고,
그밖의 모든 매개변수들은
생명체에 적합하다

다른 물리 매개변수들의
편차

팽창률은 임계값이지만
다른 물리 상수들의 값이
생명체에 부적합하다

시간

150억 년

지적
생명체가
발생하기
전에
붕괴한
우주

너무 빨리
팽창해서
거의
비어 있는
우주

팽창률

그림 8.5 강한 인류원리는 초기 팽창률과 그밖의 기본적인 물리적 속성들이 다른 많은 우주들이 존재한다고 주장한다. 그중에서 극소수만이 생명체의 탄생에 적합하다.

균일한 방식으로 출발한 대규모 영역들이 어딘가에는 존재할 수도 있다. 이것은 타자기를 마구 두들겨대는 원숭이들에 대한 유명한 이야기와 조금쯤 비슷하다—원숭이들이 타이핑한 글은 대부분 쓰레기에 불과하겠지만 순전히 우연에 의해서 극히 예외적으로 셰익스피어의 소네트(14행시) 한 수를 타이핑할 수도 있다. 이와 마찬가지로 우주의 경우에도, 순전히 우연에 의해서 균일하고 평활하게 된 영역에서 우리가 살고 있는 것은 아닐까? 얼핏 생각하면 이런 일은 극히 있을 법하지 않은 것으로 보일 수도 있다. 이처럼 평활한 영역은 카오스적이고 불규칙한 영역들에 비해서 압도적으로 적을 것이기 때문이다. 그러나 이처럼 평활한 영역에서만 은하와 별들이 생성될 수 있고, 이런 조건에서만 '우주가 왜 이렇게 평활한가'라는 질문을 품을 수 있는 우리와 같은 복잡한 자기-복제 유기체가 발달할 수 있다고 상상해보자. 이것은 인류원리(anthropic principle)라고 알려진 가설을 적용하는 하나의 사례이다. 이 원리는 "우리가 우주를 지금과 같은 모습으로 보는 까닭은 우리가 존재하기 때문이다"라는 말로 표현될 수 있을 것이다.

인류원리에는 강한 인류원리와 약한 인류원리라는 두 가지 종류가 있다. 약한 인류원리는 시간 그리고/또는 공간이 무한하거나 큰 우주에서 지적 생명체가 발달하기 위한 필요조건은 공간과 시간에 의해서 제한된 특정 영역들에서만 만족될 것이라고 주장한다. 따라서 이러한 영역 안에 있는 지적 존재는 우주 속에서의 자신들의 장소가 그들의 존재를 위한 필요조건은 충족하고 있다는 사실을 알고도 그리 놀라지 않을 것이다. 그것은 부유한 이웃들 속에서 살고 있는 부자가 가난이라는 것을 알 수 없는 것과 마찬가지이다.

약한 인류원리를 적용시킨 한 가지 예는 왜 빅뱅이 약 100억 년 전에 발생했는가를 "설명하는" 것이다—지적 존재가 진화하기 위해서는 그 정도의 시간이 필요했기 때문이라고 한다. 앞에서 설명했듯이, 먼저 별들의 초기 세대가 생성되어야 했다. 이 별들은 본래 가지고 있던 수소와 헬륨의 일부를 탄소나 산소—우리 몸을 구성하는—와 같은 원소들로 변환시켰다. 그런 다음 별들은 초신성 폭발을 일으켰고, 그 파편들이 다른 항성과 행성들을 형성하게 되었다. 그중에는 우리 태양계도 포함되는데 그 나이는 약 50억 년 정도로 생각된다. 지구가 탄생한 이후 처음 10억 년에서 20억 년 동안은 복잡한 구조가 발달하기에는 지나치게 뜨거웠다. 나머지 30억 년 정도의 기간 동안 느린 생물학적 진화과정이 이루어졌고, 가장 단순한 유기체로부터 빅뱅이 일어난 시간을 추론할 수 있는 생명체에 이르기까지의 진화가 일어났다.

약한 인류원리의 유효성 또는 유용성에 대해서 문제를 제기할 사람은 거의 없을 것이다. 그러나 일부 학자들은 거기에서 한걸음 더 나아가서 강한 인류원리를 주장한다(그림 8.5). 이 이론에 따르면, 저마다 다른 초기 구성과 아마도 저마다 다른 일련의 과학법칙들을 가지고 있을 수많은 다양한 영역들이 존재한다는 것이다. 이러한 대부분의 우주들의 조건은 복잡한 유기체가 발달하기에 적합하지 않을 것이다. 그중에서 우리 우주와 같은 극소수의 우주에서만 지적 존재가 발달하여 "우주가 왜 지금과 같은 모습으로 존재하는가?"라는 물음을 제기할 수 있을 것이다. 그렇다면 이 물음에 대한 답은 아주 간단하다. 만약 우주의 모습이 지금과 같지 않았다면, 우리는 적어도 현재로서는, 이론을 통해서 이 숫자들의 값을 예측할 수 없다—다시 말해서 우리는 그 숫자들을 관찰을 통해서 알아낼 수밖에 없다. 언젠가 우리는 이 모든 것을 예측할 수 있는 완전한 통일이론을 발견하게 될지도 모른다. 그러나 또한 그 값들 중 일부 또는 전부가 여러 우주들에 따라서 또는 단일한 우주 속에서도 저마다 다를 수 있다. 주목할 만한 사실은 이 숫자들의 값이 생명의 발생을 가능하게 하기 위해서 마치 매우 미세하게 조정된 것처럼 보인다는 사실이다. 일례로, 전자의 전하값이 조금만

달랐더라도, 별들이 수소와 헬륨을 태울 수 없었거나, 또는 폭발을 일으키지 않았을 것이다. 물론 과학소설가들조차도 꿈꿀 수 없는 다른 형태의 지적 생명체가 있을지도 모른다. 그래서 그 생명체들이 태양과 같은 별의 빛이나 또는 별 내부에서 생성되어서 별이 폭발할 때에 우주 공간으로 방출되는 무거운 화학원소를 필요로 하지 않을 수도 있다. 그럼에도 불구하고, 어떠한 형태의 지적 생명체이건 그것이 발달할 수 있는 숫자들의 값이 상대적으로 좁은 범위 내에 있다는 것은 분명한 것 같다. 대부분의 값의 집합들은 그 우주 자체는 매우 아름답다고 해도 그 아름다움에 경탄을 자아낼 수 있는 존재는 전혀 포함하지 않는 우주를 탄생시킬 것이다. 우리는 이 사실을 신이 자신의 섭리대로 천지를 창조하고 과학법칙을 선택한 증거로 받아들일 수도 있고, 강한 인류원리를 뒷받침하는 증거로 간주할 수도 있다.

관측된 우주의 상태에 대한 설명으로 강한 인류원리를 제기하려는 시도에 대해서는 여러 가지 반론이 있다. 첫째, 어떤 의미에서 이 모든 서로 다른 우주들이 존재한다고 말할 수 있는가? 만약 그 우주들이 정말로 서로 분리되어 있다면, 다른 우주에서 일어나는 일은 우리 우주에 어떠한 관측 가능한 영향도 미칠 수 없다. 따라서 우리는 절감의 원리를 이용해서 그 우주

그림 8.6

프톨레마이오스의
지구 중심 우주론.
지구가 우주의
중심에 있다

코페르니쿠스의
태양 중심 우주론.
지구는 태양계
안에 있고,
항성들은 바깥쪽
영역을 돌고
있다

은하 우주론.
지구는 은하수의
바깥쪽 나선팔
속에 있는
평범한 하나의
항성 주위를
돌고 있다

오늘날의 우주관.
은하수는
우리의 특정
우주 영역에서
관측 가능한
1조 개의
은하들 중
하나에 불과하다

들을 이론에서 제거해야 할 것이다. 반면에 만약 하나의 우주에 서로 다른 영역들이 존재하는 것일 뿐이라면, 과학법칙들은 각 영역에서 동일해야 할 것이다. 그렇지 않다면 우리는 한 영역에서 다른 영역으로 연속적으로 이동할 수 없을 것이기 때문이다. 이 경우에, 그 영역들 사이의 유일한 차이는 그 초기 구성일 것이므로 강한 인류원리는 약한 인류원리로 약화될 것이다.

강한 인류원리에 대한 두 번째 반론은 그 이론이 과학의 역사 전체에 걸친 흐름에 역류한다는 것이다. 우리는 프톨레마이오스와 그보다 앞선 고대 학자들의 지구 중심 우주론에서 시작하여, 코페르니쿠스와 갈릴레오의 태양 중심 우주론을 거쳐서 오늘날의 우주관으로 발전해왔다. 현대의 우주관에서 지구는, 관측 가능한 우주 속에 존재하는 약 1조 개의 은하들 중 하나에 지나지 않는 평범한 나선은하의 바깥쪽 가장자리에 있는 역시 평범한 항성 주위를 돌고 있는 중간 크기의 행성에 불과하다(그림 8.6). 그러나 강한 인류원리는 이 방대한 전체 구성이 오직 우리들만을 위해서 존재하는 것이라고 주장할 것이다. 그런 주장을 받아들이기는 대단히 힘들다. 우리 태양계가 확실히 우리의 존재를 위해서 필수적인 것은 사실이며, 우리는 이 사실을 무거운 원소들을 창조한 좀더 앞선 세대의 별들

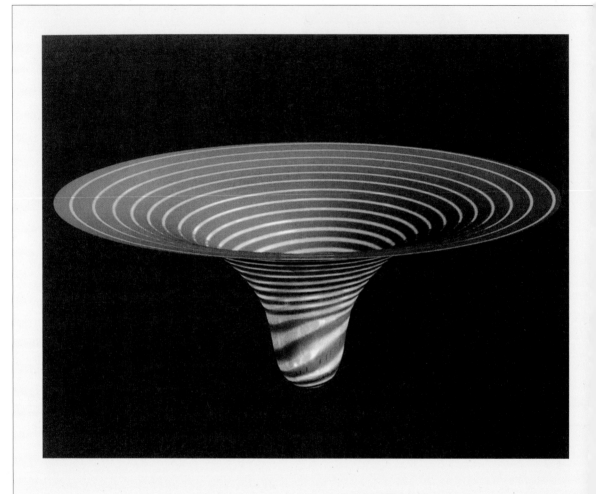

그림 8.7 뜨거운 빅뱅 모형에서 팽창률은 항상 시간의 흐름에 따라서 감소한다.
그러나 인플레이션 모형에서는 팽창률이 초기 단계에 급격히 증가한다.

의 생성을 위해서 은하 전체로까지 확장시킬 수도 있다. 그러나 우리의 존재를 위해서 그밖의 다른 은하들이 필요하거나, 대규모 척도에서 모든 방향에 걸쳐 균일하고 비슷한 우주까지는 필요 없을 것이다.

우주의 수많은 서로 다른 초기 구성들이 우리가 관측하는 것과 같은 우주를 생성하기 위해서 진화해왔다는 사실을 증명할 수 있다면, 인류원리─최소한 약한 인류원리의 경우─는 우리들에게 안도감을 줄 것이다. 만약 그것이 사실이라면, 어떤 임의의 초기 조건에서 발생한 우주는 평활하고 균일하며 지적 생명체가 진화하기에 적합한 많은 영역들을 가지고 있어야 한다. 반면에 우주가 오늘날 우리가 주위에서 관측할 수 있는 것과 같은 모습에 도달하기 위해서 그 초기 조건이 매우 세심하게 선택되어야 했다면, 우주는 생명이 등장할 수 있는 어떠한 영역도 가지지 못했을 것이다. 앞에서 설명한 뜨거운 빅뱅 모형의 경우, 초기 우주에서는 열이 한 영역에서 다른 영역으로 흐를 수 있는 충분한 시간이 없었다. 이 말은 우리가 관측하는 모든 방향에서 극초단파 배경복사의 온도가 동일하다는 사실을 설명하기 위해서는, 우주의 초기 상태에서 모든 곳이 정확히 같은 온도였어야만 한다는 것을 뜻한다. 또한 우주의 팽창률이 오늘날까지도 재수축을 피하기 위해서 필요한 임계

율에 극히 가깝기 위해서는, 초기 팽창률 역시 매우 정확하게 선택되었어야 했을 것이다. 이것은 만약 뜨거운 빅뱅 모형이 시간의 출발점에까지 들어맞는 것이라면, 우주의 초기 상태가 실제로 매우 정확하게 선택되었음을 의미한다. 우리와 같은 존재를 창조하려고 의도한 신의 행동이 아니었다면, 우주가 왜 이러한 방식으로 시작되었어야 했는지를 설명하기는 매우 힘들 것이다.

여러 가지 서로 다른 초기 구성들이 오늘날의 우주와 같은 모습으로 진화할 수 있을 우주의 모형을 찾기 위한 시도에서, 매사추세츠 공과대학(MIT)의 과학자 앨런 거스는 초기 우주가 아주 급속한 팽창 기간을 거쳤을 것이라는 주장을 제기했다. 이 팽창을 "인플레이션(inflation)"이라고 부르는데, 이 말은 과거의 한 시기에 우주가 오늘날처럼 점차 팽창률이 둔화되는 방식이 아니라 오히려 가속되는 방식으로 팽창했음을 뜻한다(그림 8.7). 거스의 주장에 따르면, 1초의 극히 작은 부분에 불과한 짧은 시간 동안 우주의 반경이 10^{30}배로 늘어났다고 한다.

거스는 우주가 매우 뜨겁지만 어느 정도 카오스적인 상태에서 빅뱅을 통하여 출발했다고 주장한다. 이렇게 높은 온도 아래에서는 우주 속에 있는 입자들이 매우 빠른 속도로 운동하고 높은 에너지를 가졌을 것이다. 이미 앞에서 논

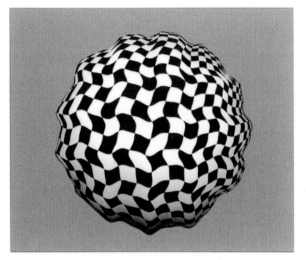

그림 8.8 1초의 극히 작은 부분에 불과한 짧은 시간 동안에 이루어진 우주의 급속한 팽창은 우주를 편평하게 만들고, 그 팽창률을 거의 임계값에 가깝도록 만들었을 것이다.

의했듯이, 우리는 이처럼 높은 온도에서는 강한 핵력과 약한 핵력 그리고 전자기력이 모두 하나의 단일한 힘으로 통일되어 있었을 것으로 예상한다. 우주가 팽창하면서 점차 냉각되고, 그에 따라서 입자 에너지는 낮아졌을 것이다. 마침내 상전이(相轉移, phase transition)라고 부르는 현상이 일어났을 것이고, 그 힘들 사이의 대칭성이 파괴되었을 것이다. 이 과정에서 강한 핵력은 약한 핵력과 전자기력과는 다른 힘이 된다. 우리 주위에서 흔히 찾아볼 수 있는 상전이의 예는 온도가 내려갔을 때에 물이 어는 현상이다. 액체 상태의 물은 모든 방향과 모든 지점

에서 대칭적이다. 그러나 얼음 결정이 형성되면 결정은 분명한 위치를 가지게 되고 일정한 방향으로 늘어설 것이다. 따라서 물의 대칭성이 파괴된다.

그러나 물의 경우, 조심스럽게 온도를 낮추어 가면, "과냉각(supercool)" 상태를 만들 수 있다. 즉 얼음을 형성시키지 않으면서 어는점(섭씨 0도) 이하로 물의 온도를 낮출 수 있다. 거스는 우주도 이와 비슷하게 작용할 수 있다고 주장했다. 다시 말해서 힘들 사이의 대칭성이 파괴되지 않으면서 온도가 임계값 이하로 내려갈 수 있다는 것이다. 만약 이런 일이 일어나면, 우주는 대칭성이 파괴되는 경우보다 더 큰 에너지를 가지는 불안정한 상태가 될 것이다. 우리는 이 특수한 추가적 에너지가 반중력 효과를 가진다는 것을 증명할 수 있다. 그 에너지는 아인슈

타인이 우주의 정적(靜的) 모형을 만들기 위해서 일반 상대성 이론에 도입시킨 우주상수와 비슷한 역할을 할 것이다. 우주가 이미 뜨거운 빅뱅 모형에서와 같이 팽창하고 있기 때문에, 이 우주상수의 반발력 효과는 우주의 팽창률을 끊임없이 증가시킬 것이다. 이렇게 되면 평균보다 물질입자가 더 많은 영역에서조차 물질의 중력으로 인한 인력보다 우주상수의 반발력 효과가 더 커질 것이다. 따라서 이 영역들 또한 가속되는 인플레이션 방식으로 팽창하게 될 것이다. 우주가 팽창하고 물질입자들이 더 멀어지게 되면, 우리는 입자들이 거의 존재하지 않고 여전히 과냉상태에서 멀어 있는 팽창 우주를 발견할지도 모른다. 풍선을 불면 풍선 위의 모든 주름이 남김없이 펴지듯이, 우주의 모든 불규칙성은 팽창에 의해서 평활해질 것이다(그림 8.8). 따라서 현재의 평활하고 균일한 우주의 상태는 수없이 다양한 비균일한 초기 상태들에서 진화해온 것일 수 있다.

팽창이 물질들의 인력에 의해서 느려지기보다는 우주상수에 의해서 가속되는 우주에서는, 빛이 초기 우주의 한 영역에서 다른 영역으로 이동할 충분한 시간적 여유가 있었을 것이다. 이 설명으로 앞에서 제기되었던 한 가지 물음, 즉 왜 초기 우주의 서로 다른 영역들이 동일한 특성을 가지고 있는가에 대한 답을 얻을 수 있을 것이다. 그뿐 아니라 우주의 팽창률은 우주의 에너지 밀도에 의해서 결정되는 임계율에 자동적으로 아주 가까워질 것이다. 이렇게 되면 우주의 초기 팽창률이 매우 세심하게 선택되었다는 식의 가정을 할 필요가 없이, 왜 팽창률이 아직도 임계율에 그렇게 가까운가를 설명할 수 있게 된다.

또한 인플레이션 개념은 우주에 왜 그토록 많은 물질이 존재하는지도 설명할 수 있다. 우리가 관측할 수 있는 우주의 영역 속에는 자그마치 약 10^{80}개나 되는 입자들이 존재한다. 그 많은 입자들은 도대체 어디에서 온 것들일까? 양자역학에 따르면, 이 물음에 대한 답은 입자들이 입자/반입자 쌍의 형태로 에너지에서 생성될 수 있다는 것이다. 그러나 그 답은 다시 에너지는 어디에서 왔는가라는 물음을 야기시킨다. 우주의 총에너지는 정확히 0이라는 것이 그 답이다. 우주 속의 물질은 양(+)의 에너지에서 만들어진다. 그러나 물질은 모두 중력에 의해서 서로를 끌어당기고 있다. 서로 근접해 있는 두 물질은 멀리 떨어져 있는 두 물질에 비해서 적은 에너지를 가진다. 서로를 끌어당기는 중력을 거슬러서 두 물질을 멀리 떼어놓으려면 에너지가 들어가기 때문이다. 따라서 어떤 의미에서, 중력장은 음(-)의 에너지를 가진다. 공간적으로 거의 균일한 우주의 경우, 우리는 이 음의 중력 에너지가 물질에 의해서 나타나는 양의 에너지와 정확히 상쇄된다는 것을 입증할 수 있다. 따라서 우주의 총에너지는 0인 것이다.

그런데 0은 두 배도 0이다. 따라서 우주는 에너지 보존의 법칙을 위배하지 않으면서 양의 물질 에너지의 총량을 두 배로 만듦과 동시에 음의 중력 에너지 또한 두 배로 만들 수 있다. 우주가 커지면서 물질 에너지의 밀도가 낮아지는 일반적인 우주 팽창에서는 이런 일이 일어나지 않는다. 그러나 인플레이션 팽창에서는, 우주가 팽창하는 동안에 과냉각 상태의 에너지 밀도가 일정하게 유지되기 때문에 이런 현상이 일어날 수 있다. 여기에서 우주의 크기가 두 배로 늘어나면, 양의 물질 에너지와 음의 중력 에너지 모두 두 배가 된다. 따라서 전체 에너지는 여전히 0으로 머무는 것이다. 인플레이션 단계에서 우주는 엄청난 크기로 늘어난다. 따라서 입자를 만드는 데에 사용될 수 있는 에너지의 총량 또한 엄청나게 커진다. 거스가 말했던 것처럼 "공짜 점심이란 없다는 말이 있지만, 우주는 결국 공짜 점심과 같은 것이다."

오늘날 우주는 인플레이션 방식으로 팽창하고 있지 않다. 따라서 매우 효율적인 우주상수를 삭제하고 팽창률을 가속되는 비율이 아니라 오늘날 우리가 관측하는 것처럼 중력에 의해서 감속되는 비율로 바꾸어놓을 어떤 메커니즘이 있어야 할 것이다. 인플레이션 팽창 단계에서 우리는, 과냉각된 물이 언제나 결국에는 얼듯이, 힘들 사이의 대칭성도 언젠가는 파괴될 것이라고 예측할 수 있다. 대칭성이 파괴된 상태에서는 여분의 에너지가 방출될 것이고, 따라서 우주는 힘들 사이에 대칭이 유지되기 위한 임계

안드레이 린데가 그린 만화. 1980년대 초의 인플레이션 모형의 상태를 보여준다.

온도 바로 아래로까지 다시 가열될 것이다. 그렇게 되면 우주는 뜨거운 빅뱅 모형에서와 똑같이 팽창과 냉각을 계속하게 될 것이다. 따라서 이제, 왜 우주가 정확히 임계율로 팽창하는지 그리고 왜 우주의 서로 다른 영역들이 같은 온도인지에 대한 설명을 얻게 되는 셈이다.

거스의 본래 주장에서 상전이는, 마치 온도가 아주 낮은 물에서 얼음 결정이 나타나듯이, 갑작스럽게 발생하는 것으로 제기되었다. 그 개념은, 마치 끓는 물 속의 수증기 거품들처럼, 파괴된 대칭성의 새로운 상(phase)의 "거품(bubble)"이 이전의 상에서 형성되었다는 것이다. 이 거품들은 전체 우주가 새로운 상에 들어갈 때까지는 팽창하고 서로 충돌하기도 한다고 생각되었다. 그런데 문제는, 나를 비롯한 여러 사람들이 지적했듯이, 우주가 너무 빨리 팽창하기 때문에 설령 그 거품들이 빛의 속도로 커진다고 하더라도 서로 멀어질 수밖에 없으며, 따라서 결코 만나지 못한다는 것이다. 그러므로 우주는 일부 영역이 서로 다른 힘들 사이에서 여전히 대칭성을 가지고 있는 비균일한 상태를 유지하게 될 것이다. 이러한 우주 모형은 우리가 관측하는 우주와 일치하지 않는다.

1981년 10월에 나는 양자중력에 관한 회의에 참석하기 위해서 모스크바에 갔다. 그 회의가 끝난 후에는, 인플레이션 모형과 그 문제점을 주제로 슈테른베르크 천문학 연구소에서 세미나를 개최했다. 세미나가 열리기 전에 나는 나를 대신해서 강연을 해줄 사람을 찾았다. 대부분의 사람들이 내 목소리를 잘 알아듣지 못하기 때문이었다. 그러나 세미나를 준비할 시간이 별로 없었으므로 내가 직접 강연을 하고, 대신에 나의 대학원생 중 한 명이 내가 한 말을 그대로 반복하도록 했다. 그 방법은 효과가 좋아서 나는 청중과 훨씬 더 많은 접촉을 할 수 있었다. 그날 청중 중에는 모스크바의 레베데프 연구소에서 온 젊은 러시아인 과학자 안드레이 린데도 포함되어 있었다. 그는 만약 거품이 아주 커서 우주의 우리 영역이 모두 하나의 거품 속에 들어갈 수 있다면 거품들이 서로 합쳐지지 않는다는 문제를 회피할 수 있을 것이라고 말했다. 이러한 설명이 제대로 작동하려면, 대칭성에서 대칭성 파괴로의 변화가 거품 안에서 아주 느린 속도로 일어나야만 한다. 그러나 대통일이론에 따르면 이것은 분명히 가능하다. 린데의 느린 대칭성 파괴 개념은 매우 훌륭한 것이었다. 그러나 훗날 나는 그가 말한 거품들이 현재의 우주의 크기보다도 커야 했다는 사실을 깨달았다! 나는 대신에 대칭성이 꼭 거품 속에서라기보다는 모든 곳에서 동시에 파괴될 것임을 증명했다. 이렇게 되면 우리가 관측하는 균일한 우주에 도달하게 될 것이다. 나는 이 개념에 몹시 흥분했고, 그것에 대해서 나의 학생인 이언 모스와 함께 토론했다. 그런데 얼마 후에 한 과학잡지가 게재에 적당한지 여부를 묻기 위해서 나에게 그의 논문을 보내왔을 때, 나는 린데의 친구로서 무척 당황스러웠다. 나는 우주보다 큰 거품이라는 발상에는 결함이 있지만, 느린 대칭성 파괴라는 기본 개념 자체는 매우 훌륭하다는 내용의 답변을 보냈다. 나는 린데가 그 논문을 수정하는 데에는 수 개월이 걸릴 것이기 때문에 논문을 그대로 출간하는 편이 나을 것이라고 권

했다. 왜냐하면 서방으로 보내지는 모든 물품은 당시 소련 당국의 검열을 거쳐야 했는데, 그곳의 검열기관은 과학논문을 제대로 검열할 만한 능력을 결여하고 있을뿐더러 검열에 많은 시간을 소비했기 때문이다. 그 대신에 나는 이언 모스와 함께 같은 잡지에 짧은 논문을 썼다. 그 글에서 우리는 거품과 관계된 문제를 지적하고, 아울러 그 문제가 어떻게 해결될 수 있는지도 밝혔다.

모스크바에서 돌아온 다음날, 나는 필라델피아로 떠났다. 그곳에서 프랭클린 연구소에서 수여하는 메달을 받기로 되어 있었기 때문이다. 나의 비서 주디 펠라는 놀라운 재주로 브리티시 항공사를 설득해서 콩코드 기가 홍보용으로 저명인사들에게 제공하는 무료 좌석권을 그녀와 내 앞으로 얻어내는 데에 성공했다. 그러나 우리는 공항으로 가는 길에 폭우를 만나서 지체하는 바람에 그 비행기를 놓치고 말았다. 그러나 나는 결국 필라델피아에 도착해서 메달을 받았다. 그때 필라델피아에 있는 드렉셀 대학교에서 인플레이션 우주에 관한 세미나를 열어달라는 부탁을 받았다. 나는 모스크바에서와 마찬가지로 인플레이션 우주와 연관된 여러 가지 문제점들에 대해서 같은 발표를 했다.

그런데 몇 주일 후에 린데의 견해와 매우 흡사한 개념이 완전히 독자적으로 펜실베이니아

대학교의 폴 스타인하트와 안드레아스 알브레히트에 의해서 제기되었다. 오늘날 두 사람은 린데와 함께 느린 대칭성 파괴의 개념을 기반으로 한 이른바 "새로운 인플레이션 모형(new inflationary model)"을 수립한 공적을 공동으로 인정받고 있다(그 이전의 인플레이션 모형은 거품들의 형성과 함께 대칭성이 빠른 속도로 파괴된다는 거스의 본래 주장이었다).

새로운 인플레이션 모형은 우주가 왜 지금과 같은 모습을 하고 있는지를 설명하려는 훌륭한 시도였다. 그러나 나를 비롯한 다른 몇몇 사람들은, 최소한 원래의 형태에서, 그 모형이 오늘날 관측되고 있는 극초단파 우주배경복사의 온도 편차 범위를 훨씬 크게 예측하고 있다는 점을 지적했다. 후속 연구도 그 모형이 요구하는 종류의 우주의 극히 초기 단계에 과연 상전이가 가능했는가 여부에 관하여 의구심을 제기했다. 개인적인 견해이지만, 나는 새로운 인플레이션 모형이 과학 이론으로서는 이미 수명을 다했다고 생각한다. 그럼에도 불구하고 많은 사람들은 그 모형의 서거(逝去) 소식을 듣지 못한 것 같으며, 마치 그 이론이 아직도 타당성을 가지는 양, 여전히 논문들을 써내고 있다. 카오스적 인플레이션 모형(chaotic inflationary model)이라고 부르는 좀더 나은 모형이 1983년에 린데에 의해서 제출되었다. 이 모형에서는 상전이나 과냉각이

없다. 그 대신에 스핀 0의 장(場)이 있다. 그 장은 양자요동 때문에 초기 우주의 일부 영역에서는 큰 값을 가진다. 그러한 영역들의 장-에너지는 우주상수와 비슷한 특성을 가질 것이다. 이 장-에너지는 반발력으로 작용하는 중력효과를 가지기 때문에 그 영역들이 인플레이션 방식으로 팽창하도록 만든다. 팽창과 함께 그 영역들의 장-에너지는 인플레이션 팽창이 뜨거운 빅뱅 모형에서의 팽창과 비슷하게 바뀔 때까지 느린 속도로 줄어들 것이다. 이 영역들 중의 하나가 우리가 현재 관측 가능한 우주로 보고 있는 것이다. 이 모형은 그보다 앞선 인플레이션 모형들의 장점을 모두 취하고 있지만, 모호한 상전이에 의존하지 않는다. 그뿐 아니라 이 모형은 극초단파 배경복사의 온도에 관측 결과와 일치하는 적당한 크기의 편차를 부여한다.

인플레이션 모형들에 대한 이러한 연구는 우주의 현재 상태가 수많은 서로 다른 초기 구성들로부터 발생했을 수 있음을 보여주었다. 이 연구는 우리가 살아가고 있는 우주의 일부분의 초기 상태가 극도로 세심하게 선택될 필요가 없음을 입증하기 때문에 무척 중요하다. 따라서 우리는, 만약 우리가 원한다면, 왜 우주가 지금과 같은 모습으로 존재하는가를 설명하는 데에 약한 인류원리를 사용할 수 있다. 그러나 모든 초기 구성이 우리가 관측하는 것과 비슷한 우주

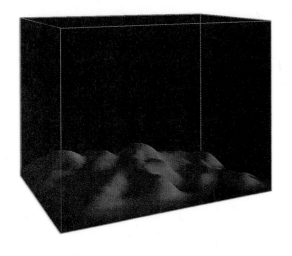 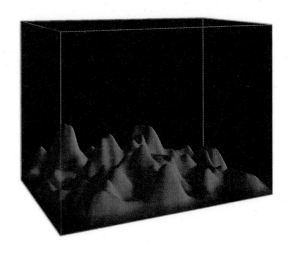

그림 8.9 안드레이 린데가 제안한 인플레이션 모형은 양자요동이 일어나는 장(場)에 대한 것이다. 이 장에서는 어느 부분들은 정점에서 급속하게 팽창하고, 반면에 우리의 영역과 같은 다른 부분들―골짜기로 나타나 있다―은 더 이상 인플레이션을 일으키지 않는다.

로 전개될 것이라는 생각은 옳지 않다. 우리는 현재의 우주와 매우 다른 상황, 가령 매우 울퉁불퉁하고 불규칙한 우주를 고려함으로써 이 사실을 증명할 수 있다. 우리는 앞선 시기의 우주의 구성을 알기 위해서 우주의 전개과정을 과거로 역전시키는 데에 과학법칙들을 사용할 수도 있을 것이다. 고전적인 일반 상대성 이론의 특이점 정리에 따르면, 그때에도 빅뱅 특이점은 여전히 존재했을 것이다. 만약 여러분이 과학법칙에 따라서 이 우주를 시간적으로 미래를 향해서 전개시킨다면, 결국 여러분은 처음에 출발했던 울퉁불퉁하고 불규칙한 상태에 도달하게 될 것이다. 따라서 지금 여러분이 보고 있는 것과 비슷한 우주를 탄생시키지 않는 초기 구성이 존재해야만 한다. 따라서 인플레이션 모형조차도 왜 초기 구성이 우리가 관측하는 우주와 전혀 다른 무엇인가를 내놓지 않는지 그 이유를 우리에게 설명해주지는 못한다. 그렇다면 우리는 그 설명을 구하기 위해서 인류원리에 호소해야 하는가? 그것은 모두 운좋은 우연에 불과했는가? 만약 인류원리에 호소한다면, 그것은 우주의 근본 질서를 이해할 수 있으리라는 우리의 모든 희망을 부정하고 절망적으로 궁여지책을 찾는 모습으로 비칠 것이다.

우주가 어떻게 시작되었는가를 추측하기 위해서는 시간이 시작된 시점에서도 들어맞는 법칙이 필요하다. 만약 고전적인 일반 상대성 이

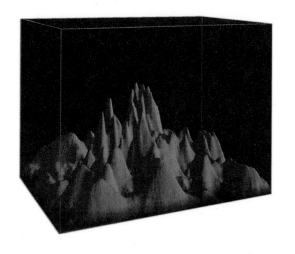 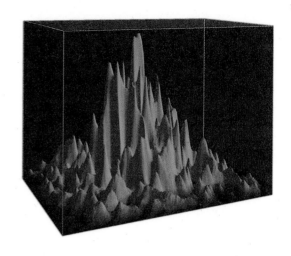

론이 옳다면, 로저 펜로즈와 내가 증명했던 특이점 이론은 시간의 출발점이 밀도와 시공 곡률이 모두 무한대인 하나의 점이었음을 보여준다. 그러한 하나의 점에서는 지금까지 알려진 과학의 모든 법칙은 무너진다. 어떤 사람은 특이점에서도 작동할 수 있는 새로운 법칙들이 있으리라고 생각할지도 모른다. 그러나 이렇게 고약한 특성을 가지는 점에서는 그러한 법칙들을 세우는 것조차도 아주 힘들 것이다. 그리고 우리는 관측을 통해서 그런 법칙들이 어떤 식으로 존재하리라는 어떠한 암시도 얻지 못할 것이다. 그러나 특이점 이론이 실제로 함축하는 것은 그 점에서 중력장이 아주 강해져서 양자중력효과가 중요해진다는 사실이다. 고전이론은 더 이상 우주에 대한 적절한 기술(記述)이 아니다. 따라서 우리는 우주의 극히 초기 단계에 대해서 논

하기 위하여 양자중력 이론을 사용해야 한다. 앞으로 살펴보게 되겠지만, 양자이론에서는 일반적인 과학법칙들이 시간의 출발점을 포함해서 모든 곳에서 효력을 가질 수 있다. 따라서 특이점을 위해서 새로운 법칙을 수립할 필요는 없다. 양자이론에서는 어떠한 특이점도 존재할 필요가 없기 때문이다.

우리는 아직까지 양자역학과 중력 이론을 하나로 결합시키는 완벽하고 모순이 없는 이론을 가지고 있지 못하다. 그러나 우리는 그러한 통일이론이 갖추고 있어야 하는 일부 특성들을 상당히 명확하게 알고 있다. 그러한 특성들 가운데 하나는 양자이론을 역사 총합에 의하여 정식화하자는 파인먼의 제안을 포괄해야 한다는 것이다. 이 접근방식에서는 하나의 입자가 고전이론에서 생각했던 것처럼 단일한 역사만을 가지

지는 않는다. 그 대신에 입자는 시공 속에서 가능한 모든 경로를 지날 것으로 추측된다. 그리고 이 각각의 역사에는 그와 연관된 하나의 숫자쌍이 존재한다. 그 수들은 각기 파동의 크기와 주기 속에서의 위치(위상)를 나타낸다. 가령 그 입자가 어느 특정한 점을 지날 확률은 그 점을 지나는 가능한 모든 역사와 연관된 파동을 합하여 얻어진다. 그러나 우리가 실제로 이러한 총합을 실행하려고 할 때, 우리는 아주 어려운 기술적 난관에 부딪치게 된다. 이 문제를 해결할 수 있는 유일한 방법은 다음과 같은 특수한 처방을 채택하는 것이다. 즉 여러분과 내가 경험하는 "실(real)"시간이 아니라 허시간(imaginary time)이라고 부르는 시간 속에서 일어나는 입자 역사의 파동들을 합해야 한다. 허시간이라는 말을 들으면 과학소설이 연상될지도 모르겠지만, 사실 허시간이라는 것은 명확하게 정의된 수학적 개념이다. 가령 우리가 일반적인 수("실수")를 취해서 그 수를 제곱한다면, 그 결과는 양수이다(예를 들면, $2 \times 2 = 4$이다. 그러나 -2×-2 역시 4이다). 그러나 같은 수를 제곱했을 때에 음수가 되는 특별한 수(일명 허수)가 있다(허수는 i라고 부르는데 그것을 제곱하면 -1이 되고 $2i$를 제곱하면 -4가 되는 식이다).

우리는 다음과 같은 방식으로 실수와 허수를 도표로 나타낼 수 있다(그림 8.10). 실수는 왼쪽에서 원점인 0을 거쳐 오른쪽으로 진행되는 선으로 나타낼 수 있으며, -1, -2 등의 음수는 0의 왼쪽에 그리고 1, 2 등의 양수는 오른쪽에 둔다. 한편, 허수는 위아래로 뻗어나가는 선으로 나타낼 수 있다. 이 선상에서 i, $2i$ 등은 원점의 위쪽으로, $-i$, $-2i$ 등은 아래쪽에 배열될 수 있을 것이다. 따라서 어떤 의미에서 허수는 일반적인 실수에 대해서 직각의 수인 셈이다.

파인먼의 역사 총합과 연관된 기술적 어려움을 피하려면 우리는 허시간을 사용하지 않을 수 없다. 다시 말해서, 계산이라는 목적을 위해서 우리는 실수보다는 허수를 이용해서 시간을 측정해야 한다는 뜻이다. 이것은 시공에 흥미로운 효과를 일으킨다. 즉 시간과 공간의 차이가 완전히 사라지는 것이다. 사건들이 시간 좌표에서 허수 값을 가지는 시공을, 2차원 평면 기하학 연구의 기초를 닦은 고대 그리스인 유클리드의 이름을 따서 유클리드 시공(Euclidean space-time)이라고 부른다. 우리가 현재 유클리드 시공이라고 부르는 것은 2차원 대신 4차원이라는 점을 제외하면 유클리드 평면과 아주 흡사하다. 유클리드 시공에서는 시간 방향과 공간 방향 사이에 아무런 차이도 없다. 반면, 사건들에 시간 좌표의 실수 값이 붙여지는 실제 시공에서는 그 차이를 이야기하기 쉽다―모든 점에서의 시간 방향이 광원뿔 내에 있으며, 공간 방향은 광원뿔 밖에

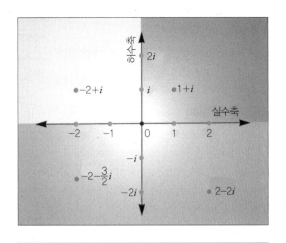

그림 8.10 실수는 좌우로 뻗어나가는 수평선으로, 허수는 상하로 뻗어나가는 수직선으로 나타낼 수 있다.

놓인다. 어쨌든 일반적인 양자역학으로 국한한다면, 우리는 허시간과 유클리드 시공을 단지 실제 시공에 대한 답을 계산하기 위해서 사용하는 하나의 수학적 장치(또는 트릭)로 간주할 수 있다.

궁극적인 이론에 포함되어 있어야 한다고 생각되는 두 번째 특징은 중력장이 휘어진 시공으로 표현된다는 아인슈타인의 개념이다. 입자들은 휘어진 공간 속에서 직선에 가까운 최단 경로를 따르려고 한다. 그러나 시공이 편평하지 않기 때문에 입자들의 경로는 마치 중력장에 의해서 그런 것처럼 휘어진 듯이 보인다. 파인먼의 역사 총합 이론을 아인슈타인의 중력관에 적용시키면, 입자의 역사에 해당하는 것은 우주 전체의 역사를 나타내는 완전히 휘어진 시공이

된다. 역사들을 실제로 합하는 데에서 빚어지는 기술적인 어려움을 피하려면, 이 휘어진 시공은 유클리드 시공으로 간주되어야 한다. 다시 말해서, 시간은 허시간이고 공간의 방향과 구별이 불가능하다고 생각해야 한다. 어떤 일정한 특성―가령 모든 지점과 모든 방향에서 동일한 것처럼 보이는 성질―을 가진 실제 시공을 발견한 확률을 계산하기 위해서, 우리는 그러한 특성을 가진 모든 역사와 연관된 파동들을 모두 더해야 한다.

일반 상대성 이론의 고전이론에서는 서로 다른 많은 가능한 휘어진 시공들이 있다. 그 각각은 우주의 서로 다른 초기 상태에 상응하는 것들이다. 만약 우리가 우리 우주의 초기 상태를 안다면, 우리는 그 전체 역사를 알 수 있을 것이다. 마찬가지로 양자중력 이론에서도 우주의 서로 다른 많은 가능한 양자상태가 있다. 여기에서도, 만약 우리가 역사 총합 속의 휘어진 유클리드 시공이 초기에 어떻게 움직였는지를 알 수 있다면, 그 우주의 양자상태를 알 수 있을 것이다.

실제의 시공을 기초로 하는 고전적인 중력 이론에서는 우주가 움직일 수 있는 방식이 두 가지밖에 없다. 즉 무한한 시간 동안 존재했거나, 또는 과거의 어떤 유한한 시간에 특이점에서 시작되었거나 둘 중 하나이다. 반면 양자중력 이

유클리드. 기원전 295년.

지지는 않을 것이다(나는 이 사실을 분명히 알고 있다. 왜냐하면 세계일주를 해보았으니까!).

유클리드 시공이 무한한 허시간의 과거로 뻗어나거나 허시간에서의 어느 특이점에서 시작되었다면, 우리는 우주의 초기 상태를 규정하는 과정에서 고전이론이 부딪쳤던 것과 동일한 문제에 맞닥뜨리게 된다. 어쩌면 신은 우주가 어떻게 출발했는지를 알고 있을지도 모른다. 그러나 우리는 우주가 다른 방식이 아닌 어느 하나의 방식으로 출발해야 한다고 생각할 만한 어떠한 특별한 이유도 제기할 수 없다. 반면에 양자 중력 이론은 시공이 어떠한 경계도 가지지 않을 것이며, 따라서 그 경계의 움직임을 규정해야 할 아무런 필요도 없는 새로운 가능성을 열어주었다. 모든 과학법칙이 붕괴되는 특이점이나, 시공의 경계조건을 설정하기 위해서 어떤 새로운 법칙이나 신에게 호소해야 하는 시공의 가장자리 따위는 전혀 존재하지 않게 되는 것이다. 우리는 이것을 "우주의 경계조건은 그것이 아무런 경계도 가지지 않는 것이다"라고 표현할 수 있다. 우주는 완전히 자기-충족적이고 우주 밖의 그 무엇으로부터도 영향을 받지 않을 것이다. 우주는 창조되지도 파괴되지도 않을 것이다. 그것은 그저 '있을(BE)' 따름이다.

어쩌면 시간과 공간이 함께, 크기에서는 유한하지만 아무런 경계나 가장자리도 가지지 않는

론에서는 제3의 가능성이 제기된다. 시간 방향이 공간 방향과 같은 기초를 가지고 있는 유클리드 시공을 이용하기 때문에, 시공이 그 크기에서 유한하면서도 가장자리나 경계를 형성하는 어떠한 특이점도 가지지 않을 가능성이 존재한다. 시공은 단지 두 차원을 더 가지는 것 외에는 지구의 표면과 흡사하다. 즉 지구 표면은 그 크기에서 유한하지만 경계나 가장자리를 가지지 않는다. 서쪽으로 항해를 계속해나가도 여러분은 가장자리로 떨어지거나 특이점 속으로 빠

곡면을 형성하고 있을지도 모른다는 주장을 내가 처음으로 제기한 것은 앞에서도 언급했던 바티칸 회의에서였다. 그러나 나의 논문은 조금 수학적인 내용이어서, 그 당시에는 그 논문이 우주창조의 과정에서 신이 수행한 역할에 대해서 함축하던 의미가 일반적으로 인식되지 못했다(그것은 나 자신에게도 마찬가지였다). 바티칸 회의가 열리던 무렵, 나는 우주에 대한 예측에서 "무경계(no boundary)"라는 개념을 어떻게 사용해야 하는지를 알지 못하고 있었다. 그러나 이 듬해 여름을 산타 바버라에 있는 캘리포니아 대학교에서 보내게 된 나는 그곳에서 친구이자 동료 연구자인 짐 하틀과 함께 만약 시공이 경계를 가지지 않는다면 우주가 반드시 만족시켜야 할 조건이 어떤 것인가에 대해서 연구하게 되었다. 나는 케임브리지로 돌아온 후에도 나의 두 연구학생인 줄리언 러트렐과 조너선 핼리웰과 함께 그 연구를 계속했다.

나는 시간과 공간이 "경계를 가지지 않으면서" 유한할 것이라는 이 개념이 단지 연구를 위한 하나의 **제안**에 불과하다는 점을 강조하고자 한다. 그 개념을 다른 원리로부터 연역할 수는 없기 때문이다. 다른 과학 이론과 마찬가지로, 그 개념도 처음에 미학이나 형이상학적 이유에서 제기되었을 수 있다. 그러나 실제 검사는 그 개념이 관측 결과와 일치하는 예측을 하는지 여부에 대한 것이다. 하지만 양자중력 이론의 경우에는 두 가지 이유에서 이런 식의 검사가 힘들다. 첫째, 제11장에서 설명되겠지만, 우리는 아직 어떤 이론이 일반 상대성 이론과 양자역학을 성공적으로 결합시킬 수 있을지 확실하게 알지 못하고 있다. 그러나 그런 이론이 어떤 형식을 취하고 있어야 하는지에 대해서는 꽤 많은 것을 알고 있지만 말이다. 둘째, 우주 전체를 상세하게 기술하는 모든 모형은 수학적으로 너무나도 복잡해서 우리는 정확한 예측 결과를 계산할 수 없을 것이다. 따라서 우리는 가정과 근사들을 단순화시키지 않을 수 없다—그렇게 해도 예측을 이끌어내야 한다는 만만치 않은 문제가 여전히 남아 있다.

역사 총합 속에서 각각의 역사는 시공뿐만 아니라 그 속에 들어 있는 모든 것—스스로 우주의 역사를 관찰할 수 있는 인간과 같은 복잡한 유기체를 포함해서—을 남김없이 기술할 것이다. 이것은 인류원리를 뒷받침하는 또다른 정당화로 이용될 수 있다. 왜냐하면 만약에 모든 역사들이 가능하다면, 우리가 그중 하나의 역사 속에 존재하는 한, 우리는 왜 우주가 지금과 같은 모습을 하고 있는지를 설명하기 위해서 인류원리를 사용할 수 있기 때문이다. 우리가 그 속에 존재하지 않는 그밖의 다른 역사들에 대해서 정확히 어떤 의미를 부여할 수 있을지는 분명하

그림 8.11

북극 ——————————

위선 ——————————

적도 ——————————

위선 ——————————

남극 ——————————

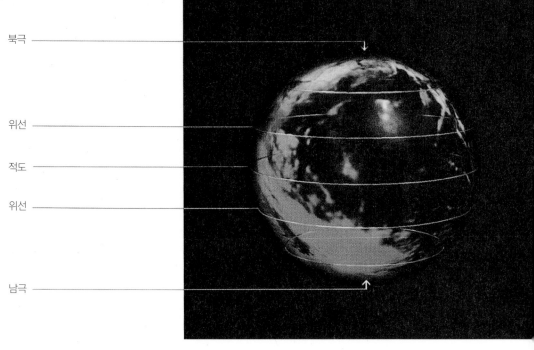

지구

지 않다. 그러나 역사 총합 이론을 이용해서, 우리 우주가 그저 가능한 역사들 중의 하나가 아니라 가장 확률이 높은 역사들 중의 하나라는 사실을 증명할 수 있다면, 양자중력 이론의 이러한 관점은 훨씬 더 만족스러울 것이다. 이것을 증명하기 위해서, 우리는 경계를 가지지 않는 가능한 모든 유클리드 시공들의 역사를 전부 더해야 할 것이다.

"무경계" 제안에 따르면, 우주가 대부분의 가능한 역사들을 따를 확률은 무시할 수 있을 정도이지만, 다른 역사들보다 훨씬 확률이 높은

그림 8.11 "무경계" 제안에서 허시간의 우주의 역사는 지구 표면과도 같다. 그것은 크기에서 유한하지만 경계를 가지지 않는다.

역사들의 특정한 족(族)이 있다는 것을 알게 된다. 이 역사들은 지구 표면과 비슷한 것으로 표현될 수 있다. 북극으로부터의 거리는 허시간을 나타내고, 북극으로부터 일정한 거리만큼 떨어져 있는 원의 크기는 우주의 공간적 크기를 나타낼 수 있다. 이 우주는 북극에서 하나의 점으로 출발한다. 남쪽으로 갈수록 북극으로부터 일

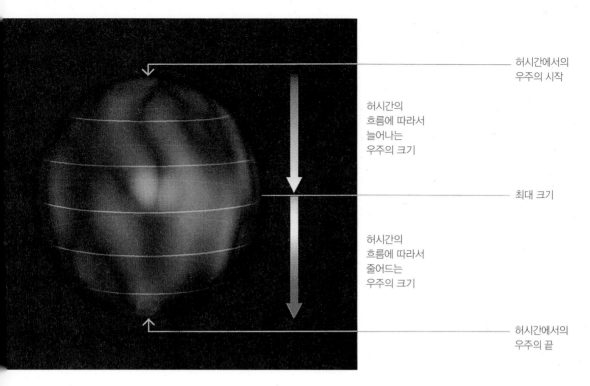

허시간에서의
우주의 시작

허시간의
흐름에 따라서
늘어나는
우주의 크기

최대 크기

허시간의
흐름에 따라서
줄어드는
우주의 크기

허시간에서의
우주의 끝

우주

정한 거리만큼 떨어져 있는 위도의 원들은 커지는데, 이것은 우주가 허시간이 흐르면서 팽창하는 것에 상응한다(그림 8.11). 이 우주의 크기는 적도에서 최대가 된 후, 허시간이 증가하면서 남극에서 하나의 점으로 축소될 것이다. 비록 우주가 북극과 남극에서 0의 크기를 가진다고 하더라도, 지구상의 남극과 북극이 유달리 특이한 곳이 아닌 것과 마찬가지로 이 점들 역시 특이점은 아닐 것이다. 따라서 지구상의 북극과 남극에서 과학법칙이 유효하듯이, 이 점들에서도 과학법칙은 계속 적용될 것이다.

그러나 실시간에서의 우주의 역사는 전혀 다르게 보일 것이다. 약 100억–200억 년 전에 우주는 허시간에서의 역사의 최대 반경에 해당하는 최소 크기를 가졌을 것이다. 실시간에서 조금 시간이 흐른 후, 우주는 린데가 제안한 카오스적 인플레이션 모형에서와 같이 팽창했을 것이다(그러나 오늘날 우리는 우주가 꼭 그와 같은 종류의 상태에서 어떻게든 창조되었다고 가정할 필요는 없다). 그 우주는 아주 거대한 크기로 팽창했다가(그림 8.12) 결국에는 실시간에서 특이점으로 보이는 것으로 다시 수축할 것이다. 따라서

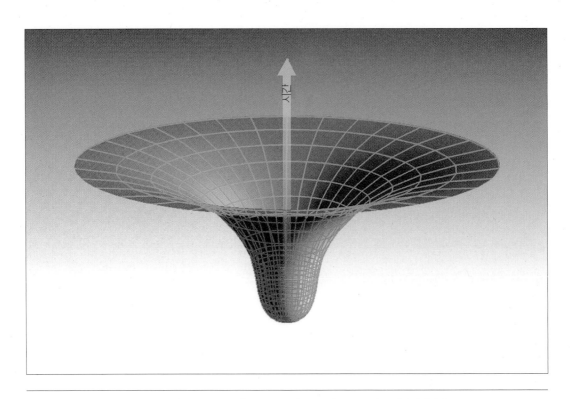

그림 8.12 우주는 허시간에서는 북극에서 적도까지의 지구 표면과 같이 팽창한다.
그런 다음 실시간에서는 계속 팽창률이 증가한다.

어떤 의미에서, 여전히 우리는—설령 블랙홀에서 멀리 떨어져 있다고 하더라도—모두 하나의 점으로 수축할 불행한 운명을 지고 있는 셈이다. 따라서 허시간의 관점에서 우주의 상을 그릴 수 있을 때에만, 특이점은 모두 제거될 것이다.

실제로 우주가 이러한 양자상태에 있다면, 허시간에서의 우주의 역사에는 어떠한 특이점도 없을 것이다. 따라서 나의 보다 최근의 연구 결과는 특이점에 대한 초기의 연구 결과들과는 완전히 어긋나는 것처럼 보일지 모른다. 그러나 앞에서 이미 드러났듯이, 특이점 정리의 실질적인 중요성은 양자장이 너무나 강해져서 양자중력효과가 무시될 수 없음을 증명했다는 데에 있다. 다시 이 사실은 허시간에서 우주가 유한하지만 경계나 특이점을 가지지 않는다는 개념으로 이어진다. 그러나 우리가 살아가고 있는 실시간으로 돌아오면, 여전히 특이점이 존재하는 것처럼 생각될 것이다. 블랙홀 속으로 떨어지는 불쌍한 우주비행사는 여전히 불행한 최후를 맞게 될 것이다. 그가 허시간에서 살았을 때에만 특이점과 마주치지 않을 것이다.

이것은 이른바 허시간이라고 하는 것이 실제로는 실시간이고, 우리가 실시간이라고 부르는 것은 우리의 상상의 산물에 불과한 것일지도 모른다는 사실을 암시한다. 실시간에서 우주는 특이점에서 시작과 끝을 가지며, 그 특이점들이 시공의 경계를 형성한다. 또한 그 특이점들에서는 과학법칙들도 모두 붕괴한다. 그러나 허시간에서는 특이점도 경계도 없다. 따라서 우리가 허시간이라고 부르는 것이 아마도 실제로는 더 근본적이며, 우리가 실시간이라고 부르는 것은 우리가 생각하는 우주의 모습을 기술하기에 편리하도록 고안한 인위적인 개념에 불과할지도 모른다. 그러나 내가 제1장에서 설명했던 접근 방식에 따르면, 과학 이론이란 우리의 관찰 결과를 기술하기 위해서 만든 수학적 모형에 불과하다. 이론이란 우리의 마음속에만 존재할 뿐이다. 따라서 어느 것이 진짜일까, "실"시간일까 "허"시간일까라는 물음은 무의미한 것이다. 정작 중요한 것은 어느 쪽이 더 유용한 기술(記述)인가이다.

우주의 여러 특성들 중에서 함께 발생할 가능성이 높은 특성들이 어떤 것인지를 알아내기 위해서 무경계 제안과 함께 역사 총합 이론을 사용할 수 있다. 일례로, 우리는 우주의 밀도가 현재의 값을 가지는 시간에 우주가 모든 방향에서 거의 같은 비율로 팽창할 확률을 계산할 수 있을 것이다. 지금까지 검토된 단순화된 모형들에서, 이 확률은 매우 높은 것으로 밝혀졌다. 즉 제안된 무경계 조건에 따르면, 우리는 우주의 현재 팽창률이 각 방향에서 거의 동일할 확률이 극히 높다는 예측에 도달하게 된다. 이 예측은 극초단파 배경복사에 대한 관측 결과와도 일치한다. 그 관측 결과는 이 배경복사가 모든 방향에서 거의 정확히 같은 세기를 가진다는 것을 보여주었다. 만약 우주가 다른 방향보다 어느 한 방향에서 더 빨리 팽창한다면, 그 방향에서의 복사의 세기는 추가적으로 발생하는 적색편이 때문에 약해질 것이다.

무경계 조건에 의거한 더 진전된 예측에 대해서는 최근 연구가 진행 중이다. 특히 흥미로운 문제는 초기 우주의 균일한 밀도에서 나타나는 약간의 편차의 크기이다. 그 편차에서 처음에는 은하들이 태어났고, 그런 다음 별들 그리고 마지막으로는 우리들이 태어나게 되었다. 불확정성 원리는, 입자의 위치나 속도에 약간의 불확실성이나 요동이 있었을 것이 분명하기 때문에, 초기 우주가 완전히 균일할 수 없었음을 암시하고 있다. 무경계 조건을 사용하면, 우리는 우주가 실제로 불확정성 원리에 의해서 허용되는 최소의 비균일성을 가지고 출발했음이 분명하다

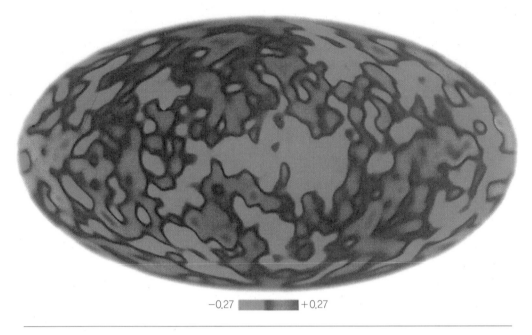

−0.27 ▬▬▬▬ +0.27

코비 위성에 의해서 측정된 극초단파 배경복사의 극미한 온도 편차를 지도로 나타낸 것. 뜨거운 점들은 약간 더 밀도가 높은 영역들로서, 나중에 은하단으로 발전한다.

는 것을 알게 된다. 그런 다음 우주는 인플레이션 모형에서처럼 빠른 팽창 기간을 거쳤을 것이다. 이 기간 동안에, 초기의 비균일성은 증폭되어서 우리가 오늘날 주위에서 관측할 수 있는 구조들의 기원을 설명할 수 있을 정도로 커졌다. 1992년에 우주배경복사 탐사위성 코비(Cosmic Background Explorer, COBE)가 최초로 방향에 따라서 극초단파 배경복사의 세기에 극미한 편차가 있다는 사실을 탐지했다. 이 비균일성이 방향에 의존하는 방식은 인플레이션 모형과 무경계 제안의 예측들과 일치하는 것으로

보인다. 따라서 무경계 제안은 칼 포퍼의 의미에서, 즉 관찰에 의하여 반증 가능했지만, 오히려 그 예견이 확인되었다는 의미에서 훌륭한 과학 이론인 셈이다. 물질의 밀도가 장소에 따라서 미세한 차이를 나타내는 팽창하는 우주에서, 중력은 상대적으로 밀도가 높은 일부 영역의 팽창을 늦추고 수축이 시작되게 만들 것이다. 이 과정은 은하, 별 그리고 궁극적으로는 우리들 자신과 같은 보잘것없는 생물들의 생성으로까지 이어질 것이다. 따라서 우리가 우주에서 관측하는 모든 복잡한 구조들은 우주의 무경계 조

건과 양자역학의 불확정성 원리로 설명될 수 있을 것이다.

시간과 공간이 경계가 없는 닫힌 표면을 형성할 수 있다는 생각은 우주의 온갖 사건들에서 신이 수행한 역할에 대해서도 심오한 함축적 의미들을 가진다. 사건들을 기술하는 데에서 과학 이론들이 거둔 승리 덕분에 대부분의 사람들은 신이 우주가 일련의 법칙들에 따라서 진화하도록 허용했고, 이 법칙들을 깨뜨리는 방식으로 우주에 개입하지는 않는다고 믿게 되었다. 그러나 그 법칙들은 우리에게 우주가 처음 탄생했을 때에 어떤 모습을 하고 있었을지는 가르쳐주지 않는다―시계의 태엽을 감고 그 바늘을 몇 시에 맞춰놓은 후에 째깍거리게 할지는 여전히 신의 마음에 달려 있는지도 모른다. 우주가 출발점을 가지고 있는 한, 우리는 창조자가 있다고 상상할 수 있다. 그러나 만약 우주가 진정한 의미에서 완전히 자기-충족적이고 어떠한 경계나 가장자리도 가지고 있지 않다면, 그 우주에는 시작도 끝도 없을 것이다. 우주는 그저 존재할 따름이다. 그렇게 된다면, 과연 창조자가 설 자리는 어디인가?

9

시간의 화살

지금까지 우리는 시간의 본질에 대한 관점이 역사적으로 어떻게 변천되어왔는지를 살펴 보았다. 20세기 초까지 도 사람들은 절대시간을 믿었다. 다시 말해서 모든 사 건에는 "시간"이라는 숫자를 저마 다 고유한 방식으로 붙일 수 있고, 정확하기만 하다면 모든 시계로 측정한 두 사건 사이의 시 간 간격이 일치한다고 생각한 것이다. 그러나 빛의 속도가, 관찰자의 움직임과는 관계없이, 모든 관찰자들에게 동일한 것으로 보인다는 발 견은 상대성 이론으로 이어지게 되었고, 이 상 대성 이론에서 우리는 고유한 절대시간이 존재 한다는 생각을 버리지 않을 수 없게 되었다. 그

대신에 각 관찰자들은 자신들이 가지고 있는 시계에 의해서 기록된 저마다의 시간 측 정치를 가질 것이다. 서 로 다른 관찰자들의 시계 들이 반드시 일치할 필요 는 없을 것이다. 따라서 시 간은 좀더 개인적인, 그 시간을 측정하는 관찰 자에 따른 상대적인 개념이 되었다.

중력과 양자역학을 하나로 통일시키려고 시 도할 때, 우리는 "허"시간이라는 개념을 도입하 지 않을 수 없었다. 허시간은 공간 안에서의 방 향과 구별될 수 없다. 우리가 북쪽으로 갈 수 있 다면, 돌아서서 남쪽을 향할 수도 있다. 마찬가 지로 만약 우리가 허시간에서 앞방향을 향할 수

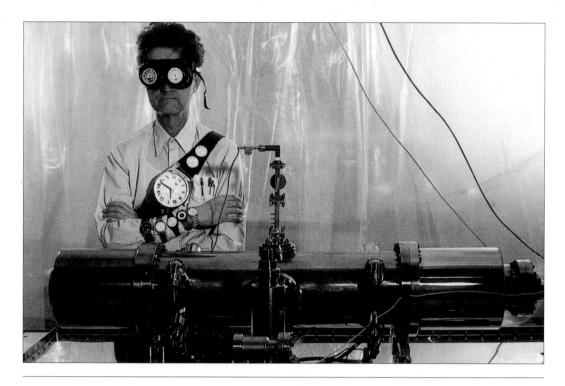

◀ 경도를 측정하는 데에 사용될 수 있을 정도로 정확한 최초의 크로노미터, 1735년.
▲ 미국의 세슘 원자시계 관리자. 표준초는 두 개의 자석 사이에 놓인 기화된 세슘 133 원자들의 진동수에 기초한다.

있다면, 당연히 방향을 바꾸어서 뒷방향을 향할 수도 있을 것이다. 이 말은 허시간의 앞방향과 뒷방향 사이에 아무런 중요한 차이도 있을 수 없음을 뜻한다. 반면, 우리 모두가 잘 알고 있듯이, "실"시간의 경우에는 앞방향과 뒷방향 사이에 아주 큰 차이가 있다. 과거와 미래 사이의 이 차이는 도대체 어디에서 연유하는 것인가? 왜 우리는 과거를 기억하면서 미래는 기억하지 못하는가?

과학법칙은 과거와 미래를 구분하지 않는다. 좀더 정확하게 말하면, 앞에서 설명했듯이 과학법칙은 C, P, T라고 알려져 있는 작용(또는 대칭성)의 조합 아래에서 불변이다(여기에서 C는 입자가 반입자로 바뀌는 것이고, P는 그 거울상이 되는 것, 따라서 왼쪽과 오른쪽이 뒤바뀌는 것을 말한다. 그리고 T는 모든 입자의 운동방향이 역전되어서, 실질적으로 운동이 거꾸로 진행되는 것을 뜻한다). 모든 정상적인 상황 아래에서 물질의 운동을 지배하는 과학법칙은 C와 P 두 가지 작용의 조합 아래에서는 변화하지 않는다. 다시 말하면, 물질

대신 반물질로 이루어져 있고 우리의 거울상인 거주자가 다른 행성에 존재한다면 그의 삶은 우리와 똑같을 것이라는 뜻이다.

만약 과학법칙들이 C와 P 작용의 조합, 나아가서 C, P, T의 조합에 의해서도 바뀌지 않는다면, 그 법칙들은 T 하나만이 작용하는 조건에서도 불변이어야 할 것이다. 그러나 일상생활에서 실시간의 앞방향과 뒷방향 사이에는 엄청난 차이가 있다. 물이 담긴 찻잔이 탁자 위에서 바닥으로 떨어져서 산산조각이 나는 모습을 상상해 보자(그림 9.1). 만약 당신이 그 장면을 촬영한다면, 그 필름이 앞으로 돌아가고 있는지 뒤로 돌아가고 있는지를 쉽게 구별할 수 있을 것이다. 필름을 거꾸로 돌리게 되면 당신은 부서진 찻잔 조각들이 갑자기 한데 모여서 완벽한 찻잔 모양을 이루면서 바닥에서 솟아올라 탁자 위로 올라앉는 모습을 볼 수 있을 것이다. 그 필름이 거꾸로 돌려진 것임을 알 수 있는 까닭은 일상생활에서는 이런 식의 움직임이 절대로 관찰될 수 없기 때문이다. 만약 그런 일이 일어날 수 있다면 도자기 제조업자들은 모두 파산하고 말 것이다.

깨어진 찻잔이 다시 온전한 찻잔이 되면서 바닥에서 솟아올라 탁자 위에 얌전히 올라앉는 광경을 볼 수 없는 이유에 대한 일반적인 설명은 열역학 제2법칙이 그런 일을 금지한다는 것이

다. 열역학 제2법칙은 모든 닫힌 계에서 무질서도, 즉 엔트로피가 시간의 흐름에 따라서 항상 증가한다고 말한다. 다른 식으로 표현하면, 그것은 일종의 머피의 법칙이다. 모든 일은 항상 잘못되는 경향이 있다! 탁자 위에 놓여 있는 온전한 찻잔은 높은 질서의 상태이다. 그러나 바닥에 떨어져 있는 깨어진 찻잔은 무질서한 상태이다. 우리는 쉽게 탁자 위의 과거의 찻잔에서 바닥에 떨어져 깨어진 찻잔이라는 미래의 상태로 갈 수 있지만, 그 역으로는 갈 수 없다.

시간에 따라서 무질서도나 엔트로피가 증가하는 것은 과거와 미래를 구분하고 시간에 방향

을 부여하는 이른바 시간의 화살(arrow of time)이라는 것의 한 예이다. 시간의 화살에는 최소한 세 가지 종류가 있다. 첫 번째로 무질서도나 엔트로피가 증가하는 시간의 방향을 가리키는 열역학적 시간의 화살(thermodynamic arrow of time)이 있다. 두 번째는 심리적 시간의 화살(psychological arrow of time)인데 이것은 우리가 시간이 흐른다고 느끼는 방향, 미래가 아니라 과거를 기억하는 방향이다. 마지막으로 우주론적 시간의 화살(cosmological arrow of time)이 있다. 이것은 우주가 수축하는 것이 아니라 팽창하는 시간의 방향이다(그림 9.3).

이 장에서 나는 약한 인류원리와 함께 우주의 무경계 조건이 왜 이러한 세 가지 시간의 화살이 모두 같은 방향을 가리키는지, 나아가서 명확하게 규정된 시간의 화살이 도대체 왜 존재해야 하는지를 설명할 수 있다고 주장할 것이다. 나는 심리적 시간의 화살이 열역학적 시간의 화살에 의해서 결정되며, 이 두 개의 화살이 반드시 항상 같은 방향을 가리킨다고 주장할 것이

그림 9.1 바닥에 떨어져서 깨어지는 찻잔을 촬영한 필름을 보면서 우리는 쉽게 그 필름이 어느 방향으로 돌아가고 있는지를 분간할 수 있다. 그러나 과학법칙들은 시간의 방향과 무관하게 항상 동일하다.

다. 우주의 무경계 조건을 가정한다면, 우리는 거기에 반드시 명확하게 규정된 열역학적, 우주론적 시간의 화살이 존재해야 하지만 그 화살들이 우주의 역사 전체에 걸쳐서 같은 방향을 가리키지는 않을 것임을 알게 될 것이다. 그러나 나는 시간의 화살들이 같은 방향을 가리킬 때에

만 '왜 무질서도가 우주가 팽창하는 방향과 같은 시간 방향으로 증가하는가'라는 질문을 던질 수 있는 지적 존재의 발생에 적합한 조건과 부합한다고 주장할 것이다.

나는 가장 먼저 열역학적 시간의 화살에 대해서 살펴볼 것이다. 열역학 제2법칙은 질서 있는 상태보다 무질서한 상태들이 항상 더 많이 존재한다는 사실에서 기인한다. 예를 들면, 상자 속에 들어 있는 직소 퍼즐 조각들에 대해서 생각해보자. 그 조각들이 완전한 그림으로 맞춰질 수 있는 배열은 오직 한 가지밖에는 없다.

그림 9.2 포켓볼과 같은 게임은 닫힌 계이다. 처음에 공들은 매우 질서도가 높은 상태로 배열되어 있다. 그러나 일단 게임이 시작되면, 공들은 무질서한 상태가 된다. 공을 한 번 쳐서 모든 공들을 처음 게임이 시작된 상태로 되돌릴 가능성은 거의 없다.

반면에, 그 조각들이 무질서 상태에 놓여서 하나의 그림을 이루지 못하는 배열은 무수하게 존재한다.

가령 하나의 체계가 소수의 질서 있는 상태들 가운데 하나에서 발생한다고 가정하자. 시간이 흐르면서, 그 체계는 과학법칙들에 따라서 전개될 것이며 그 상태는 계속 바뀔 것이다. 조금 시간이 흐른 후에는, 무질서한 상태가 더 많기 때문에, 그 체계가 질서 있는 상태보다는 무질서한 상태가 될 가능성이 더 높을 것이다. 따라서 만약 그 체계가 높은 질서의 초기 조건을 따른다면, 시간의 흐름과 함께 무질서도가 증가하는 경향을 보일 것이다.

직소 퍼즐 조각들이 상자 속에서 하나의 그림을 이루는 질서 있는 배열상태에서 출발한다고 가정하자. 여러분이 그 상자를 흔들어놓으면, 조각들은 다른 배열을 취할 것이다. 이 배열에서 조각들은 완전한 그림을 형성하지 않는 무질서한 배열이 될 확률이 높을 것이다. 그 이유는 무질서한 배열들이 훨씬 더 많기 때문이다. 조각들의 일부는 여전히 그림의 일부분을 이루고 있을 수도 있다. 그러나 여러분이 상자를 더 많이 흔들수록, 조각들이 흩어져서 어떤 종류의 그림인지도 알 수 없는 완전히 뒤범벅이 된 상태가 될 것이다. 따라서 만약 조각들이 높은 질서도의 조건에서 출발한 초기 조건을 따른다면,

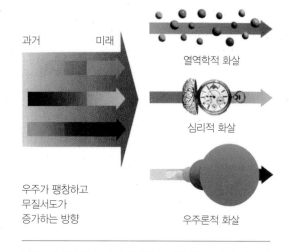

과거　　　　미래

열역학적 화살

심리적 화살

우주가 팽창하고
무질서도가
증가하는 방향

우주론적 화살

그림 9.3 최소한 세 가지 종류의 시간의 화살이 있다. 무질서도가 증가하는 방향, 우리가 시간이 흐른다고 지각하는 방향 그리고 우주의 크기가 증가하는 방향이 그것이다.

시간의 흐름에 따라서 그 조각들의 무질서도는 증가하게 될 것이다.

그러나 가령 신이 우주가 높은 질서도의 상태에 도달하도록 선택했지만, 어떤 상태에서 출발하는지는 전혀 개의치 않았다고 가정해보자. 극히 초기에 우주는 아마도 무질서한 상태였을 것이다. 이 말은 시간의 흐름에 따라서 무질서도가 **감소할** 것이라는 뜻이다. 여러분은 깨어진 찻잔이 다시 합쳐져서 탁자 위로 올라앉는 모습을 보게 될 것이다. 그러나 찻잔을 관찰하는 모든 사람들이 시간의 흐름에 따라서 무질서도가 감소하는 세상에서 살고 있을 것이다. 나는 이 사람들이 거꾸로 된 심리적 시간의 화살을 가진다고 주장하고자 한다. 즉 그들은 과거의 사건

이 아니라 미래의 사건들을 기억할 것이다. 찻잔이 깨지면, 그들은 그 찻잔이 탁자 위에 놓여질 것을 기억할 것이다. 그러나 찻잔이 탁자 위에 있을 때, 그들은 그 찻잔이 바닥으로 떨어졌다는 사실은 기억하지 못할 것이다.

우리는 뇌가 구체적으로 어떻게 작동하는지를 알지 못하기 때문에 인간의 기억에 대해서 이야기하기는 조금 힘들다. 그러나 우리는 컴퓨터의 메모리가 어떻게 작동하는지에 대해서는 잘 알고 있다. 따라서 나는 컴퓨터의 심리적 시간의 화살에 대해서 이야기하려고 한다. 나는 컴퓨터의 시간의 화살이 인간의 시간의 화살과 동일하다고 가정하는 것이 합당하리라고 생각한다. 만약 그렇지 않다면, 우리는 컴퓨터가 내일의 주식시세를 기억하게 만들어서 주식거래로 떼돈을 벌 수도 있을 것이다! 컴퓨터 메모리는 기본적으로 두 개의 상태 중에서 한 상태로 존재할 수 있는 요소들을 포함하는 장치이다. 가장 간단한 예가 주판이다. 가장 단순한 형태의 주판은 여러 줄로 이루어져 있다. 각각의 줄에는 두 가지 위치 중에서 하나에 놓일 수 있는 여러 개의 주판 알이 끼워져 있다. 컴퓨터 메모리에 어떤 항목이 기록되기 이전에는, 그 메모리는 무질서한 상태에 있으며 두 가지 가능한

그림 9.4 주판은 컴퓨터 메모리와 비슷한 방식으로 작동한다. 각각의 주판 알은 두 가지 위치 중 하나에 놓일 수 있다. 주판 알의 위치를 변화시키기 위해서는 일정한 양의 에너지가 필요하다.

상태에 대해서 동일한 확률을 가진다(주판의 경우, 주판 알들은 주판 줄 위에 임의적으로 흩어져 있다). 기억해야 할 시스템과 상호작용을 가진 후에 메모리는 시스템의 상태에 따라서 두 가지 상태 중에서 명확히 하나를 선택하게 될 것이다(주판의 경우, 각각의 주판 알은 주판 줄의 위나 아래 중 하나의 위치를 선택하게 된다). 따라서 메모리는 무질서한 상태에서 질서 있는 상태로 이행한 셈이다. 그러나 그 메모리가 정확한 상태에 있게 하기 위해서는 일정한 양의 에너지를 사용해야 한다(예를 들면 주판에서는 주판 알을 옮기는 데에 에너지가 들어가고, 컴퓨터의 경우에는 전력이 필요하다). 이 에너지는 열의 형태로 발산되어서 우주의 무질서의 총량을 증가시킨다. 우리는 이러

한 무질서의 증가가 메모리 자체의 질서의 증가보다 항상 크다는 것을 증명할 수 있다. 따라서 컴퓨터의 냉각 팬에서 뿜어내는 열은 컴퓨터가 메모리에 하나의 항목을 기록할 때 우주의 무질서의 총량이 증가한다는 것을 뜻한다. 컴퓨터가 과거를 기억하는 시간의 방향은 무질서가 증가하는 방향과 동일하다.

따라서 시간의 방향에 대한 우리의 주관적인 느낌, 즉 심리적 시간의 화살은 열역학적 시간의 화살에 의해서 우리의 뇌 속에서 결정되는 것이다. 컴퓨터와 마찬가지로, 우리는 엔트로피가 증가하는 순서대로 사물을 기억해야 한다. 이런 이유 때문에 열역학 제2법칙이 거의 당연해지는 것이다. 시간의 흐름에 따라서 무질서가 증가하는 까닭은 우리가 무질서가 증가하는 방향으로 시간을 측정하기 때문이다. 여러분은 그 이상으로 안전한 내기를 할 수 없을 것이다!

그렇다면 열역학적 시간의 화살이 존재하는 이유는 도대체 무엇인가? 다른 식으로 표현하면, 왜 우주는 흔히 과거라고 부르는 시간의 한쪽 끝에서 높은 질서의 상태에 있어야 하는가? 왜 우주는 모든 시간에 걸쳐 완전한 무질서 상태에 있지 않는 것인가? 사실 이런 가능성이 훨씬 더 높을 것이다. 그리고 무질서가 증가하는 시간의 방향이 우주가 팽창하는 방향과 같은 이유는 무엇인가?

일반 상대성의 고전이론에서는 알려진, 모든 과학법칙들이 빅뱅 특이점에서 효력을 상실했을 것이기 때문에 우주가 어떻게 출발했는지를 예측할 수 없다. 우주는 매우 평활하고 질서 있는 상태에서 시작되었을 수도 있다. 이 가능성은, 우리가 관찰하듯이, 명확하게 규정된 열역학적 시간의 화살과 우주론적 시간의 화살로 이어질 것이다. 그러나 우주가 매우 울퉁불퉁하고 무질서한 상태에서 시작되었을 가능성도 똑같이 있다. 그 경우, 우주는 이미 완전한 무질서 상태에 있었을 것이므로, 따라서 무질서는 시간의 흐름에 따라 증가할 수 없었을 것이다. 우주의 무질서는 항상 일정한 상태를 유지하여 명확하게 규정된 열역학적 시간의 화살이 없었거나, 또는 우주의 무질서가 감소해서 열역학적 시간의 화살이 우주론적 시간의 화살과 정반대 방향을 가리켰을 수도 있다. 그러나 이러한 가능성들 중 어느 하나도 우리의 관찰과 일치하지 않는다. 그렇지만 이미 앞에서 살펴보았듯이, 고전적인 일반 상대성 이론은 스스로의 몰락을 예견하고 있다. 시공의 곡률이 커지면 양자중력 효과가 중요해질 것이며, 고전이론은 더 이상 우주에 대한 훌륭한 기술(記述)이 되지 못한다. 이렇게 되면 우리는 우주의 기원을 이해하기 위해서 양자중력 이론을 사용해야 한다.

시간이라는 모래알들은 오직 한 방향으로만 흐르고 있는 것으로 보인다. 그러나 우주의 모래시계를 뒤집어놓으면 어떤 변화가 일어날까?

앞의 장에서 살펴보았듯이, 양자중력 이론 역시 우주의 상태를 구체적으로 지정하기 위해서 우주의 가능한 역사들이 과거의 시공 경계에서 어떻게 움직이는지를 설명해야 한다. 그 역사들이 무경계 조건—그 역사들이 크기에서 유한하지만 어떠한 경계나 가장자리 또는 특이점도 없다는—을 만족시킬 때에 한해서만 우리가 알지 못하고 알 수도 없는 것을 기술해야 하는 어려움을 피할 수 있을 것이다. 그 경우, 시간의 출발점은 규칙적이고 평활한 시공의 한 점일 것이고, 우주는 매우 평활하고 질서 있는 상태에서 팽창을 시작했을 것이다. 우주는 완전하게 균일할 수는 없었을 것이다. 그렇게 된다면 양자역학의 불확정성 원리를 위배하기 때문이다. 입자들의 밀도와 속도에는 작은 요동이 있어야 했다. 그러나 무경계 조건은 이러한 요동이 불확정성 원리와 모순되지 않을 정도로 가능한 한 작았을 것임을 함축했다.

우주는 탄생과 함께 지수함수적인 또는 "인플레이션적인" 팽창 기간을 거쳤을 것이다. 이 기간에 우주는 엄청난 크기로 커졌다. 이 팽창 기간 동안, 처음에는 밀도의 요동이 아주 작은 상태를 유지했지만 시간이 흐르면서 커지기 시작했을 것이다. 평균보다 밀도가 약간 높은 영역들은 추가 질량의 인력에 의해서 팽창이 느려졌을 것이다. 마침내 일부 영역들은 팽창을 멈추고 수축해서 은하, 별 그리고 우리 인간과 같은 존재를 형성하게 되었을 것이다. 우주는 처음에는 평활하고 질서 있는 상태에서 출발해서, 시간이 흐르면서 차츰 울퉁불퉁하고 무질서한 상태가 되었을 것이다. 이것으로 열역학적 시간의 화살의 존재가 설명될 것이다.

그러나 만약에 우주가 팽창을 멈추고 수축하기 시작한다면 과연 어떠한 일이 벌어질까? 열역학적 시간의 화살은 역전되고, 시간이 흐르면서 무질서가 감소하기 시작할까? 이런 일들은 팽창 단계에서 수축 단계로 이행하는 과정에서 살아남은 사람들에게 마치 SF 소설과도 같은 가능성으로 주어질 것이다. 과연 그들은 부서진 찻잔이 다시 합쳐져서 바닥에서 솟아나 탁자 위로 올라앉는 모습을 보게 될까? 그들은 내일의 주식시세를 기억해서 주식시장에서 행운을 잡을 수 있을까? 우주가 다시 수축하기 시작할 때에 어떤 일이 일어날지에 대한 걱정은 얼마간 학문적인 수준이다. 최소한 우주는 앞으로 100억 년 동안은 수축을 시작하지 않을 것이기 때문이다. 그러나 그때 어떤 일이 일어나는지를 좀더 빨리 알아낼 수 있는 방법이 있다. 블랙홀 속으로 뛰어드는 것이다. 별이 붕괴해서 블랙홀이 되는 것은 전체 우주의 수축 후기 단계와 흡사한 점이 있다. 따라서 만약 우주의 수축 국면에서 무질서가 감소한다면, 우리는 블랙홀 내부에서도 무질서가 감소하리라고 예상할 수 있다. 따라서 블랙홀 속으로 떨어진 우주비행사는 아마도 돈을 걸기 전에 공이 어디로 굴러들어가는지를 기억함으로써 룰렛에서 돈을 딸 수 있을 것이다(그러나 불행하게도 그는 그리 오랫동안 게임을 즐길 수는 없을 것이다. 스파게티 가닥처럼 늘어나버릴 테니 말이다. 더구나 그는 열역학적 시간의 화살의 역전을 우리에게 알릴 수 없을 것이고, 심지어 자기가 딴 돈을 은행에 입금할 수도 없을 것이다. 그는 블랙홀의 사건 지평선 너머에 갇힐 것이기 때문이다).

처음에 나는 우주가 재수축을 할 때 무질서가 감소할 것이라고 믿었다. 왜냐하면 우주가 다시 작아졌을 때 평활하고 질서 있는 상태로 돌아가야 한다고 생각했기 때문이다. 이것은 수축 국면이 팽창 국면의 시간역전과 같을 것이라는 뜻이다. 수축 국면에 있는 사람들은 그들의 삶을 거꾸로 살아갈 것이다. 우주가 수축하게 되면 그들은 태어나기 전에 죽고, 날로 젊어질 것이다.

이 생각은 팽창 국면과 수축 국면 사이의 멋진 대칭성을 뜻하기 때문에 무척 매력적이다. 그러나 우리는 우주에 대한 다른 개념들과는 독립적으로 그 개념만을 적용시킬 수는 없다. 여기에서 다음과 같은 의문이 제기된다. 무경계 조건이 그러한 개념을 함축하는가? 아니면 상

호 모순되는가? 이미 말했듯이, 처음에 나는 무경계 조건이 실제로 수축 국면에서 무질서가 감소할 것임을 함축한다고 생각했다. 부분적으로 나는 지구 표면에 대한 비유에 의해서 잘못된 결론에 도달했다. 만약 우주의 출발점이 북극에 상응한다고 생각한다면, 남극이 북극과 흡사하듯이, 우주의 끝도 출발점과 비슷해야 한다. 그러나 북극과 남극은 허시간에서의 우주의 출발과 끝에 상응한다. 실시간에서의 출발과 끝은 서로 전혀 다를 수 있다. 또한 나는 단순한 우주 모형과 관련하여 내가 예전에 수행했던 연구—그때 얻은 것은 수축 국면이 팽창 국면의 시간역전과 흡사하게 보이는 모형이었다—에 의해서도 잘못된 방향으로 인도되었다. 그러나 나의

시간

만약 수축하는 우주에서 열역학적 시간의 화살이 역전된다면, 허물어진 건물들이 파편 속에서 다시 세워지고, 사람들은 노인으로 태어나서 아기로 "죽을" 것이다.

동료인 펜실베이니아 주립대학교의 돈 페이지가 무경계 조건이 반드시 팽창 국면의 시간역전인 수축 국면을 필요로 하지는 않는다는 점을 지적했다. 더 나아가서, 나의 학생들 중 한 사람인 레이먼드 래플램은 좀더 복잡한 모형을 이용하여 우주의 수축이 팽창과는 전혀 다르다는 사실을 발견했다. 나는 내가 실수를 저질렀다는 것을 깨달았다. 무경계 조건은 무질서가 수축 국면에서 실제로는 계속 증가할 것임을 시사했다. 열역학적 시간의 화살과 심리적 시간의 화

살은 우주가 재수축하거나 블랙홀 속으로 들어갈 때에도 역전되지 않을 것이다.

만약 여러분 자신이 이와 같은 실수를 저질렀다면 어떻게 하겠는가? 어떤 사람들은 자신들의 잘못을 절대로 인정하지 않고 그들의 입장을 뒷받침할 수 있는 새로운, 종종 일관되지 않은 논거를 계속 찾아내려고 한다─블랙홀 이론에 반대한 에딩턴이 그랬듯이 말이다. 또다른 사람들은 애당초 자신들이 잘못된 견해를 정말로 지지한 적은 결코 없었고, 설령 그런 일이 있었다고 해도 그것은 그 견해가 모순된다는 것을 입증하기 위함이었다고 강변한다. 내 생각으로는 만약 여러분이 실수를 저질렀다면 글로써 잘못을 시인하는 편이 훨씬 바람직하고 덜 혼란스러울 것 같다. 우주의 정적인 모형을 수립하기 위해서 자신이 도입시켰던 우주상수를 일생 최대의 실수라고 밝힌 아인슈타인의 경우가 이에 대한 좋은 예이다.

시간의 화살로 다시 돌아가면, 여전히 다음과 같은 의문이 남는다. 왜 우리는 열역학적 화살과 우주론적 화살이 같은 방향을 가리키는 것을 관찰하게 되는가? 다시 말하면, 왜 무질서는 우주가 팽창하는 시간의 방향과 같은 방향으로 증가하는가? 만약, 무경계 제안이 암시하고 있듯이, 우주가 팽창한 다음 다시 수축할 것이라고 믿는다면 이것은 '왜 우리가 수축 국면이 아니

라 팽창 국면에 있어야 하는가'라는 물음이 될 것이다.

우리는 약한 인류원리를 기반으로 이 의문에 답할 수 있다. 즉 수축 국면에서의 조건들은 '왜 무질서가 우주의 팽창과 같은 시간의 방향으로 증가하는가'라는 의문을 제기할 수 있는 지적 생명체의 생존에 부적절하리라는 것이다. 무경계 제안이 예측하는 우주의 초기 단계에서의 인플레이션은 우주가 재수축을 간신히 모면할 수 있는 임계율에 아주 가까운 비율로 팽창하고 있어야 하며, 따라서 앞으로 아주 오랜 기간 동안 재수축하지 않을 것임을 뜻한다. 그때가 되면 모든 별들은 연료를 전부 태우고, 그 속에 들어 있던 중성자와 양성자들은 아마도 가벼운 입자와 복사로 붕괴할 것이다. 그리고 우주는 거의 완전한 무질서의 상태가 될 것이다. 거기에는 어떠한 강력한 열역학적 시간의 화살도 없을 것이다. 이미 우주가 거의 완전한 무질서 상태에 있기 때문에, 무질서는 더 늘어날 수 없다. 그러나 지적 생명체가 활동하기 위해서는 강한 열역학적 화살이 필요하다. 생존하기 위해서 인간은 질서 있는 에너지 형태인 음식을 소비하고, 그것을 무질서한 에너지 형태인 열로 전환시킨다. 따라서 지적 생명체는 우주의 수축 국면에서는 존재할 수 없다. 이로써 우리가 열역학적 시간의 화살과 우주론적 시간의 화살이 같은 방향을 가리키고 있는 것을 관찰하는 이유는 설명된다. 우주의 팽창이 무질서를 증가시키는 것이 아니라, 무경계 조건이 무질서를 증가시키고 이러한 팽창 국면에서만 지적 생명체가 존재할 수 있는 적절한 조건이 충족되는 것이다.

지금까지의 논의를 요약하자면, 과학법칙은 시간의 앞방향과 뒷방향을 구분하지 않는다. 그러나 과거와 미래를 구별하는 최소한 세 가지의 시간의 화살이 있다. 무질서가 증가하는 시간의 방향인 열역학적 시간의 화살, 우리가 미래가 아닌 과거를 기억하는 시간의 방향인 심리적 시간의 화살 그리고 우주가 수축이 아니라 팽창을 하는 시간의 방향인 우주론적 시간의 화살이 그것이다. 나는 심리적 시간의 화살이 본질적으로 열역학적 시간의 화살과 동일하며, 따라서 이 두 화살은 항상 같은 방향을 가리킬 것임을 증명했다. 우주의 무경계 제안은 명확하게 규정된 열역학적 시간의 화살의 존재를 예측한다. 왜냐하면 우주가 평활하고 질서 있는 상태에서 출발한 것이 분명하기 때문이다. 그리고 우리가 이러한 열역학적 화살이 우주론적 화살과 일치하는 것으로 관찰하는 까닭은 지적 존재가 팽창 국면에서만 존재할 수 있기 때문이다. 수축 국면은 강한 열역학적 시간의 화살이 없다는 점에서 지적 존재의 생존에 부적절하다.

우주를 이해하는 과정에서 인류가 거둔 진전

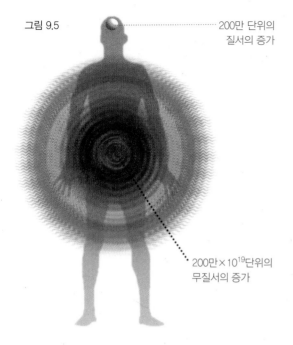

그림 9.5

200만 단위의
질서의 증가

200만×10^{19}단위의
무질서의 증가

은 무질서가 증가하는 우주 속에 질서의 작은 귀퉁이를 키워놓았다. 이 책 속에 있는 모든 단어들을 기억한다면, 여러분의 기억은 약 200만 개의 정보를 기록했을 것이다. 따라서 여러분의 두뇌 속의 질서는 약 200만 단위만큼 증가했을 것이다. 그러나 여러분은 이 책을 읽는 과정에

서 음식의 형태로 최소한 1,000칼로리의 질서 있는 에너지를 소비하여 무질서한 에너지로 전환시킨 후에 대류현상과 땀으로 주변 공기 속으로 발산했을 것이다(그림 9.5). 그 과정은 약 2×10^{25}단위 — 또는 여러분의 뇌 속에서 증가한 질서의 약 10^{19}배 — 로 무질서를 증가시켰을 것이다. 물론 이것은 여러분이 이 책 속에 들어 있는 **모든** 것을 기억하고 있을 때의 이야기이다. 마지막 장에서는 내가 지금까지 기술했던 부분 이론들을 사람들이 하나로 짜맞추어 우주의 삼라만상을 포괄한 완전한 통일이론으로 수립하기 위해서 어떠한 노력들을 벌이고 있는지 설명하면서 우리가 살고 있는 곳의 질서를 조금 더 증가시키고자 한다.

10

벌레구멍과 시간여행

앞의 장에서는 왜 시간이 앞방향으로 흐르는 것처럼 보이는지, 왜 무질서가 증가하는지 그리고 왜 미래가 아닌 과거를 우리가 기억하는지에 대해서 살펴보았다. 그동안 시간은 오로지 한쪽 방향이나 그 반대 방향으로만 갈 수 있는 직선 선로처럼 간주되어왔다.

그러나 만약 그 선로에 환상선(環狀線)이나 지선(支線)이 부설되어 있어서, 열차는 계속 앞으로 나아가지만 이전에 이미 지나친 역으로 되돌아온다면 어떻게 될까?(그림 10.1) 다시 말하면, 누군가가 과거나 미래로 여행할 가능성이 있을까?

허버트 조지 웰스는 『타임머신(*The Time Machine*)』에서 바로 이러한 가능성을 탐구했다.

헤아릴 수도 없이 많은 다른 과학소설가들 또한 마찬가지 작업을 했다. 그러나 잠수함이나 달나라 여행처럼 과학소설에 등장한 많은 개념들은 과학적 사실이 되었다. 그렇다면 시간여행도 실현될 가능성이 있는 것일까?

물리법칙들이 실제로 인간의 시간여행을 허용할지도 모른다는 최초의 암시는 1949년에 쿠르트 괴델이 일반 상대성 이론이 허용하는 새로운 시공을 발견했을 때에 나타났다. 괴델은 모든 참인 명제를 증명하는 것은 불가능하다—설령 산술처럼 틀에 박힌 분야에 한정해서 모든 참인

▲ 영국의 소설가 웰스의 『타임머신』은 시간여행이라는 개념을 탐구해서 많은 인기를 얻은 최초의 작품이었다.

그림 10.1

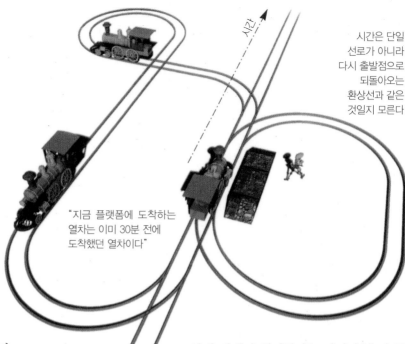

시간은 단일 선로가 아니라 다시 출발점으로 되돌아오는 환상선과 같은 것일지 모른다

"지금 플랫폼에 도착하는 열차는 이미 30분 전에 도착했던 열차이다"

명제들을 증명하려고 하더라도—는 것을 입증한 인물로 유명한 수학자이다. 불확정성 원리와 마찬가지로, 괴델의 불완전성 원리(incompleteness theorem) 역시 우리가 우주를 이해하고 예측하는 능력에 가해지는 근본적인 제약일지도 모른다. 그러나 최소한 지금까지는 그것이 완전한 통일이론을 모색하려는 우리의 노력에 장애물로 작용하는 것처럼 보이지는 않는다.

괴델은 미국의 프린스턴 고등학술연구소에서 아인슈타인과 함께 만년을 보내는 동안 일반 상대성 이론을 접하게 되었다. 그의 시공은 우주 전체가 회전하는 기묘한 특성을 가지고 있었다. 어떤 사람은 이런 질문을 던질지도 모른다. "무

엇에 대해서 회전한다는 말인가?" 이 물음에 대한 답은 멀리 떨어진 물체가 작은 팽이나 자이로스코프가 가리키는 방향에 대해서 회전하고 있다는 것이다.

이것은 누군가가 로켓을 타고 우주 공간으로 나갔다가 그가 출발하기 전의 지구로 다시 돌아올 수 있으리라는 부작용을 낳는다. 이 특성은 일반 상대성 이론이 시간여행을 허용하지 않으리라고 생각했던 아인슈타인을 매우 당황하게 만들었다. 그러나 그가 박약한 근거로 중력붕괴와 불확정성 원리에 반대했다는 사실을 감안한다면, 이것은 상당히 고무적인 신호였다. 괴델이 발견한 해(解)는 우리가 살고 있는 우주와 부합하지 않는다. 우리는 우주가 회전하지 않는다

는 사실을 증명할 수 있기 때문이다. 또한 그 해는 아인슈타인이 우주가 불변이라고 생각해서 도입했던 우주상수에 0이 아닌 값을 가진다. 허블이 우주의 팽창을 발견한 이래로 우주상수는 전혀 불필요해졌고, 오늘날 우주상수의 값은 일반적으로 0으로 생각되고 있다. 그러나 이후 일반 상대성 이론이 허용하는 그밖의 좀더 합리적인 그리고 과거로의 시간여행이 가능한 시공들이 발견되었다. 그중 하나가 회전하는 블랙홀의 내부이다. 또다른 하나는 매우 빠른 속도로 서로를 지나쳐서 움직이는 두 개의 우주 끈(cosmic string)을 포함하는 시공이다. 그 이름에서 이미 암시되듯이, 우주 끈은 길이는 있지만 단면적은 극히 작은 끈과 같은 대상이다. 실제로 우주 끈은 약 10^{24}톤에 달하는 엄청난 장력(張力)을 받고 있기 때문에 끈보다는 고무 줄에 더 가깝다고 할 수 있다. 지구가 우주 끈에 달라붙는다면 지구를 불과 30분의 1초 만에 정지상태에서 시속 60마일의 속도로 가속시킬 수 있을 것이다. 우주 끈은 순전히 과학소설에나 나올 법한 이야기로 들릴지 모르지만, 제5장에서 설명했던 대칭성 붕괴의 결과로 우주의 초기 단계에 생성되었다고 믿을 만한 여러 가지 근거들이 있다. 우주 끈은 엄청난 장력을 받고 있고 어떠한 구성으로도 시작될 수 있기 때문에, 일자로 펴지면 매우 빠른 속도로 가속될 수 있다.

괴델의 해와 우주 끈 시공은 뒤틀린 상태에서 출발하기 때문에 과거로의 여행은 항상 가능하다. 어쩌면 신이 이처럼 휘어진 우주를 창조했을지도 모르지만 우리는 그렇게 믿을 만한 근거는 가지고 있지 못하다. 극초단파 배경복사와 가벼운 원소들의 풍부함이 관찰되는 것은 초기 우주가 시간여행을 허용하기 위해서 요구되는 종류의 곡률을 가지고 있지 않았다는 것을 보여준다. 무경계 제안이 옳다면 이론적인 측면에서도 동일한 결론이 내려질 것이다. 따라서 다음과 같은 의문이 제기된다. 만약 우주가 시간여행에 필요한 종류의 곡률을 가지지 않은 상태에서 출발했다면, 그후에 우리가 시간여행이 가능할 만큼 충분히 시공의 국부적 영역을 휘게 할 수 있는가?

이것과 아주 밀접하게 연관된 문제―역시 과학소설 작가들의 뜨거운 관심사인―가 항성 간 또는 은하 간의 빠른 여행이다. 상대성 이론에 따르면 그 무엇도 빛보다 빠르게 달릴 수 없다. 따라서 만약 우리가 약 4광년 떨어진 가장 가까운 이웃 항성 켄타우루스 자리 알파 별에 우주선을 보낸다면, 여행자들이 그곳에 가서 보고 온 것을 우리에게 이야기해주기까지는 최소한 8년을 기다려야 한다. 우리 은하의 중심까지 탐사여행을 한다면, 돌아오기까지 최소한 10만 년은 걸릴 것이다. 그런데 상대성 이론은 한 가지

위안을 준다. 그것은 제2장에서 소개한 이른바 쌍둥이의 역설이다.

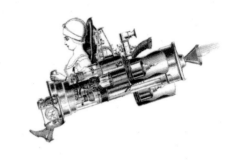

시간에는 어떠한 유일한 기준도 없고 관찰자들은 자신이 가지고 있는 시계로 측정한 나름대로의 시간을 가지기 때문에, 지구에 남아 있는 사람보다 우주여행자들에게 여행시간이 훨씬 짧게 생각될 수 있다는 것이다. 그러나 몇 년 동안의 여행에서 돌아와보니 지구에서는 수천 년이 흘러 있고 남아 있던 사람들은 모두 세상을 떠났다는 사실을 발견한다면 그리 즐거운 일은 아닐 것이다. 따라서 자신의 소설에 모든 사람들이 관심을 가지게 하기 위해서, 과학소설 작가들은 우리가 언젠가는 빛보다 빨리 달릴 수 있는 방법을 알아낼 수 있을 것이라는 가정을 하지 않을 수 없었다. 그러나 대부분의 과학소설가들이 깨닫지 못한 것으로 보이는 사실이 있다. 만약 여러분이 빛보다 빨리 달릴 수 있다면 상대성 이론은 다음과 같은 5행시처럼 여러분이 과거로 여행할 수 있음을 시사한다.

와이트 섬에 젊은 여인이 있었네.

그녀는 빛보다 빨리 달릴 수 있었다네.

어느 날 그녀는 길을 떠났지,

상대성의 길로.

그리고 그 전날 밤에 돌아왔다네.

여기에서 중요한 점은 모든 관찰자들이 동의할 수 있는 유일한 시간 척도라는 것은 존재하지 않는다고 상대성 이론이 이야기한다는 사실이다. 오히려 개개의 관찰자는 그 또는 그녀 나름의 시간 척도를 가진다. 로켓이 광속 이하의 속도로 사건 A(가령, 2012년의 올림픽 100미터 달

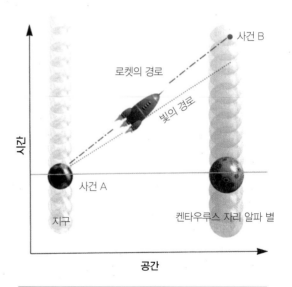

그림 10.2 만약 로켓이 지구상의 사건 A에서 켄타우루스 자리 알파 별의 사건 B까지 광속보다 느리게 여행할 수 있다면, 모든 관찰자들은 사건 A가 사건 B보다 먼저 일어났다는 데에 동의할 것이다.

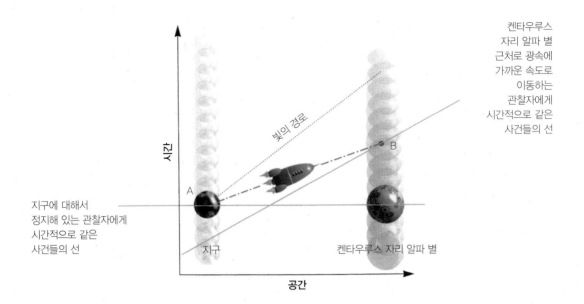

켄타우루스
자리 알파 별
근처로 광속에
가까운 속도로
이동하는
관찰자에게
시간적으로 같은
사건들의 선

빛의 경로

시간

B

A

지구에 대해서
정지해 있는 관찰자에게
시간적으로 같은
사건들의 선

지구

켄타우루스 자리 알파 별

공간

▲ 그림 10.3 로켓이 광속 이하로는 사건 A에서 사건 B까지 도달할 수 없다면, 서로 다른 속도로 움직이는 관찰자들은 어떤 사건이 먼저 일어났는지에 대해서 의견이 엇갈릴 수 있다.
▶ 그림 10.4 벌레구멍들은 거의 편평한 시공상의 멀리 떨어진 두 영역 사이를 도약하는 지름길을 만들어줄 수 있다.

리기 결승)에서 사건 B(가령, 켄타우루스 자리 알파 별의 100,004차 의회의 개회)까지 갈 수 있다면, 모든 관찰자들은 사건 A가 그들의 시간에 따라서 사건 B 이전에 일어났다는 데에 동의할 것이다(그림 10.2). 그러나 가령 그 우주선이 의회에 결승전 소식을 알리기 위해서 광속보다 빨리 달려야 한다고 가정하자. 그러면 서로 다른 속도로 움직이는 관찰자들은 사건 A가 사건 B보다 먼저 일어났다(또는 그 역도 성립한다)는 데에 의견이 일치하지 않을 수 있다. 지구에 대해서 정

지해 있는 관찰자의 시간에 따르면, 의회가 경주 이후에 열렸을 것이다. 따라서 이 관찰자는 광속의 한계를 무시할 수 있을 때에만 우주선이 A에서 B로 제시간에 도착할 수 있다고 생각할 것이다. 그러나 지구로부터 광속에 가까운 속도로 멀어져서 켄타우루스 자리 알파 별 쪽에 있는 관찰자에게 의회 개회라는 사건 B는 100미터 경주라는 사건 A 이전에 일어난 것으로 보일 것이다(그림 10.3). 상대성 이론은 물리법칙들이 서로 다른 속도의 두 관찰자에게 모두 동일하게 보일 것이라고 이야기한다.

이것은 실험에 의해서 검증되었고, 우리가 상대성 이론을 대체할 좀더 발전된 이론을 발견한다고 하더라도 하나의 특성으로 유지될 것 같다. 따라서 이동하는 관찰자는 만약 빛보다 빠

른 여행을 할 수만 있다면 사건 B, 즉 의회 개회에서 사건 A, 즉 100미터 경주로 가는 것이 가능하다고 말할 것이다. 만약 누군가가 조금 더 빨리 간다면, 그는 경주 이전에 돌아와서 그 경주에서 누가 승리할지를 확실히 알고 내기를 걸 수도 있을 것이다.

그러나 광속의 벽을 깨뜨린다는 문제가 있다. 상대성 이론은 로켓의 속도가 광속에 가까워질수록 로켓을 가속하는 데에 더 큰 동력이 필요해진다고 말한다. 우리는 이런 현상에 대한 실험적 증거를 가지고 있다. 물론 이 증거는 우주선을 통한 실험이 아니라 페르미 연구소나 유럽 입자물리 공동연구소에 있는 것과 같은 입자가속기속의 소립자를 이용해서 얻은 것이다. 우리는 입자를 광속의 99.99퍼센트까지 가속시킬 수 있다. 그러나 아무리 많은 동력을 더 공급해도 그 입자들이 광속의 벽을 넘게 만들 수는 없다. 우주선의 경우에도 마찬가지이다. 로켓의 동력을 아무리 높여도 로켓은 광속을 넘어설 수 없다.

이러한 사실은 빠른 우주여행과 과거로의 시간여행의 가능성을 모두 배제시키는 것처럼 보인다. 그러나 한 가지 가능성이 있다. 시공을 휘어서 A와 B 사이에 지름길을 만든다면 그런 일들이 가능해질 것이다. 그 한 가지 방법이 A와 B 사이에 벌레구멍(wormhole)을 만드는 것이다. 그 이름이 암시하고 있듯이, 벌레구멍은 멀리

켄타우루스 자리 알파 별까지 20조 마일

지구

벌레구멍

우리 우주

켄타우루스 자리 알파 별

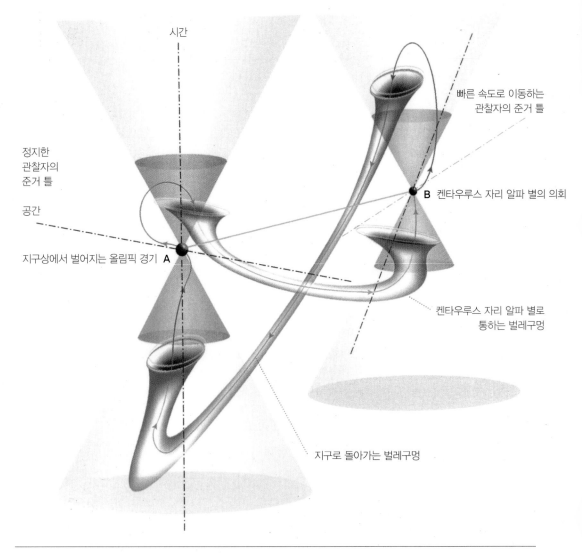

시간

빠른 속도로 이동하는
관찰자의 준거 틀

정지한
관찰자의
준거 틀

공간

B 켄타우루스 자리 알파 별의 의회

지구상에서 벌어지는 올림픽 경기 A

켄타우루스 자리 알파 별로
통하는 벌레구멍

지구로 돌아가는 벌레구멍

그림 10.5 공간여행자는 사건 A에서 사건 B로 도달하는 지름길로서 벌레구멍 ─ 지구에 대해서 정지해 있는 ─ 을 이용할 수 있다.
그리고 나서 움직이는 벌레구멍을 통해서 출발하기 전의 지구로 돌아올 수 있다.

떨어져 있는 거의 편평한 두 영역을 연결할 수 있는 얇은 관이다.

벌레구멍을 통과하는 거리와 거의 편평한 배경의 양 끝의 거리 사이에는 아무런 관련도 필요없다. 따라서 우리는 태양계 부근에서 켄타우루스 자리 알파 별로 통하는 벌레구멍을 만들거나 발견할 수 있다고 상상할 수 있다. 정상적인 공간에서는 지구와 켄타우루스 자리 알파 별 사이의 거리가 20조 마일이나 되지만, 벌레구멍으로는 수백만 마일밖에 되지 않을 것이다. 이것은 100미터 경주 소식이 의회의 개회장에 도달할 수 있게 해준다. 그러나 그럴 경우, 지구를 향해서 날아오는 관찰자는 켄타우루스 자리 알파 별 의회의 개회장에서 출발하여 경주가 시작되기 전에 지구에 도착할 수 있게 해줄 또다른 벌레구멍을 발견할 수 있어야 한다(그림 10.5). 따라서 빛보다 빠른 그밖의 가능한 종류의 여행들과 마찬가지로, 벌레구멍들도 과거로의 여행을 허용할 것이다.

시공의 각기 다른 두 영역들 사이에 나 있는 벌레구멍이라는 개념은 과학소설 작가들이 지어낸 것이 아니라 진지한 과학 연구의 소산이다.

1935년에 아인슈타인과 네이선 로젠은 일반 상대성 이론이 그들이 "다리(bridge)"라고 부른 것—그러나 오늘날에는 벌레구멍이라고 알려져 있다—을 허용함을 입증하는 논문을 발표했다. 아인슈타인-로젠 다리는 우주선이 통과할 수 있을 만큼 오랫동안 지속되지 않는다. 벌레구멍이 좁아들면 우주선은 특이점 속으로 빨려들어갈 것이다(그림 10.7). 그러나 미래의 진보된 문명에서는 벌레구멍을 열어둘 수 있을지도 모른다. 이것을 가능하게 하기 위해서, 또는 시간 여행이 가능하도록 다른 방식으로 시공을 휘기 위해서는 안장의 표면과 같은 음(−)의 곡률을

그림 10.6 물질은 시공에 구의 표면과 같은 양(+)의 곡률을 부여한다. 과거로의 여행이 가능하려면 시공은 안장의 표면과 같은 음(−)의 곡률을 가져야 한다.

가진 시공의 영역이 필요하다는 것을 입증할 수 있을 것이다(그림 10.6). 양의 에너지 밀도를 가진 일반적인 물질은 시공에 구의 표면처럼 양(+)의 곡률을 준다. 따라서 과거로의 여행을 허용하는 방식으로 시공을 휘기 위해서 필요한 것은 음의 에너지 밀도를 가진 물질이다.

에너지는 돈과 비슷한 면이 있다. 만약 당신의 은행 계좌에 플러스의 잔액이 남아 있다면 당신은 그 돈을 다양한 방식으로 분배할 수 있을 것이다. 그러나 20세기 초까지 올바른 이론

아인슈타인-로젠 다리는 떨어져 있는 두 영역을
연결시켜주는 벌레구멍이다

벌레구멍이 가늘어져서 우주선이 통과하기 전에
두 개의 분리된 특이점을 형성한다

으로 믿어진 고전법칙들에 따르면 당신은 잔고
이상으로는 돈을 찾을 수 없었다. 따라서 이 고
전법칙들은 시간여행의 모든 가능성을 배제시
켰다. 그러나 앞의 장에서 기술했듯이, 고전법
칙들은 폐기되고 불확정성 원리에 기초한 양자
법칙으로 대체되었다. 양자법칙은 고전법칙에
비하여 너그러워서, 전체 계정이 플러스일 경우
에는 한두 계좌에서 잔고 이상의 출금을 허용한
다. 다시 말해서 양자이론은 일부 장소에서 음
의 에너지 밀도를 허용한다. 그러나 이 음의 에
너지 밀도는 다른 장소에서의 양의 에너지 밀도
에 의해서 벌충되어 전체 에너지 밀도는 양의

그림 10.7 아인슈타인-로젠 다리는 서로 떨어져 있는 두 영역
을 이어줄 수 있는 벌레구멍들이다. 그러나 이 다리는 어떤 물
체가 통과할 수 있을 만큼 오랫동안 열려 있을 수 없다.

상태를 유지할 수 있어야 한다. 양자이론이 음
의 에너지 밀도를 허용할 수 있는 한 가지 예로
는 카시미르 효과(Casimir effect)라고 부르는 것
을 들 수 있다. 이미 제7장에서 살펴보았듯이,
우리가 "빈(empty)" 공간이라고 생각하는 것도
실제로는 하나로 합쳐져서 나타났다가 분리된
후에 다시 합쳐져서 쌍소멸을 일으키는 가상입
자와 반입자의 쌍으로 가득 차 있다. 그러면 짧

은 거리만큼 떨어져 있는 두 개의 평행한 금속판을 가지고 있다고 가정해보자. 이 금속판들은 가상의 광자, 즉 빛의 입자들에게 거울과 같은 역할을 할 것이다. 실제로 이 입자들은 그 사이에 공동(空洞)을 형성할 것이며 그 공동은 특정한 음조에서만 서로 공명하는 오르간의 파이프와 비슷할 것이다. 이 말은 가상광자들의 파장(한 파동의 마루와 다음 파동의 마루 사이의 거리)이 금속판 사이의 간격에 대해서 정수배일 때에만, 금속판 사이에서 그 가상입자들이 나타날 수 있음을 뜻한다. 만약 공동의 간격이 파장의 정수배보다 조금 크다면, 금속판들 사이에서 앞뒤로 몇 차례의 반사가 일어난 다음 그중 한 파동의 마루들이 다음 파동의 골과 일치하게 되어서 그 파동들은 서로 상쇄될 것이다.

금속판 사이의 가상광자들이 공명 파장만을 가지기 때문에, 금속판 사이에서는 가상광자들이 모든 파장을 가질 수 있는 금속판 바깥 영역보다 약간 적은 수의 가상광자들이 존재할 것이다. 따라서 금속판의 바깥쪽 면보다 안쪽 면에 충돌하는 가상광자들이 약간 더 적을 것이다. 따라서 우리는 두 개의 금속판에 서로를 향해서 접근하게 만드는 압력이 작용하리라고 예상할 것이다. 이 힘은 실험을 통해서 실제로 검증되었고 그 값이 예측되었다. 따라서 우리는 가상입자들이 존재하고 실질적인 효과를 미친다는

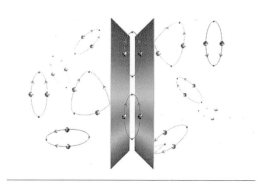

그림 10.8 빈 공간은 실제로는 가상입자와 반입자들의 쌍으로 "가득 차" 있다. 두 금속판은 이 입자들에게 거울과 같은 기능을 할 것이며, 금속판 사이에 특정한 공명 파장을 가진 가상입자 쌍만 있도록 허용한다. 이것이 카시미르 효과이다.

실험적 증거를 얻게 되었다.

금속판들 사이에 더 적은 수의 가상광자들이 존재한다는 사실은 그곳의 에너지 밀도가 다른 곳보다 낮다는 것을 뜻한다. 그러나 금속판에서 멀리 떨어진 "빈" 공간에서의 전체 에너지 밀도는 0이어야 한다. 그렇지 않다면 에너지 밀도가 공간을 휘어서 공간은 편평하지 않게 되기 때문이다. 따라서 만약 금속판들 사이의 에너지 밀도가 멀리 떨어져 있는 곳의 에너지 밀도보다 낮다면, 그것은 음(-)이 되어야 할 것이다.

따라서 우리는 시공이 휠 수 있다는 실험적 증거(일식이 벌어지는 동안 휘어지는 빛을 통해서)와 시간여행을 허용하는 데에 요구되는 방식으로 시공이 휠 수 있다는 실험적 증거(카시미르 효과를 통해서)를 모두 가지고 있는 셈이다. 그렇기 때문에 우리는 과학과 기술이 진보함에 따라서

언젠가는 타임머신을 만들 수 있으리라는 희망을 품을 수 있다. 그러나 만약 그렇다면, 미래에서 누군가가 현재로 돌아와 타임머신의 제작법을 가르쳐주지 않는 까닭은 무엇일까? 물론 현재의 초보적인 발전단계의 우리들에게 시간여행의 비밀을 가르쳐주지 않는 편이 현명하리라는 충분한 이유들이 있을 수 있겠지만, 인간의 본성이 급격하게 바뀌지 않는 한, 미래에서 온 어떤 여행객이 그 비밀을 털어놓지 않으리라고는 믿기 힘들다. 물론 미확인 비행물체(UFO)의 목격 사례가 미래에서 온 사람이나 외계인이 우리를 방문하고 있다는 증거라고 주장할 사람도 있을 것이다(만약 그 외계인들이 적당한 시간 내에 이곳에 도착하려면 그들은 빛보다 빨리 달려야 하기 때문에, 미래에서 사람이 올 가능성과 외계인이 지구를 방문할 가능성은 같은 셈이다).

그러나 나는 외계인이나 미래의 여행객의 방문이 실제로 있다면 그것은 훨씬 분명하고, 아마도 훨씬 유쾌한 방식으로 이루어질 것이라고 생각한다. 만약 그들이 어떤 식으로든 자신들의 정체를 드러내려고 한다면, 왜 신뢰할 만한 목격자로 여길 수 없는 사람들에게만 모습을 나타내는 것일까? 만약 그들이 우리에게 어떤 커다란 위험을 경고하려는 것이라면, 그들은 별로 성과를 거두고 있지 못하는 셈이다.

미래의 방문객이 없는 이유에 대한 한 가지 설명은 우리가 과거를 보았고, 미래에서 과거로의 여행을 허용하기 위해서 요구되는 종류의 휨이 없다는 것을 알았기 때문에 과거가 고정되어 있다는 것이다. 반면, 미래는 알지 못하고 열려 있다. 따라서 어쩌면 미래는 요구되는 정도의 곡률을 가지고 있을지도 모른다. 이 말은 모든 시간여행이 미래로 국한되어 있다는 의미일 것이다. 따라서 커크 선장과 엔터프라이즈 우주선이 현재에 나타날 가능성은 없는 셈이다.

이것은 우리가 아직까지 미래의 여행객들의 방문을 받지 않는 이유를 설명해줄 수 있다. 그러나 그 설명도 과거로 여행해서 역사를 바꾸어놓을 수 있을 때에 발생하게 되는 문제들을 회피하지는 못한다. 예를 들면, 여러분이 과거로 가서 아직 어린아이인 고조할아버지를 죽인다고 가정해보자. 이런 유형의 역설에는 여러 가

1897

지 변형판이 있지만, 그 본질은 마찬가지이다. 만약 우리가 마음대로 과거를 뒤바꿀 수 있다면, 우리는 모순에 직면하게 될 것이다.

시간여행으로 야기되는 역설들을 해결할 수 있는 두 가지 방법이 있다. 하나는 내가 일관된 역사 접근(consistent histories approach)이라고 부르는 것이다. 그 접근은 만약 시공이 휘어져 있어서 과거로의 여행이 가능하다고 하더라도 시공에서 일어나는 일은 물리법칙들의 일관된 해일 것이라고 말한다. 이 관점에 따르면, 여러분은 여러분이 이미 과거에 도착했고, 그곳에서 고조할아버지를 살해했고, 그밖에도 현재의 여러분의 상태와 모순되는 다른 행동을 했다는 사실이 역사에 적혀 있지 않는 한 과거로 갈 수 없다는 것이다. 게다가 여러분이 과거로 거슬러간 때에도 기록된 역사를 뒤바꿀 수는 없다. 이 말

은 여러분이 원하는 대로 할 수 있는 자유의지를 가지지 못하리라는 뜻이다. 물론 자유의지란 환상에 불과하다고 말할 수도 있을 것이다. 만약 실제로 모든 것을 지배하는 완전한 통일이론이 있다면, 그 이론은 여러분의 행동까지도 완전히 결정할 것이다. 그러나 그러한 이론이라면, 인간과 같이 복잡한 유기체로서도 계산하기란 불가능하다. 우리가 인간은 자유의지를 가진다고 말하는 까닭은 사람들이 무슨 일을 할지 예측할 수 없기 때문이다. 그러나 만약 인간이 로켓을 타고 떠났다가 출발 이전으로 되돌아온다면, 우리는 그 또는 그녀가 무슨 일을 할지 예측할 수 있을 것이다. 왜냐하면 그 일이 기록된 역사의 일부일 것이기 때문이다. 따라서 이런 처지에서 시간여행자에게는 아무런 자유의지도 없을 것이다.

시간여행의 역설을 해결할 수 있는 또다른 방법은 대안 역사 가설(alternative histories hypothesis)이라는 것이다. 이 개념은 시간여행객들이 과거로 갔을 때, 기록된 역사가 아닌 또다른 역사들로 들어간다는 것이다(그림 10.9). 따라서 그들은 자신들이 이전의 역사와 일관되어야 한다는 속박을 받지 않고 자유롭게 행동할 수 있다. 스티븐 스필버그는 영화 「백 투 더 퓨처 (back to the future)」에서 이 개념을 재미있게 다루었다. 마티 맥플라이는 과거로 돌아가서 아버

1997

여러분이 과거로 가서 아직 어린아이인 고조할아버지를 죽인다고 가정하자

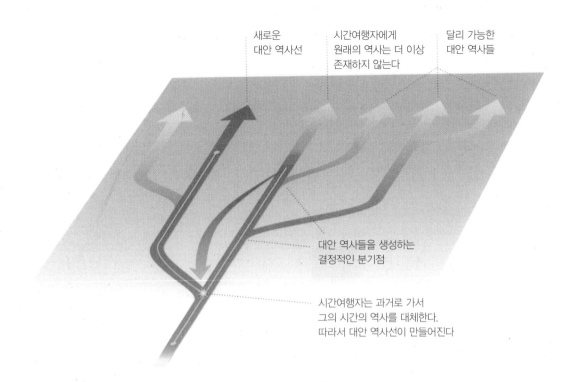

새로운
대안 역사선

시간여행자에게
원래의 역사는 더 이상
존재하지 않는다

달리 가능한
대안 역사들

대안 역사들을 생성하는
결정적인 분기점

시간여행자는 과거로 가서
그의 시간의 역사를 대체한다.
따라서 대안 역사선이 만들어진다

그림 10.9 시간여행의 역설을 풀 수 있는 한 가지 해결책은 특정한 결정적인 사건들에서 서로 분기하는 대안 역사들의 전체 열(께)이 있다고 가정하는 것이다.

지의 구애를 좀더 만족스러운 역사로 바꿀 수 있었다.

대안 역사 가설은 양자역학을 역사 총합 이론으로 나타내는 리처드 파인먼의 표현방식 — 이것에 대해서는 제4장과 제8장에서 다루었다 — 과 흡사하게 들린다. 이 이론은 우주가 단일한 역사만을 가지지는 않았다고 이야기한다. 우주는 가능한 모든 역사들을 가졌으며, 그 역사들은 각각의 확률을 가졌다는 것이다. 그러나 파

인먼의 제안과 대안 역사 사이에는 중요한 차이점이 있는 것으로 보인다. 파인먼의 총합에서 각각의 역사는 하나의 완전한 시공과 그 속에 들어 있는 모든 것으로 이루어진다. 시공은 로켓을 타고 과거로 여행할 수 있을 정도로 휘어져 있을 수 있다. 그러나 그 로켓은 동일한 시공, 따라서 동일한 역사에 남아 있을 것이다. 여기에서 역사는 일관되어야 한다. 따라서 파인먼의 역사 총합 이론은 대안 역사 가설보다는 일관된 역사 가설을 뒷받침하는 것 같다.

파인먼의 역사 총합 이론은 미시적 크기에서의 과거 여행을 **허용한다**. 제9장에서 우리는 C, P, T 작용의 조합에 의해서 과학법칙들이 변화

하지는 않는다는 것을 알았다. 이 말은 반시계 방향의 스핀을 가지고 A에서 B로 이동하는 반입자를 시계방향의 스핀을 가지고 B에서 A로 시간을 거슬러 이동하는 입자로 볼 수 있음을 뜻한다. 마찬가지로 시간적으로 앞으로 나아가는 입자는 시간적으로 뒤로 나아가는 반입자와 등가(等價)이다. 이 장과 제7장에서 이미 설명했듯이, "빈" 공간은 하나로 태어났다가 분리된 후에 다시 합쳐져서 쌍소멸하는 가상입자와 반입자의 쌍들로 가득 차 있다.

따라서 우리는 입자 쌍을 시공 속의 닫힌 고리 위에서 움직이는 단일한 입자로 간주할 수 있다(그림 10.10). 그 쌍이 시간적으로 앞으로 진행할 때(생성되는 사건에서 소멸하는 사건을 향해서) 그것은 입자라고 불린다. 그러나 그 입자가 시간적으로 뒤로 진행할 때(쌍소멸하는 사건에서 생성되는 사건을 향해서), 그 입자는 시간적으로 앞으로 진행하는 반입자라고 불린다.

블랙홀이 입자와 복사를 어떻게 방출하는지에 대한 설명(제7장에서 주어진)은 가상입자/반입자 쌍 중 하나(가령 반입자)가 블랙홀 속으로 떨어짐으로써 다른 하나가 쌍소멸을 일으킬 짝을 잃게 된다는 것이다. 버림받은 입자가 뒤따라서 블랙홀 속으로 떨어질 수도 있겠지만 블랙홀 근처를 벗어날 가능성도 있다. 만약 그렇게 된다면, 블랙홀에서 떨어져 있는 관찰자의

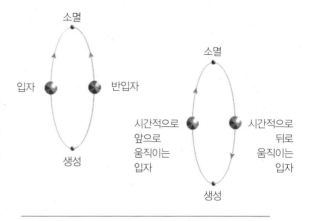

그림 10.10 우리는 반입자를 시간적으로 뒤로 움직이는 입자로 생각할 수 있다. 따라서 가상입자/반입자 쌍은 시공의 닫힌 고리 위에서 움직이는 입자로 간주될 수 있다.

눈에는 블랙홀이 입자를 방출하는 것처럼 보일 것이다.

그러나 블랙홀이 복사를 방출하는 메커니즘에 대해서 등가이면서 또다른 직관적인 상(像)을 그릴 수 있다. 우리는 블랙홀 속으로 떨어진 가상입자의 짝(즉 반입자)을 블랙홀에서 벗어나 시간적으로 뒤로 나아가는 입자로 간주할 수도 있다. 그 입자가 가상입자/반입자 쌍이 생성되는 지점에 도달하면, 중력장에 의하여 흩어져서 시간적으로 앞으로 나아가는 입자가 되어 블랙홀을 벗어난다(그림 10.11). 반대로 가상입자 쌍 중에서 블랙홀 속으로 떨어지는 쪽이 입자라면, 우리는 반입자가 시간적으로 뒤로 움직이며 블랙홀을 벗어나는 것으로 간주할 수 있다. 따라서 블랙홀에 의한 복사는 양자이론이 미시적인

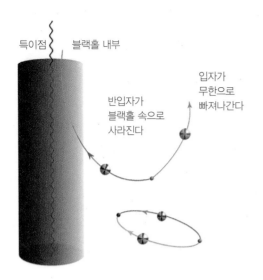

특이점   블랙홀 내부

반입자가
블랙홀 속으로
사라진다

입자가
무한으로
빠져나간다

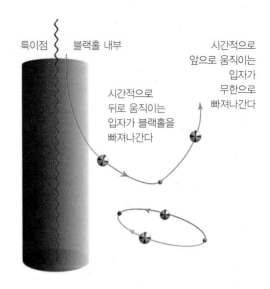

특이점   블랙홀 내부

시간적으로
뒤로 움직이는
입자가 블랙홀을
빠져나간다

시간적으로
앞으로 움직이는
입자가
무한으로
빠져나간다

그림 10.11 블랙홀이 복사를 방출하는 두 가지 등가의 상. 왼쪽 그림에서는 가상입자 쌍 가운데 반입자가 블랙홀 속으로 떨어지고, 입자가 풀려나서 블랙홀을 벗어난다. 오른쪽 그림에서는 블랙홀 속으로 떨어지는 반입자가 시간적으로 뒤로 움직여서 블랙홀을 빠져나가는 입자로 간주된다.

크기에서 과거로의 여행을 허용하며, 이러한 시간여행이 관찰 가능한 효과를 일으킬 수 있다는 것을 보여준다.

따라서 우리는 이런 질문을 던질 수 있다. 양자이론은 사람들이 이용할 수 있는 거시적인 크기에서 시간여행을 허용하는가? 얼핏 생각하면 가능한 것처럼 보이기도 한다. 파인먼의 역사 총합 제안은 **모든** 역사를 포괄하는 것으로 생각된다. 따라서 그 이론은 과거로의 여행이 가능할 수 있을 정도로 시공이 휘어져 있는 역사들도 포함해야 한다. 그렇다면 우리가 역사를 이용하여 말썽을 빚지 않는 이유는 무엇인가? 예를 들면 누군가가 과거로 돌아가서 나치에게 원자폭탄의 비밀을 누설했다고 가정해보자.

내가 시간순서 보호관 가설(chronology pro-tection conjecture)이라고 부르는 것이 옳다면 이러한 문제들을 피하게 된다. 이 가설은 물리법칙들이 공모해서 **거시적인 물체가 과거로 정보를 나르지 못하도록** 가로막는다는 것이다. 그러나 우주검열관 가설(cosmic censorship conjecture)과 마찬가지로, 이 가설을 뒷받침하는 증거가 입증되지는 않았다.

시간순서 보호관이 기능을 수행하고 있다고 믿을 만한 근거는 시공이 과거로의 여행을 가능하게 할 만큼 휘어져 있을 때 시공의 닫힌 고리

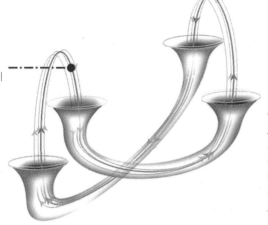

고리상의 특정한 점을
지나면 그 점의 에너지
밀도가 높아진다

그림 10.12 시간여행을 허용하는 시공에서 가상입자들은 실제 입자들이 될 수 있다. 이 입자들은 시공의 동일한 점을 여러 차례 지나면서 에너지 밀도를 크게 높일 수 있다.

에서 움직이고 있는 가상입자들은 시간적으로 앞으로 움직이거나 광속 이하로 움직이는 실제 입자가 될 수 있다는 것이다. 이 입자들이 몇 바퀴든 간에 고리를 회전할 수 있기 때문에, 그 입자들은 그들의 경로에서 고리 위의 각 점들을 여러 차례 지나게 된다(그림 10.12). 따라서 그 에너지는 여러 번 반복적으로 계산되고, 에너지 밀도는 매우 커질 것이다. 이런 과정이 시공에 과거로의 여행을 허용하지 않는 양의 곡률을 부여하게 된다. 이 입자들이 시공에 양과 음의 곡률 중에서 어떤 곡률을 형성할지, 또는 일부 종류의 가상입자들에 의해서 생성되는 곡률이 다른 종류의 가상입자들에 의해서 만들어진 곡률을 상쇄할지 여부는 아직 분명치 않다. 따라서 시간여행의 가능성은 여전히 열려 있는 셈이다. 그러나 나는 시간여행이 가능하다는 쪽에 내기를 걸지 않을 것이다. 나의 반대자들이 미래를 알아버리는 부당이득을 취할지도 모르기 때문이다.

11

물리학의 통일

제1장에서 설명했듯이, 우주 속의 모든 것을 남김없이 포괄하는 완전한 통일이론을 한번에 수립하기는 매우 힘들 것이다. 따라서 그 대신에 우리는 제한된 범위의 사건들을 기술하는 부분 이론들을 찾아내고 다른 효과들은 무시하거나 특정한 숫자들로 근사하는 방법을 통해서 진전을 이루었다(예를 들면, 화학은 원자핵의 내부 구조를 알지 못해도 우리에게 원자들의 상호작용을 계산할 수 있게 해준다). 그러나 궁극적으로 우리는 근사에 해당하는 이 모든 부분 이론들을 포괄하는 완전하고 모순되지 않은 통일이론을 찾아내고자 한다. 통일이론이 수립되면 이론 속에 들어 있는 특정한 임의적인 숫자들의 값을 하나씩 골라내서 사실들에 부합시키기 위하여 조정할 필요가 없을 것이다. 이러한 이론을 세우기 위해

서 요구되는 작업이 "물리학의 통일"이라고 알려진 것이다. 아인슈타인은 이 통일이론을 찾는데에 만년의 대부분의 시간을 보냈지만 결국 실패하고 말았다. 그러나 당시는 아직 시기가 무르익지 않았다. 당시에도 중력과 전자기력에 대한 부분 이론들은 있었지만 핵력에 대해서는 거의 아무것도 알려져 있지 않았다. 게다가 아인슈타인은 자신이 양자역학의 수립에 매우 중요한 역할을 했음에도 불구하고, 양자역학의 진실성을 믿지 않았다. 그러나 불확정성 원리는 우리가 살고 있는 우주의 근본적인 특성 중 하나인 것 같다. 따라서 성공적인 통일이론은 반드시 이 원리를 포함해야만 한다.

곧 설명하겠지만, 오늘날 이러한 이론을 발견할 전망은 훨씬 더 높아진 것으로 보인다. 우리

그림 11.1 가상입자와 반입자의 쌍은 "빈" 공간에도 무한한 에너지 밀도를 부여하고, 그 공간을 무한히 작은 크기로 휘게 만들 것이다. 따라서 이 무한한 에너지는 공제되거나 상쇄되어야 한다.

가 우주에 대해서 더 많은 것을 알고 있기 때문이다. 그러나 지나친 자신은 금물이다─우리는 이전에도 여러 차례 실수를 저지른 적이 있다! 가령 20세기 초에는 모든 것이 탄성(彈性)이나 열전도(熱傳導)와 같은 연속적인 물질의 특성으로 설명될 수 있다고 생각되었다. 그러나 원자 구조와 불확정성 원리의 발견은 이런 생각에 단호하게 종지부를 찍었다. 그후 다시 1928년에 물리학자이자 노벨상 수상자인 막스 보른은 괴팅겐 대학교를 찾아온 방문자들에게 "우리가 알고 있는 물리학은 여섯 달 안에 끝날 겁니다"라고 말했다. 그가 이렇게 확신하게 된 배경에는

그 무렵 디랙이 전자를 지배하는 방정식을 발견한 사건이 있었다. 당시 전자 이외에 알려진 유일한 입자인 양성자에도 그와 비슷한 방정식이 적용될 것이며, 만약 그렇게 된다면 이론물리학은 완성되어 종말을 맞이할 것이라고 생각되었다. 그러나 중성자와 핵력의 발견으로 그러한 믿음 역시 깨어지고 말았다. 이렇게 이야기하고는 있지만, 나는 여전히 오늘날 자연의 궁극의 법칙을 찾는 탐색이 종착역에 가까워지고 있을지도 모른다는 조심스러운 낙관론이 근거가 있다고 믿고 있다.

앞에서 나는 중력에 대한 부분 이론인 일반 상대성 이론과, 약력과 강력 그리고 전자기력을 기술하는 부분 이론들에 대해서 기술했다. 마지막 세 가지 부분 이론들은 이른바 대통일이론(GUT)으로 통합될 수 있을 것이다. 그러나 이 대통일

중력   우주상수

일반 상대성

그림 11.2 일반 상대성 이론에서는 중력의 세기와 우주상수의 값만이 조정 가능했다. 이 두 값의 조정만으로는 모든 무한을 상쇄시키기에 부족하다.

으로 양자역학에 의존한다. 따라서 필수적인 첫 번째 단계는 일반 상대성 이론을 불확정성 원리와 결합시키는 것이다. 이미 앞에서 살펴보았듯이, 이것은 검지 않은 블랙홀이나 특이점을 가지지 않지만 완전히 자기독립적이고 경계가 없는 우주와 같은 상당히 주목할 만한 결과를 낳을 수 있다. 그런데, 제7장에서 설명했듯이, 문제는 불확정성 원리에 따르면 "빈" 공간도 가상 입자와 반입자의 쌍으로 가득 차 있다는 것이다. 이 쌍들은 무한한 양(量)의 에너지를 가질 것이며, 따라서 아인슈타인의 유명한 방정식 $E = mc^2$에 의해서 무한한 양의 질량을 가질 것이다. 그러므로 그 인력이 우주를 무한히 작은 크기로 휠 것이다(그림 11.1).

마찬가지로, 일견 터무니없는 것처럼 생각되는 무한이 다른 부분 이론들에서도 나타나지만, 이러한 모든 경우에 무한은 재규격화(renormalization)라는 과정에 의해서 상쇄될 수 있다. 여기에는 다른 무한을 도입해서 무한을 상쇄시키는 과정이 포함된다. 이 기법은 수학적으로는 조금 의심스럽지만, 실제에서는 제대로 작동하는 것 같으며, 부분 이론들의 예측 결과를 실제 관측치와 매우 정확하게 일치시키는 데에 사용되어왔다. 그러나 재규격화는 완전한 이론을 찾기 위한 시도라는 관점에서 볼 때에는 심각한 결함을 가지고 있다. 그것은 여러 힘들의 질량

이론은 아직 만족스럽지 못하다. 그 까닭은 그것이 중력을 포괄하지 못하며, 그 이론을 통해서 예측되지 못하고 관측 결과에 맞도록 선택되어야 하는, 서로 다른 입자들의 상대적인 질량과 같은 여러 가지 양들을 포함하기 때문이다. 중력을 다른 힘들과 통일시키는 이론을 찾는 과정에서 부딪치는 가장 큰 어려움은 일반 상대성 이론이 "고전"이론이라는 것이다. 즉 일반 상대성 이론은 양자역학의 불확정성 원리를 포함하지 않는다. 반면에 다른 부분 이론들은 본질적

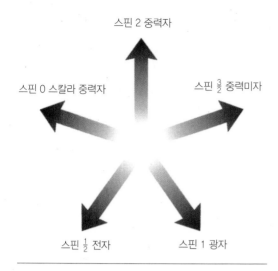

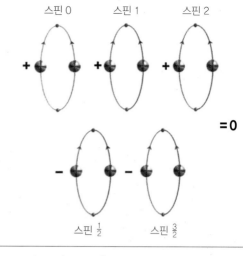

그림 11.3 초중력 이론에서는 제각기 서로 다른 스핀을 가진 입자들도 하나의 초입자의 서로 다른 측면들로 간주될 뿐이다.

그림 11.4 스핀 $\frac{1}{2}$과 스핀 $\frac{3}{2}$인 가상입자 쌍은 음의 에너지를 가지며, 스핀 0, 1, 2인 쌍의 양의 에너지를 상쇄시킨다. 이 과정에서 대부분의 무한이 제거된다.

과 세기의 실제 값들이 이론에 의해서 예측되지 못하고 관측치에 부합하도록 선택되어야 한다는 것을 뜻하기 때문이다.

불확정성 원리를 일반 상대성 이론과 통합시키기 위한 시도에서 조정이 가능한 양은 두 가지밖에 없다. 그것은 중력의 세기와 우주상수의 값이다. 그러나 모든 무한을 제거하려면 이러한 조정만으로는 부족하다(그림 11.2). 따라서 시공 곡률과 같은 어떤 양이 실제로는 무한하지만 완전히 유한한 것으로 관찰되고 측정될 수 있다는 식으로 예측하는 이론이 우리 앞에 나타나는 셈이다! 얼마 동안, 일반 상대성 이론을 불확정성 원리와 결합시키려는 과정에서 이러한 문제가 있을 것으로 짐작되었고, 마침내 1972년에 정

밀한 계산으로 그것이 확인되었다. 4년 후에 "초중력(supergravity)"이라고 부르는 그럴듯한 해결책이 제안되었다. 이것은 중력을 나르는 중력자라는 스핀 2 입자를 스핀 $\frac{3}{2}$, 1, $\frac{1}{2}$, 0의 다른 입자들과 결합시키는 것이다. 어떤 면에서 이 입자들은 동일한 "초입자(superparticle)"의 서로 다른 측면들로 간주될 수 있다. 따라서 스핀 $\frac{1}{2}$과 $\frac{3}{2}$의 물질입자들을 스핀 0, 1, 2의 힘-전달 입자들과 결합시키는 셈이다(그림 11.3). 스핀 $\frac{1}{2}$과 $\frac{3}{2}$의 가상입자/반입자 쌍은 음의 에너지를 가질 것이며, 따라서 스핀 2, 1, 0의 가상입자 쌍들의 양의 에너지를 상쇄할 것이다. 이 과정에서 나타날 수 있는 많은 무한들이 상쇄되겠지만(그림 11.4) 일부 무한은 여전히 남아 있을 것이다. 그

그림 11.5

열린 끈

시간

열린 끈의 세계면

그림 11.6

닫힌 끈

시간

닫힌 끈의 세계면

렇지만 상쇄되지 않고 남아 있는 무한이 있는지 여부를 알아내기 위해서 요구되는 계산은 너무나 길고 어렵기 때문에 아무도 그런 일을 하려고 들지 않았다. 컴퓨터를 사용해도 최소한 4년이 걸릴 것이며, 계산과정에서 최소한 한 번—아마도 그 이상—의 실수가 빚어질 가능성이 매우 높다고 예측되었다. 따라서 다른 사람들이 계산을 반복해서 같은 답을 얻을 때에만 옳은 계산이 이루어졌음을 알 수 있을 것이다. 그러나 그런 일이 이루어질 가능성은 극히 희박하다!

이런 문제점들 그리고 초중력 이론에서 입자들이 관측된 입자들과 일치하지 않는 것 같다는 사실에도 불구하고, 대다수의 과학자들은 초중력이 물리학의 통일이라는 문제에 대한 올바른

답일 것이라고 믿었다. 그 이론은 중력을 다른 힘들과 통합시키는 가장 좋은 방법으로 생각되었다. 그러나 1984년에 과학자들의 입장은 이른바 끈이론(string theory) 쪽으로 크게 기울었다. 이 이론은 공간상의 한 점을 차지하는 입자가 아니라, 길이 이외에 다른 차원을 가지지 않는 무한히 가느다란 끈과 같은 무엇을 가장 기본적인 대상으로 삼는다(이는 뉴턴 역학을 비롯한 고전이론들이 명시적 또는 암시적으로 입자[알갱이]를 기본 대상으로 삼는 것과 큰 대조를 이룬다/옮긴이). 이 끈들은 끝을 가질 수 있지만(열린 끈이라고 부른다), 양쪽 끝이 연결되어서 닫힌 고리(닫힌 끈)를 형성할 수도 있다. 입자는 시간의 매순간 공간상의 한 점에 위치한다. 따라서 그 입자의 역사는 시공 속에서 하나의 선("세계선[world-

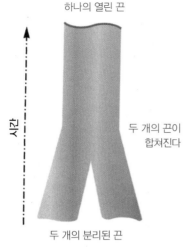

그림 11.7

하나의 열린 끈

시간

두 개의 끈이
합쳐진다

두 개의 분리된 끈

두 개의 열린 끈이 합쳐져서 만든 세계면

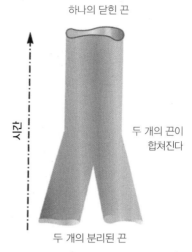

그림 11.8

하나의 닫힌 끈

시간

두 개의 끈이
합쳐진다

두 개의 분리된 끈

두 개의 닫힌 끈이 합쳐져서 만든 세계면

line]")으로 표현될 수 있다. 반면에 끈은 시간의 매순간 공간 속에서 하나의 선을 점한다. 따라서 시공 속에서의 끈의 역사는 세계면(world-sheet)이라고 하는 2차원 면이 된다(이 세계면 위의 모든 점은 두 개의 숫자로 나타낼 수 있다. 하나는 시간을 지정하고, 다른 하나는 끈 위의 점의 위치를 나타낸다). 열린 끈의 세계면은 기다란 띠이다. 그 가장자리는 끈의 양쪽 끝이 시공을 통과한 경로를 나타낸다(그림 11.5). 닫힌 끈의 세계면은 원통이나 관이다(그림 11.6). 관의 단면은 원이며, 이것은 특정 시간에서의 끈의 위치를 나타낸다.

두 개의 끈은 하나로 합쳐져서 단일한 끈이 될 수도 있다. 열린 끈의 경우에는 간단하게 두 끈의 끝이 합쳐지지만(그림 11.7), 닫힌 끈에서는

바지의 두 가랑이가 하나로 합쳐지는 식으로 결합한다(그림 11.8). 마찬가지로, 하나의 끈은 두 개의 끈으로 나누어질 수 있다. 오늘날 끈이론에서는 과거에 입자로 생각되었던 것들이 연의 줄을 진동시키는 파동처럼 끈을 따라서 전달되는 파동으로 묘사된다. 다른 입자에 의해서 한 입자가 방출되거나 흡수되는 현상은 끈들을 한데 결합시키거나 나누는 것에 해당한다. 예를 들면, 입자 이론에서는 지구에 미치는 태양의 중력을 태양의 입자에 의한 중력의 방출과 지구의 입자에 의한 중력의 흡수에 의해서 야기되는 것으로 생각한다(그림 11.9). 반면 끈이론에서 이러한 과정은 H모양의 관이나 파이프에 상응한다(그림 11.10). (어떤 면에서 끈이론은 배관공사와 흡사하다.) H에서 두 개의 양쪽 기둥은 태양과

그림 11.9

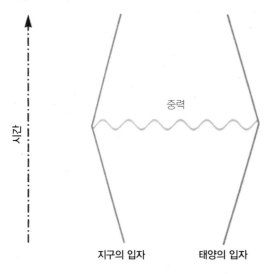

시간

중력

지구의 입자   태양의 입자

그림 11.10

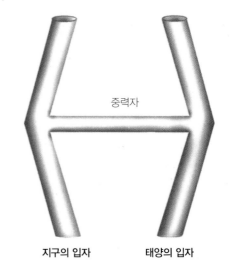

중력자

지구의 입자   태양의 입자

그림 11.9와 11.10 소립자이론에서는 원거리까지 영향을 미치는 힘들이 힘-전달 입자의 교환에 의해서 발생하는 것으로 생각되었다. 그러나 끈이론에서는 그 힘들이 서로 연결된 관에 의해서 발생하는 것으로 설명된다.

지구의 입자들에 해당하며, 수평 가로대는 태양과 지구 사이를 이동하는 중력자이다.

끈이론은 기묘한 역사를 가지고 있다. 그 이론은 1960년대 말에 강한 핵력을 기술하는 이론을 찾던 와중에 처음 고안되었다. 그 아이디어에 따르면, 양성자나 중성자와 같은 입자들은 끈 위의 파동과 같은 것으로 간주될 수 있다는 것이다. 그리고 입자들 사이에 작용하는 강한 핵력은 거미줄에서 다른 줄들을 서로 이어주는 줄에 해당한다. 이 이론이 입자들 사이의 강한 핵력에서 관찰된 것과 같은 값을 내놓으려면,

끈들은 약 10톤의 장력을 가진 고무 줄과 흡사해야 한다.

1974년에 파리의 조엘 셰르크와 캘리포니아 공과대학의 존 슈워츠는 끈이론이 중력을 기술할 수 있기는 하지만, 그것은 끈의 장력이 매우 큰 약 10^{39}톤이 될 때에만 가능하다는 주장을 담은 논문을 발표했다. 끈이론의 예측들은 일반적인 길이의 척도에서 일반 상대성 이론이 한 예측과 동일하며, 10^{33}분의 1센티미터 이하의 극미한 거리만큼만 차이가 난다. 그들의 연구는 별반 관심을 끌지 못했는데 그 이유는 당시 대부분의 사람들이 쿼크와 글루온에 기초한 이론—그 무렵에는 이 이론이 실제 관측치에 더 부합하는 것으로 생각되었다—을 더 선호해서 강한 핵력에 대한 최초의 끈이론을 폐기했기 때

문이다. 셰르크는 비극적인 상황에서 세상을 떠났다(그는 당뇨로 고생했는데, 주위에 그에게 인슐린을 주사해줄 사람이 아무도 없는 상황에서 혼수상태에 빠지고 말았다). 따라서 슈워츠는 끈이론의 거의 유일한 지지자로 남았다. 그러나 오늘날 끈의 장력은 훨씬 높은 값으로 제안되고 있다.

1984년에 갑작스럽게 끈이론에 대한 관심이 부활했다. 거기에는 두 가지 이유가 있는 것으로 생각된다. 하나는 사람들이 초중력이 유한하거나 또는 그것이 우리가 관찰하는 종류의 입자들로 설명할 수 있다는 것을 입증하는 데에 실제로 그리 큰 진전을 이루지 못했기 때문이며, 다른 하나는 존 슈워츠와 런던의 퀸 메리 칼리지의 마이크 그린이 출간한 논문 때문이었다. 그 논문은 끈이론이, 우리가 관찰하는 일부 입자들과 마찬가지로, 내재된 왼손잡이 성질(built-in left-handedness)을 가지는 입자들의 존재를 설명할 수 있을 것임을 보여주었다. 이유야 무엇이든 간에 곧 많은 사람들이 끈이론에 대한 연구를 시작했고, 이형적 끈(heterotic string)이라고 하는 새로운 판이 발전했다. 그리고 이 이론은 우리가 관찰하는 종류의 입자를 설명할 수 있을 것처럼 생각되었다.

끈이론 역시 무한으로 이어졌다. 그러나 그 무한은 이형적 끈과 같은 이론에서는 모두 상쇄될 것이다(아직까지는 확실하게 알려지지 않았지

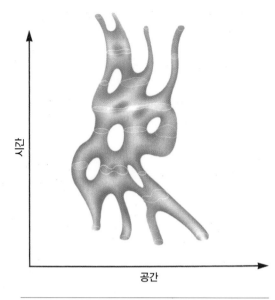

그림 11.11 닫힌 끈들이 결합하여 시공 속에서 면을 형성한다. 모든 소립자를 끈으로 간주한다면, 네 개의 기본력을 모두 설명하는 일관된 양자이론이 가능할 것이다.

만). 그러나 끈이론은 보다 큰 문제를 가지고 있다. 이 이론은 시공이 우리에게 친숙한 4차원이 아니라 10차원이나 26차원일 때에만 모순이 없는 것처럼 보인다! 물론 이러한 시공의 여분의 차원들은 과학소설에서는 흔하게 접할 수 있는 이야기이다. 이 여분의 차원들은 빛보다 빨리 달리거나 과거로 여행할 수 없는 상대성 이론의 일반적인 제약을 극복하는 이상적인 방법을 제공한다(제10장 참조). 이것은 여분의 차원들을 통해서 지름길을 얻을 수 있다는 생각이다. 이 개념은 다음과 같이 생각할 수 있다. 우리가 살고 있는 공간은 2차원이고 닻에 달린 사슬이나 토

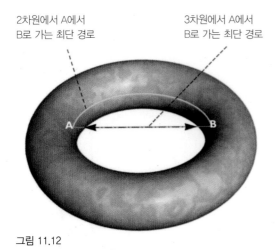

2차원에서 A에서
B로 가는 최단 경로

3차원에서 A에서
B로 가는 최단 경로

그림 11.12

러스(torus : 원을 그 원 밖의 중심축 주위로 1회전시
켜서 얻은 도넛형의 입체. 원환체라고도 한다/옮긴
이)의 표면처럼 휘어 있다(그림 11.12). 만약 당
신이 사슬의 안쪽 가장자리의 한쪽 면에 올라서
있고, 맞은편의 한 점으로 이동하려고 한다고
가정하자. 그러면 당신은 사슬의 안쪽 가장자리
를 따라서 돌아가야 할 것이다. 그러나 만약 당
신이 3차원으로 이동할 수 있다면, 직선으로 곧
장 가로질러 갈 수 있다.

만약 여분의 차원들이 정말로 있다면, 왜 우리
는 그 여분의 차원들을 알아차리지 못하는 것
일까? 왜 우리는 공간의 3차원과 시간의 1차원
밖에 알 수 없는 것일까? 여기에 대한 설명은
다른 차원들이 10^{30}분의 1인치에 불과한 극미한
크기의 공간 속으로 휘어들어가 있다는 것이다.
이것은 너무나 작아서 우리로서는 알아차릴 수

없다. 따라서 우리는 단지 시간의 1차원과 공간
의 3차원밖에 알 수 없으며, 이때 시공은 아주
평활하다는 것이다. 그것은 마치 빨대의 표면과
같다. 빨대를 주의깊게 살펴보면 2차원임을 알
수 있다(빨대 위의 한 점의 위치는 빨대를 따라가는
길이와 원주를 따라서 도는 거리라는 두 개의 수로 기
술된다). 그러나 조금 떨어져서 빨대를 보면, 여
러분은 빨대의 두께를 볼 수 없으며(그림 11.13),
그 빨대는 마치 1차원처럼 보일 것이다(이때 점
의 위치는 빨대의 길이상에만 지정된다). 시공의 경
우도 마찬가지이다. 아주 작은 크기에서 시공은
10차원이고 크게 휘어 있다. 그러나 그보다 큰
크기에서는 곡률이나 여분의 차원들이 보이지
않는다. 만약 이런 설명이 옳다면, 우주여행 희
망자들에게는 무척 실망스러운 소식일 것이다.
여분의 차원들은 너무 작아서 우주선이 그 속으
로 통과할 수 없기 때문이다. 그런데 이 대목에
서 또다른 중요한 물음이 제기된다. 왜 전부가
아니라 일부 차원들이 극미한 구(球) 속에 휘어
들어가게 되었을까? 어쩌면 탄생 직후의 우주
에서는 모든 차원들이 극도로 휘어 있었을지도
모른다. 그렇다면 왜 시간의 1차원과 공간의 3
차원만이 편평하게 펴지고 나머지 차원들은 여
전히 극도로 휘어 있는 것일까?

인류원리에서 한 가지 그럴듯한 대답을 찾을
수 있다. 공간의 2차원만으로는 우리와 같은 복

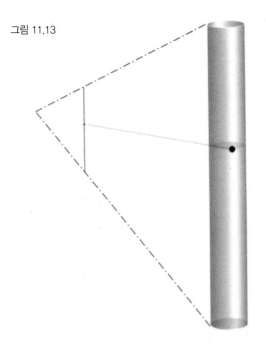

그림 11.13

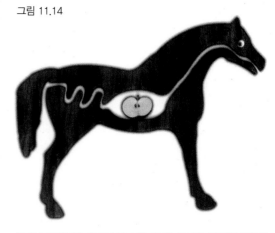

그림 11.14

◀ 그림 11.13 가까이서 보면 빨대는 2차원 원통처럼 보인다. 그러나 조금 떨어져서 보면 1차원의 선처럼 보인다.
▲ 그림 11.14 소화통로를 가진 2차원 동물의 몸은 두 동강이 날 것이다.

잡한 생물이 발생할 수 없기 때문이라는 것이다. 예를 들면, 1차원 지구 위에 사는 2차원 동물이 지나칠 때면 서로를 타고 넘어야 할 것이다. 2차원 동물이 먹이를 먹으면 그것을 채 소화시키지도 못하고 처음에 삼켰던 방식대로 다시 입으로 토해내는 도리밖에 없다. 만약 그 동물의 몸에 몸 전체를 통과하는 소화관이 있다면, 그 소화관이 2차원 동물을 둘로 나누게 되기 때문이다. 그렇게 되면 우리의 2차원 동물은 두 동강이 날 것이다(그림 11.14). 마찬가지로, 2차원 동물은 혈액을 온몸으로 나를 순환계를 가지기도 힘들 것이다.

3차원 이상의 차원에서도 여러 가지 문제들이 발생하게 된다. 이때에는 두 물체 사이에서 작용하는 중력이 3차원에서보다 거리에 따라서 더 빨리 줄어들 것이다(3차원에서 거리가 배로 늘어나면 중력은 4분의 1로 줄어든다. 그런데 4차원에서는 8분의 1, 5차원에서는 16분의 1 식으로 줄어든다). 이것이 중요한 까닭은, 그렇게 되면, 지구처럼 태양을 공전하는 행성들의 궤도가 불안정해지기 때문이다. 원궤도에서 발생하는 아주 작은 요동(다른 행성의 인력에 의해서 발생하는 것과 같은)으로도 지구는 나선을 그리며 태양으로부터 멀어지든가 또는 가까워질 것이다. 그렇게 되면 우리는 꽁꽁 얼어붙거나 타버리고 말 것이다. 실제로 3차원 이상의 차원에서 거리에 따라서 나타나는 중력의 이러한 변화는 태양이 중력과 압력 사이에서 균형을 유지하는 안정된 상태를 계속할 수 없을 것임을 뜻한다. 태양은 산산조각이 나거나, 또는 붕괴해서 블랙홀이 될 것이다. 어느 쪽이든 태양은 더 이상 지구상의 생물들에게 열과 빛의 공급원 구실을 하지 못할 것이다. 보다 작은 크기에서는, 원자 속에서 전자가 원자핵 주위를 돌게 하는 전기력에도 중력과 비슷한 변화가 나타날 것이다. 따라서 전자들은 원자를 벗어나거나 원자핵과 충돌하게 될 것이다. 두 가지 중 어느 쪽이 되든 우리가 알고 있는 원자는 더 이상 존재할 수 없을 것이다.

그렇다면 최소한 우리가 알고 있는 생명체는 시간의 1차원과 공간의 3차원이 작게 감겨 있지 않은 시공의 영역에서만 존재할 수 있다는 것은 분명한 것 같다. 따라서 만약 끈이론이 최소한 우주 속에 이러한 영역이 존재하도록 허용한다는 사실을 증명할 수 있다면 — 그리고 실제로 끈이론은 그것을 증명하는 것처럼 보인다 — 약한 인류원리에서 설명을 구할 수 있다는 것을 뜻한다. 우리 우주의 다른 영역 또는 다른 우주(그것이 무엇을 의미하든 간에)에 모든 차원들이 극미한 크기로 감겨 있거나 4차원 이상의 차원들이 거의 편평하게 존재할 가능성은 충분히 있다. 그러나 이러한 영역들에는 유효 차원이 우리와 다른지 여부를 관찰할 수 있는 지적인 생물체가 없을 것이다.

또다른 문제는 끈이론의 종류가 최소한 네 가지나 되며(열린 끈이론 그리고 세 가지의 서로 다른 닫힌 끈이론), 끈이론이 예견하는 여분의 차원들이 감겨 있는 방식이 수백만 가지나 된다는 점이다. 그렇다면 하나의 끈이론 그리고 여분의 차원들이 감긴 한 가지 방식만이 선택되어야 하는 까닭은 무엇인가? 얼마 동안 이 물음에 대해서는 아무런 대답도 주어지지 않았고, 이론적 진전은 수렁에 빠진 것처럼 보였다. 그런데 1994년부터 사람들은 이중성(duality)이라는 개념을 발견하기 시작했다. 다양한 끈이론과 추가 차원들이 감겨 있는 다양한 방식들이 4차원에서 동일한 결과로 이어질 수 있다는 것이다. 게다가 공간상에서 하나의 점을 차지하는 입자와 선에 해당하는 끈들만이 아니라, 공간에서 2차원 또는 그 이상의 고차원을 점하는 p-브레인(p-brane)이라는 다른 대상이 발견되었다(입자는 0-브레인, 끈은 1-브레인으로 간주될 수 있으며, $p=2$나 $p=9$인 브레인도 있을 수 있다). 이것이 암시하는 것은 초중력 이론, 끈이론, p-브레인 이론 사이에 일종의 민주주의가 존재할지도 모른다는 것이다. 이 이론들은 서로 어울릴 수 있으며, 어느 하나가 다른 이론들보다 더 근본적이라고 말할 수는 없다. 이 이론들은 다양한 상황들에서 타당한 어떤 근본적인 이론에 대한 각기 다른 근사처럼 보인다.

지금까지 사람들은 이 근본적인 이론은 찾으

려고 애써왔지만 아직 아무도 성공을 거두지 못했다. 그러나 나는 괴델이 공리(公理)들의 단일 집합으로 산수를 정식화할 수 없다는 것을 증명했듯이, 근본적인 이론의 단일한 공식이 없을지도 모른다고 생각한다. 그것은 오히려 지도와 같은 것이다―여러분은 한 장의 지도로 지구의 표면이나 닻고리와 같은 원환체(圓環体)를 표현할 수 없다. 모든 점들을 남김없이 포괄하려면 지구의 경우에는 최소한 두 장의 지도가, 그리고 닻고리에는 넉 장의 지도가 필요할 것이다. 이때 각각의 지도는 제한된 영역에서만 유효하며, 서로 다른 지도들에는 중첩되는 영역이 있을 것이다. 이 지도들을 모두 모으면 표면에 대한 완전한 표현을 얻을 수 있다(그림 11.15). 마찬가지로 물리학에서도 서로 다른 상황들에 대해서 다른 공식들을 사용할 필요가 있다. 그러나 서로 다른 두 공식은 공통으로 적용이 가능한 상황들에서는 일치할 것이다. 이처럼 서로 다른 공식들의 집합 전체는 하나의 완전한 통일이론으로 간주될 수 있다. 물론 그 집합이 공준(公準)들의 단일 집합으로 표현될 수는 없지만 말이다.

그러나 정말로 그러한 통일이론이 있을까? 혹시 우리가 신기루를 좇고 있는 데에 지나지 않는 것은 아닐까? 여기에는 세 가지 가능성이 있는 것 같다.

1) 실제로 완전한 통일이론(또는 부분적으로 서

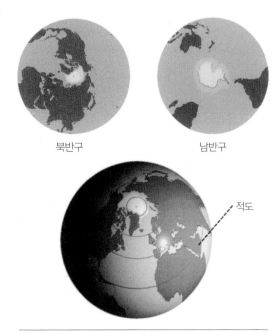

북반구　　　　　　남반구

적도

그림 11.15 수학적 관점에서 지구 표면은 한 장의 지도에 담을 수 없다―최소한 두 개의 부분적으로 중첩되는 지도가 필요하다. 마찬가지로 이론물리학의 단일한 기본 공식을 세우기는 불가능할지도 모른다. 서로 다른 상황들에는 서로 다른 공식들을 사용해야 할 수도 있다.

로 중복되는 공식들의 집합)이 존재한다. 만약 우리가 충분히 현명하다면, 언젠가 우리는 그 통일이론을 발견하게 될 것이다.

2) 우주의 궁극적 이론 따위는 없으며, 단지 우주를 점점 더 정확하게 기술하는 이론들의 무한한 연속이 있을 따름이다.

3) 우주에 대한 어떠한 이론도 없다. 사건들은 일정한 한도를 넘어서서 예견될 수 없으며, 임의적이고 무작위적인 방식으로 일어날 뿐이다.

어떤 사람들은 만약 법칙들의 완전한 집합이 존재한다면 신이 마음을 바꾸어서 세상사에 개입할 자유를 침해할 것이라는 이유에서 세 번째 가능성을 주장할 것이다. 이런 주장은 다음과 같은 해묵은 역설과 다소 비슷하다. 신은 자신이 들어올릴 수 없을 정도로 무거운 돌을 창조할 수 있을까? 그러나 신이 마음을 바꾸고 싶어할지 모른다는 생각은 성 아우구스티누스가 지적했던, 신이 시간 속에 존재하는 절대자라고 생각하는 것과 같은 오류의 한 예이다. 시간이란 그 신이 창조한 우주에 존재하는 하나의 특성에 불과하다. 아마도 신은 우주 창조를 시작한 순간 자신이 무엇을 의도하는지 알고 있었을 것이다!

신은 자신이 들어올 수 없을 정도로 무거운 돌을 창조할 수 있을까?

양자역학의 등장으로, 우리는 사건들을 완벽히 정확하게 예측할 수는 없으며 항상 어느 정도의 불확실성이 존재한다는 사실을 깨닫게 되었다. 우리는 원한다면, 이러한 임의성을 신의 개입이라고 표현할 수도 있다. 그러나 그것은 아주 이상한 종류의 개입일 것이다. 그 개입이 어떤 목적을 지향한다는 아무런 근거도 없는 것이다. 만약 목적이 있다면, 실제로 그것은 말뜻 그대로 임의적이지 않을 것이다. 현대에 들어서면서 우리는 과학의 목적을 재정의하면서 앞에서 언급한 세 번째 가능성을 실질적으로 제거시켰다. 이제 우리의 목표는 불확정성 원리에 의해서 주어진 한계까지만 사건들을 예측할 수 있게 해주는 법칙들의 집합을 수립하는 것이다.

점점 더 정교화된 이론들의 무한한 연속이 있을 것이라는 두 번째 가능성은 지금까지의 우리의 모든 경험과 잘 부합된다. 여러 분야에서 우리는 오로지 기존의 이론으로는 예측할 수 없었던 새로운 현상을 발견하기 위해서 측정의 감도를 증가시키거나 새로운 유형의 관측을 이루어 왔다. 그리고 그 현상들을 설명하기 위해서 좀더 진전된 이론을 개발해야 했다. 따라서 나는 약 100기가전자볼트의 전약(electroweak) 통일

에너지와 약 10^{15}기가전자볼트의 대통일 에너지 사이에서 본질적으로 새로운 일은 조금도 일어나지 않으리라고 주장하는 현재의 대통일이론의 주장이 틀렸음이 밝혀진다고 하더라도 그리 놀라지 않을 것이다. 실제로 우리는 오늘날 우리가 "기본(elementary)" 입자라고 생각하는 쿼크나 전자들보다 더 기본적인 구조의 새로운 층들이 발견되리라고 기대할 수도 있다.

그런데 중력이 이런 식의 "상자 속의 상자"의 연속에 제한을 가하는 것으로 보인다. 플랑크 에너지(Plank energy)라고 부르는 10^{19}기가전자볼트 이상의 에너지를 가진 입자가 있다면, 그 질량이 너무 압축되어 있어서 우주의 다른 부분들로부터 분리되어 작은 블랙홀을 형성하게 될 것이다. 그러므로 점점 더 정교화된 이론들의 연속은 에너지가 높아질수록 어떤 한계에 도달하게 된다. 이렇게 되면 어떤 식으로든 우주의 궁극적 이론이 존재할 여지가 생기는 셈이다(그림 11.16). 물론 플랑크 에너지는 우리가 현재의 기술 수준에서 얻을 수 있는 100기가전자볼트 정도의 에너지와는 비교할 수도 없을 만큼 크다. 가까운 미래에는 입자가속기를 통해서 그 격차를 메울 수 없을 것이다! 그러나 탄생 직후의 초기 우주는 이런 에너지가 발생할 수밖에 없었던 무대였다. 나는 초기 우주에 대한 연구와 수학적 무모순성(無矛盾性)에 대한 요구가 현재 살아 있는 우리 중에서 누군가의 생전에 우리를 완전한 통일이론으로 이끌어줄 가능성이 높다고 생각한다. 물론 그 이전에 인류가 자멸하지 않는다는 가정 아래에서 그렇다는 말이다.

만약 우리가 실제로 우주의 궁극적 이론을 발견한다면, 과연 그것은 무엇을 의미하는가? 제1장에서 설명했듯이, 우리는 우리가 정말로 올바른 이론을 발견한 것인지 결코 확신할 수 없을 것이다. 그 이론들을 증명할 수 없기 때문이다. 그러나 만약 그 이론이 수학적으로 모순되지 않고 항상 관측과 일치하는 예견을 한다면, 우리는 그 이론이 옳다고 당연히 확신할 수 있을 것이다. 그렇게 되면 우주를 이해하기 위해서 벌인 인류의 지적 투쟁의 역사에서 길고도 영광스러운 하나의 장이 종말을 고할 것이다. 그 이론은 우주를 지배하는 법칙들에 대한 일반인들의 이해에도 큰 변혁을 일으킬 것이다. 뉴턴의 시대에 어느 정도 교양이 있는 사람들은 최소한 개괄적으로라도 인류의 전체 지식을 파악할 수 있었다. 그러나 그 이후로 과학의 빠른 발전속도는 이런 일을 불가능하게 만들었다. 새로운 관측 결과를 설명하기 위해서 이론들이 끊임없이 바뀌고 있기 때문에, 이론들은 결코 일반인이 이해할 수 있을 정도로 적절히 이해되고 단순화될 수 없다. 여러분이 전문가가 되지 않는 한, 과학 이론들의 극히 작은 일부라도 온전히

그림 11.16 점점 더 작은 크기로 관찰을 해갈수록 점점 더 높은 에너지에서 유효한 일련의 물리이론들이 등장하게 될 것이다. 그 이론들은 양자색역학(QCD)을 넘어서 아마도 대통일이론(GUT)에까지 도달할 것이다. 그러나 플랑크 에너지가 차단장치로 작동할 수 있으며, 이는 궁극의 이론이 존재함을 시사하는 것인지도 모른다.

이해하는 것은 꿈도 꿀 수 없을 것이다. 게다가 그 발전속도가 너무 빨라서 우리가 고등학교나 대학교에서 배우는 내용은 항상 조금씩 철 지난 이론이 될 수밖에 없다. 극소수의 사람들만이 급속하게 진전되는 지식의 최전선을 따라잡을 수 있으며, 그러기 위해서 그들은 자신들의 모든 시간을 연구에 쏟아붓고 또한 좁은 분야로 그 연구를 한정시켜야 한다. 나머지 대다수의 사람들은 현재 이루어지고 있는 발전이나 그것이 불러일으킬 엄청난 결과에 대해서 거의 알지 못한다. 에딩턴의 말이 옳다면, 약 70년 전까지만 해도 일반 상대성 이론을 제대로 이해한 사람은 단 두 명밖에 없었다. 그러나 오늘날에는 수만 명의 대학원생들이 일반 상대성 이론을 이해하고 있고, 수백만 명이 그 이론에 최소한 친숙해 있다. 완전한 통일이론이 발견된다면, 그 이론이 같은 방식으로 이해되고 단순화되어서, 개괄적으로라도, 학교에서 가르치는 것은 시간 문제일 뿐이다. 그렇게 되면 우리는 우주를 지배하고 우리를 존재하게 만든 법칙들에 대해서 약간의 이해를 얻을 수 있게 될 것이다.

설령 우리가 완전한 통일이론을 발견한다고 하더라도, 우리가 모든 사건들을 예견할 수 있게 된다는 뜻은 아니다. 그 이유는 두 가지이다. 첫째는 양자역학의 불확정성 원리가 우리의 예측능력에 가하는 한계이다. 이 한계를 극복하기 위한 방법은 아무것도 없다. 그러나 사실 첫 번째 한계는 두 번째 한계에 비하면 덜 제한적인 것이다. 두 번째 한계는, 극히 단순한 상황을 제외한다면, 우리가 이론의 방정식들을 정확하게 풀 수 없다는 사실에 기인한다(우리는 뉴턴의 중력 이론의 3체 운동도 정확하게 해결할 수 없다. 여기에서 천체의 수가 증가하거나 이론이 복잡해질수록 어려움은 더 커진다). 우리는 이미 가장 극단적인 경우를 제외한 모든 조건에서의 물질의 움직임을 지배하는 법칙들을 알고 있다. 특히 화학과 생물학의 기저에 깔려 있는 모든 기본법칙들을 알고 있다. 그러나 우리가 이 주제들을 해결된 문제들의 상태로 환원시키지 않는다는 것은 분명하다. 지금까지 우리는 수학 방정식을 통해서 인간의 행동을 예측하는 데에 거의 실패해왔다! 따라서 설령 우리가 기본법칙들의 완전한 집합을 발견한다고 하더라도, 그후로도 몇 년 동안은 좀더 나은 근사방법들을 개발해야 한다는 지적 도전의 과제를 여전히 남겨두게 될 것이다. 그후에 우리는 복잡하고 실제적인 상황에서 발생할 수 있는 결과들에 대해서 유용한 예측을 할 수 있을 것이다. 완전하고 모순되지 않는 통일이론은 단지 첫걸음에 불과하다. 우리의 목표는 우리 주위에서 벌어지는 사건들과 우리 자신의 존재를 완전히 이해하는 것이다.

12

결론

우리는 우리를 매우 어리둥절하게 하는 세계에서 살고 있다. 우리는 주위에서 볼 수 있는 것들을 이해하고 싶어하며, 이런 물음을 던지고 싶어한다. 우주의 본질은 과연 무엇인가? 그 속에서 우리의 자리는 어디이며, 우주와 우리는 어디에서 왔는가? 우주가 지금의 모습을 하고 있는 까닭은 무엇인가?

이러한 물음들에 대답하기 위해서 우리는 어떤 "세계상"을 채택한다. 편평한 지구를 떠받치고 있는 무한한 거북의 탑이나 초끈이론(theory of superstrings)이나 모두 그러한 세계상의 하나이다. 후자가 좀더 수학적이고 전자에 비해서 약간 더 정확하기는 하지만 둘 다 우주에 대한 이론인 것이다. 그리고 이 두 이론 모두 관측증거를 결여하고 있다. 아직 아무도 지구를 등에

얹고 있는 거대한 거북들을 보지 못했으며, 초끈을 본 사람도 없다. 그러나 거북 이론은 그 세계의 가장자리에 가면 사람들이 밑으로 떨어질 것이라고 예견한다는 점에서 좋은 과학 이론이라고 할 수 없다. 버뮤다 삼각지에서 사라진 것으로 추정되는 사람들이 세상의 가장자리에서 떨어진 것으로 증명되지 않는 한, 그 예견은 우리의 경험과 일치하지 않는다!

우주를 설명하고 기술하려던 가장 오래된 이론적 시도는 모든 사건들과 자연현상들이 인간과 매우 흡사하게 예측 불가능하며 인간의 감정을 가진 정령(精靈)에 의해서 제어된다는 개념과

그림 12.1 이 책에서 언급된, 우주를 설명하려는 이론적 모형들 가운데 일부이다.

거북 우주

데모크리토스의 원자

편평한 지구 모형

프톨레마이오스의 행성계

코페르니쿠스의 행성계

러더퍼드의 원자

닐스 보어의 원자

강한 인류원리 모형

프리드만의 닫힌 우주

팽창하는 풍선 이론

블랙홀 이론

무경계 제안

역사 총합 모형

끈이론

벌레구멍 모형

인플레이션 우주

미켈란젤로의 작품 "아담의 창조(The Creation of Adam)." 라플라스는 우주가 어떻게 탄생했고 어떤 법칙에 따르는지를 신이 선택했지만 그후에는 세상사에 개입하지 않았다는 이론을 세웠다.

관련된다. 이러한 정령들은 강이나 산과 같은 자연 그리고 해나 달과 같은 천체에 거주한다고 생각되었다. 사람들은 비옥한 땅과 계절의 순환을 보장받기 위해서 이 정령들을 위로하고 그들의 은총을 구하지 않으면 안 되었다. 그러나 사람들은 점차 어떤 규칙성이 있다는 사실을 깨닫기 시작했을 것이다. 태양신에게 제물을 바치든 바치지 않든 간에, 태양은 항상 동쪽에서 떠서 서쪽으로 졌다. 나아가 태양, 달 그리고 행성들은 정확한 경로를 따라서 하늘을 가로질러 움직였다. 그리고 그 진행 경로는 상당히 정확하게 예측될 수 있었다. 그래도 태양과 달은 여전히

신일 수 있었지만, 분명히 어떠한 예외도 없이 ─여호수아를 위해서 태양을 멈추었다는 『성서』의 이야기를 곧이곧대로 받아들이지 않는다면─ 엄격한 법칙에 따르는 신이었다.

처음에는 이러한 규칙성과 법칙이 천문학과 그밖의 몇 안 되는 상황에서만 두드러지게 나타났다. 그러나 문명이 발전하면서, 특히 지난 300년 동안 점점 더 많은 규칙성과 법칙들이 발견되었다. 이러한 법칙들이 거둔 괄목할 만한 성공에 힘입어서, 19세기 초에 라플라스는 과학적 결정론을 자명한 것으로 가정했다. 즉 그는 특정 시간에서의 우주의 구성을 알기만 하면 그 이후의 우주의 전개과정을 정확하게 결정하는 법칙들의 집합이 존재할 것이라고 주장했다.

그런데 라플라스의 결정론은 두 가지 점에서 불충분했다. 그의 이론은 그 법칙들이 어떻게 선택되어야 하는지를 말하지 않았고, 우주의 초기 구성을 규정하지 않았다. 그런 일들은 신의 몫으로 남겨졌다. 신은 우주가 어떻게 출발하고 어떤 법칙에 따라야 하는지를 선택하지만 일단 우주가 탄생한 후에는 개입하지 않는다는 것이다. 사실상 신의 자리는 19세기 과학이 이해할 수 없는 영역으로 국한되었다.

오늘날 우리는 결정론에 대한 라플라스의 희망이, 최소한 그가 마음속에 품었던 방식으로는, 충족될 수 없다는 사실을 잘 알고 있다. 양자역학의 불확정성 원리는 하나의 입자의 위치와 속도와 같은 두 가지 양을 동시에 완전히 정확하게 예측할 수 없음을 시사한다. 양자역학은 이러한 상황을, 입자들이 명확하게 규정된 위치와 속도를 가지지 않고 파동으로 표현되는 양자이론들을 통해서 다루고 있다. 이런 양자이론들은 시간의 흐름에 따른 파동의 전개 양상에 법칙을 부여한다는 의미에서 결정론적이다. 따라서 만약 특정 시간에서의 파동을 안다면, 우리는 그밖의 모든 시간에서의 그 파동을 계산할 수 있는 셈이다. 예측 불가능하고 임의적인 요소는 우리가 파동을 입자들의 위치와 속도라는 측면에서 해석하려고 시도할 때에만 나타난다. 그러나 어쩌면 그것이 우리의 실수일 수도 있다. 애당초 입자의 위치나 속도 따위는 존재하지 않고 오직 파동만이 있을지도 모르기 때문이다. 그것은 마치 우리가 위치나 속도와 같은 우리의 선입견에 파동을 짜맞추려고 시도하는 것에 불과할지도 모른다. 그 결과로 나타나는 불일치가 명백한 예측 불가능성의 원인이다.

사실상 우리는 과학의 임무를, 불확정성 원리에 의해서 주어진 한계 안에서 사건들을 예견할 수 있게 해주는 법칙들을 발견하는 것으로 재정의했다. 그러나 그래도 다음과 같은 물음이 남는다. 우주의 법칙들과 초기 상태는 어떻게 선택되었고, 또한 그렇게 선택된 까닭은 무엇인가?

이 책에서 나는 중력을 지배하는 법칙들에 특별히 초점을 맞추었다. 그 이유는, 네 가지 힘들 중에서 가장 약하면서도 우주의 대규모 구조를 형성하는 것이 바로 중력이기 때문이다. 중력법칙은, 극히 최근까지도 옳은 것으로 생각되었던, 우주가 시간이 흘러도 변하지 않는다는 견해와 양립할 수 없었다. 중력이 항상 인력으로 작용한다는 사실은 우주가 팽창하거나 수축하거나 둘 중 하나임을 암시하기 때문이다. 일반 상대성 이론에 따르면 우주의 과거에도 밀도 무한대의 상태, 즉 빅뱅이 반드시 존재했어야 한다. 빅뱅은 시간의 실질적인 출발점이었다. 마찬가지로 만약 우주 전체가 다시 수축한다면, 우주의 미래에는 또 하나의 밀도 무한대의 상태, 즉 빅크런치(big crunch)가 있을 것이다. 빅크런치는 시간의 끝에 해당한다. 설사 우주 전체가 재수축하지 않는다고 하더라도, 붕괴해서 블랙홀을 형성하는 모든 국부 영역들에는 특이점이 존재할 것이다. 이 특이점들은 블랙홀 속으로 떨어지는 모든 것들에게는 시간의 끝이 될 것이다. 빅뱅을 비롯한 그밖의 특이점에서 모든 법칙들은 무너지게 된다. 따라서 신은 그 특이점에서 어떤 일이 일어나는지 그리고 우주가 어떻게 시작되는지에 대해서 여전히 완전한 선택의 자유를 가질 것이다.

양자역학과 일반 상대성 이론이 통합되면, 이전에는 발생하지 않았던 새로운 가능성이 나타날 수 있다. 그것은 시간과 공간이 함께, 특이점이나 경계가 없는 유한한 4차원 — 지구 표면과 흡사하지만 좀더 고차원인 — 공간을 형성할지 모른다는 가능성이다. 이 개념이 우주의 관측된 특성들 중 상당수를 설명해줄 수 있을 것 같다. 거시 척도에서의 균질성 그리고 은하, 별, 심지어 인간과 같이 미시 척도에서 나타나는 균질성의 일탈이 그런 특성들이다. 심지어 이 개념으로 우리가 관찰하는 시간의 화살도 설명할 수 있을 것이다. 그러나 만약 우주가 어떠한 특이점도 경계도 없이 완전히 자기충족적이며 통일이론에 의해서 완벽하게 기술된다면, 이 사실은 창조자로서의 신의 역할에 깊은 함의를 가진다.

언젠가 아인슈타인은 이런 질문을 던진 적이 있다. "신이 우주를 창조할 때, 어느 정도의 선택의 자유를 가졌을까?" 만약 무경계 제안이 옳다면, 신은 초기 조건을 선택하는 데에 아무런 자유도 가지지 못했을 것이다. 물론 여전히 그가 우주가 따라야 하는 법칙들을 선택하는 데에는 자유로웠을 것이다. 그러나 그것은 실질적으로 그리 중요한 선택일 수 없다. 완전한 통일이론은 하나이거나 소수에 그칠 것이다. 우주의 법칙을 연구하고 신의 본질에 대해서 물음을 제기할 수 있는 인간과 같은 복잡한 구조의 존재를 허용하고 자기충족적인, 이형적 끈이론과 같은 것이 그런 예 중 하나이다.

통일이론이 단 하나밖에 없다고 하더라도, 그것은 규칙과 방정식들의 집합에 불과하다. 이 방정식들에 숨결을 불어넣어서 그 방정식들이 기술하는 우주를 만든 것은 도대체 무엇인가? 수학적 모형을 구축하는 일상적인 과학의 접근 방법으로는 그러한 모형이 기술하는 우주가 왜 존재해야 하는가라는 물음에 대하여 답을 얻을 수 없다. 우주가 군이 존재해야 할 이유는 무엇인가? 통일이론은 스스로를 탄생하게 할 만큼 불가피한 것인가? 아니면 그것은 창조자를 필요로 하는가? 만약 그렇다면 창조자는 우주에 다른 어떤 영향을 미치는가? 그리고 그 창조자는 누가 창조했는가?

오늘에 이르기까지 대다수의 과학자들은 우주가 무엇인가를 기술하는 새로운 이론을 개발하는 데에 너무 집착한 나머지 우주가 왜 존재하는가라는 물음은 제기할 수 없었다. 반면 왜라는 질문을 던지는 것이 자신들의 직업인 철학자들은 과학 이론의 진전을 따라잡을 수 없었다. 18세기에 철학자들은 과학을 포함해서 인간의 모든 지식을 자신들의 연구분야로 삼았고, 우주에는 시초라는 것이 있었는가와 같은 문제를 논의했다. 그러나 19세기와 20세기에 과학은 극소수의 전문가들을 제외하고는 철학자나 그밖의 모든 사람들에게 지나치게 전문적이고

수학적인 것이 되고 말았다. 철학자들은 자신들이 연구범위를 너무나 축소시켜서 20세기의 가장 유명한 철학자 비트겐슈타인은 "철학에 남겨진 유일한 임무는 언어분석일 뿐이다"라고 말하기까지 했다. 아리스토텔레스에서 칸트에 이르는 철학의 위대한 전통에 비한다면 이 얼마나 큰 몰락인가!

그러나 만약에 우리가 완전한 이론을 발견한다면, 머지않아서 소수의 과학자들뿐만 아니라 모든 사람들이 폭넓은 원리로서 그 이론을 이해할 수 있게 될 것이다. 그렇게 되면 철학자 과학자 그리고 일반인들까지 포함하여 우리 모두가 우리 자신과 우주가 왜 존재하는가라는 문제를 놓고 함께 토론에 참여할 수 있을 것이다. 만약 우리가 그 물음의 답을 발견한다면, 그것은 인간 이성의 궁극적인 승리가 될 것이다 ― 그때에야 비로소 우리는 신의 마음을 알게 될 것이기 때문이다.

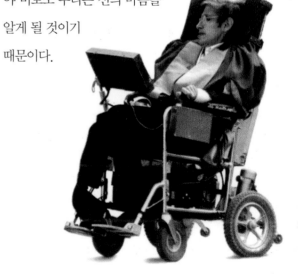

알베르트 아인슈타인

아인슈타인이 원자폭탄 개발정책에 관여한 것은 잘 알려진 사실이다. 그는 프랭클린 루스벨트 대통령에게 미국이 원자폭탄의 개발을 진지하게 고려해야 한다고 설득하는 내용의 유명한 편지를 써보냈고 전후에는 핵전쟁을 막기 위한 운동에도 참여했다. 그러나 이러한 일들은 본의 아니게 정치 세계에 끌려들어간 한 과학자의 일회적인 행동에 그친 것은 아니었다. 사실상 아인슈타인의 생애는 그 자신의 표현을 빌리면 "정치와 방정식으로 양분되었다."

아인슈타인이 최초로 정치활동을 시작한 것은 베를린에서 교수로 재직하던 무렵인 제1차 세계대전 중의 일이었다. 당시 인간의 생명을 허비하는 것으로 생각된 모든 일에 역겨움을 느낀 그는 반전운동에 참여하게 되었는데, 시민 불복종 운동의 주창과 강제징집 거부를 위한 공공연한 대중 독려로 동료들 사이에서 호감을 사지 못했다. 그러다가 종전이 되자 그는 화해와 국제관계 개선을 위해서 노력을 기울였다. 그러나 이번에도 좋은

▲ 알베르트 아인슈타인(1879-1955). 이 사진은 20세기 초에 촬영된 것이다.
▶ 1930년 섣달 그믐날에 캘리포니아 샌디에이고를 찾은 아인슈타인과 그의 부인 엘자. 그는 3년 후에 영원히 독일을 떠났다.

평판을 얻지 못했고, 얼마 지나지 않아서는 정치적 견해로 인하여 강연차 미국을 방문하는 것조차

힘들어졌다.

아인슈타인의 두 번째 대의(大義)는 시온주의였다. 그는 혈통상 유대인이었음에도 불구하고, 『성서』에서 말하는 신의 개념을 거부했다. 그러나 제1차 세계대전 이전과 그 전쟁의 와중에 반유대주의에 대한 인식이 높아지면서 점차 유대 공동체와 일체감을 느끼게 되었고, 훗날 시온주의의 적극적인 지지자가 되었다. 이번에도 주위로부터 인기가 크게 하락했지만, 그는 굽히지 않고 자신의 소신을 계속해서 펼쳐나갔다. 그의 이론마저도 사람들로부터 공격을 받았고 심지어는 반(反)아인슈타인 단체가 조직되기까지 했다. 한 남자는 아인슈타인을 살해하라고 다른 사

람들을 선동한 혐의로 유죄 판결을 받기도 했다 (그런데 그는 고작 6달러의 벌금을 내고 풀려났다). 그러나 아인슈타인은 아랑곳하지 않았다. 『아인슈타인에 반대하는 100명의 저자들(100 Authors Against Einstein)』이라는 제목의 책이 발간되었을 때, 그는 이렇게 응수했다. "만약 내가 정말로 틀렸다면, 한 사람의 반대자로도 충분했을걸."

1933년에 히틀러가 권력을 잡았을 때, 아인슈타인은 미국에 있었다. 그는 독일로 돌아가지 않겠다고 선언했다. 그후 나치 군이 그의 집을 급습하고 은행 계좌를 몰수했을 때, 베를린의 한 신문은 "아인슈타인에게서 온 기쁜 소식―그는 돌아오지 않는다"라는 제목의 기사를 게재했다. 나치의 위협에 직면한 아인슈타인은 자신이 지켜오던 평화주의의 원칙을 포기하고, 결국 독일 과학자들이 원자폭탄을 제조할 것을 두려워해서 미국이 독자적으로 원자폭탄을 개발해야 한다고 제안했다.

그러나 최초의 원자폭탄이 투하되기도 전에, 그는 핵전쟁의 위험을 공공연하게 경고했고, 핵무기를 국제적으로 통제할 것을 제안했다.

아인슈타인의 평생에 걸친 평화를 위한 노력은 오랫동안 지속될 수 있는 업적을 거의 남기지 못했던 것 같다―그리고 그는 친구 또한 거의 얻지 못했다. 그러나 그의 요란한 시온주의 지지는 온당한 평가를 받아서 1952년에 아인슈타인은 이스라엘 대통령으로 취임해달라는 요청을 받았다. 그는 자신이 정치에는 경험이 없다는 이유를 들어서 그 제의를 거절했다. 그러나 아마도 실제 이유는 달랐을 것이다. 그의 말을 다시 인용하면 그 이유는 이러하다. "방정식이 내게는 더 중요하다. 정치는 현재를 위한 것이지만 방정식은 영원하니까."

갈릴레오 갈릴레이

갈릴레오는 근대 과학의 탄생에 어느 누구보다도 큰 영향을 미쳤다. 가톨릭 교회와의 유명한 갈등은 그의 철학에서 중심적인 것이었다. 왜냐하면 그는 인간이 세계의 작동방식을 이해하리라는 희망을 품을 수 있고, 나아가 실세계를 관찰함으로써 우리가 실제로 그 작동방식을 이해할 수 있다고 주장한 최초의 인물이기 때문이다.

갈릴레오는 아주 일찍부터 코페르니쿠스의 이론(행성이 태양 주위를 돈다는)이 옳다고 믿었다. 그러나 그가 코페르니쿠스의 이론을 공개적으로 지지하고 나선 것은 그 개념을 뒷받침하는 데에 필요한 증거를 발견한 후부터였다. 그는 코페르니쿠스의 이론에 대해서 (당시 학자들이 일반적으로 사용하던 라틴어가 아니라) 이탈리아어로 글을 썼으며, 곧 그의 견해는 대학의 강단 밖에서 폭넓은 지지를 받기 시작했다. 이 일은 아리스토텔레스 학파의 교수들을 격노하게 만들었고 그리하여 그들은 갈릴레오에 대항하여 코페르니쿠스의 지동설을 파문하도록 가톨릭 교회를 설득하기 위해서 하나로 뭉쳤다.

이에 당황한 갈릴레오는 교회 당국과 직접 대화를 나누기 위해서 로마로 갔다. 그는 『성서』란 과학 이론에 대해서 설교하기 위하여 마련된 글이 아니며, 『성서』의 내용과 상식이 갈등을 빚을 때에는 그 내용을 비유적으로 이해하는 것이 상례라고 주장했다. 그러나 가톨릭 교회는 그 일이 당시 진행되던 신교와의 싸움에서 불이익을 일으키는 추문으로 비화될 것을 두려워해서 억압책을 취했다. 교회는 1616년에 코페르니쿠스의 학설이 "오류이고 틀렸다"고 선언했고, 갈릴레오에게 다시는 지동설을 "옹호하거나 지지하지 말 것"을 명령했다. 갈릴레오는 어쩔 수 없이 그 명령을 따랐다.

1623년에 갈릴레오의 오랜 친구가 교황(우르바누스 8세/옮긴이)이 되었다. 즉시 갈릴레오는 1616년의 포고를 무효로 만들고자 했다. 그의 노력은 실패로 돌아갔지만, 두 가지 조건을 전제로 하여 아리스토텔레스의 이론과 코페르니쿠스의 이론을 모두 논하는 책을 저술해도 좋다는 허락을 얻어내는 데에 간신히 성공했다. 그 조건이란, 그가 어느 한쪽 입장을 편들지 않고, 어느 경우에든 인간이 세계의 작동방식을 결정할 수 없다는 결론이 되어야 한다는 것이었다. 그 이유는 신은 인간이 상상할 수 없는 방식으로 같은 결과를 낳을 수 있으며, 인간은 결코 신의 전능함에 제약을 가할 수 없기 때문이라는 것이다.

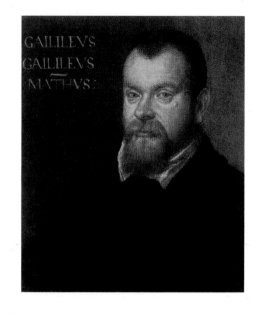

『두 개의 주된 우주체계에 관한 대화(*Dialogo sopra i due massimi sistemi del mondo*)』라는 그 저서는 1632년에 완성되어 검열자들의 배서(背書)가 붙은 채 출간되었다. 책은 출간과 함께 유럽 전역에서 문학적, 철학적 걸작으로 환영받았다. 교황은 사람들이 이 책을 코페르니쿠스의 지동설을 받아들일 설득력 있는 근거로 간주한다는 사실을 알고는 이내 그 책의 출간을 허용한 것을 후회했다. 교황은 이 책이 검열자들의 공식적인 허가를 얻어서 출간되었음에도 불구하고, 갈릴레오가 1616년의 포고를 위반했다고 주장했다. 그는 갈릴레오를 종교재판에 회부했고, 재판소는 갈릴레오에게 지동설을 공개적으로 부인하고 평생 동안 가택연금 생활

을 할 것을 명령했다. 갈릴레오는 또다시 교회의 명령에 따랐다.

여전히 독실한 가톨릭 신자였지만 그는 과학의 독립성에 대한 자신의 믿음을 결코 포기하지 않았다. 세상을 떠나기 4년 전인 1642년에 가택연금 생활을 계속하던 그는 자신의 두 번째 중요한 저서가 될 원고를 몰래 네덜란드의 한 출판업자에게 보냈다. 그 책은 코페르니쿠스에 대한 지지를 넘어서서 근대 과학의 기원을 이룬『두 새로운 과학에 관한 논의와 수학적 논증(*Discorsi e dimostrazioni mathematiche intorno a due nouve scienze attenenti alla meccanica*)』이었다.

◀◀ 갈릴레오가 사용한 30배율의 망원경.
▲ 갈릴레오 갈릴레이(1564-1642).
◀ 갈릴레오의『천계통보(*Sidereus Nuncius*)』(1610). 망원경으로 관측한 수많은 별들이 제시되어 있다.

아이작 뉴턴

아이작 뉴턴은 대하기 쉬운 사람은 아니었다. 그와 다른 학자들 사이의 관계는 악명이 높아서, 뉴턴은 만년의 대부분의 기간을 격렬한 논쟁에 휩싸여 보냈다. 『자연철학의 수학적 원리(*Philosophiae Naturalis Principia Mathematica*)』, 일명 『프린키피아』—확실히 물리학의 역사에서 가장 큰 영향력을 발휘한 책일 것이다—를 출간한 후, 뉴턴의 대중적 평판은 급속히 치솟았다. 그는 왕립학회의 회장으로 선임되었고 최초로 작위를 받은 과학자가 되었다.

그러나 곧 뉴턴은 왕립천문대장 존 플램스티드와 충돌하게 되었다. 플램스티드는 이전에 『프린키피아』를 집필할 때에 꼭 필요했던 많은 데이터를 뉴턴에게 주었지만, 이제는 뉴턴이 원하는 데이터를 내놓지 않았던 것이다. 뉴턴은 어떠한 변명도 받아들이려고 하지 않았다. 그는 왕립천문대를 관장하는 이사로 스스로를 선임해서, 즉시 그 데이터를 발표하도록 압력을 행사하려고 시도했다. 결국 그는 플램스티드의 연구자료를 강제로 압류해서 플램스티드의 철천지원수였던 에드먼드 핼리에게 출간하도록 조치시켰다. 그러나 플램스티드는 이에 굴하지 않고 법원에 소송을 제기해서 강탈당한 연구 결과의 배포를 금하는 법원의 판결을 아슬아슬하게 받아냈다. 뉴턴은 격노해서 이후에 발간된 『프린키피아』의 모든 판에서 플램스티드에 대한 언급을 모조리 삭제하는 방법으로 그에게 복수했다.

그런데 이보다 더 심각한 분쟁이 독일의 철학자 고트프리트 라이프니츠와의 사이에서 벌어졌다. 라이프니츠와 뉴턴은 각기 독자적으로, 대부분의 근대 물리학 분야의 기초를 이루는 미적분학(calculus)이라는 수학의 한 분야를 수립했다. 오늘날 우리는 대개 뉴턴이 라이프니츠보다 몇 해 앞서서 미적분법을 발견했다고 알고 있지만, 실제로 그는 자신의 연구 결과를 라이프니츠보다 훨씬 늦게 발표했다. 과학자들은 두 편으로 나뉘어서 누가 먼저인지를 둘러싸고 격렬한 다툼을 벌였다. 그러나 뉴턴을 옹호한 대부분의 논문들이 뉴턴 자

아이작 뉴턴(1642-1727),
밴더뱅크의 그림.

신에 의해서 쓰인 것이라는 — 친구들의 명의를 빌려서 발표되었다! — 사실은 주목할 만하다. 두 사람 사이의 싸움이 격렬해지자, 라이프니츠는 왕립학회에 이 분쟁에 해결해줄 것을 호소하는 실수를 저질렀다. 당시 뉴턴이 회장으로 있던 왕립학회는 조사를 위한 "공정한" 위원회를 조직했지만, 그 위원회는 한 명도 빼지 않고 뉴턴의 친구들로 구성되었다! 그러나 거기서 그친 것이 아니었다. 그후 뉴턴은 자신이 직접 위원회의 보고서를 작성해서 왕립학회의 이름으로 발간하게 했으며, 공식적으로 라이프니츠를 표절행위로 고발했다. 그래도 성이 차지 않은 뉴턴은 이번에는 왕립학회의 정기간행물에 그 보고서에 대한 평을 익명으로 게재했다.

기록에 따르면 라이프니츠가 세상을 떠난 후에 뉴턴은 자신이 "라이프니츠를 비탄에 잠기게 한 일"에 지극히 만족스러웠다고 선언했다고 한다.

두 차례의 분쟁이 계속되는 동안, 뉴턴은 이미 케임브리지 대학과 학자 생활을 벗어났다. 그는 케임브리지에서 그리고 뒤에는 의회에서 반가톨릭 정책에 적극 찬동했고, 결국 그 보상으로 왕립 조폐국장이라는 돈 잘 버는 자리를 얻게 되었다. 그곳에서 뉴턴은 좀더 사회적으로 수용 가능한 방식으로 그의 정도를 벗어난 교묘함과 신랄함의 재능을 유감없이 발휘했다. 그는 위조지폐범의 색출 작업을 성공적으로 수행하여 여러 명을 교수대로 보내기까지 했다.

부록

과거에는 우리의 근원에 대한 물음이 철학자와 신학자들의 몫으로 여겨졌다. 그러나 점차 과학자들이 그 답을 주기 시작했으며, 추론은 견고한 사실로 대체되었다. 특히 『시간의 역사』 1996년판이 발간된 이후 20년이 지나는 동안, 우리는 우주의 기원과 진화에 대한 이해에서 괄목할 만한 진전을 이루었다. 내가 처음에 가설로 제기했던 많은 개념들이 오늘날 확인되었다. 그리고 그밖에 이루어진 많은 발전들은 그야말로 놀라울 정도이다.

암흑 에너지와 우주의 가속 팽창

하나의 예로 1998년에 우리 우주의 미래에 대한 상(像)은 크게 바뀌었다. 허블 우주망원경을 이용해서 연구하던 서로 경쟁하는 두 팀이 각기 독자적으로 우리 우주의 팽창이 가속되고 있다는 사실을 확인했다. 공간의 운명에 대한 함의가 즉각 밝혀졌다. 우주의 궁극적인 재수축(알렉산더 프리드만의 빅크런치, 57-59쪽)은 더 이상 선택지에 포함되지 않는다는 것이다. 공간은 영원히 팽창을 계속할 것으로 보인다.

그렇다면 왜 공간은 가속되는 비율로 팽창하는가? 그 원인은 "암흑 에너지(dark energy)"라고 알려져 있는데, 그것은 단지 이름일 뿐, 그 자체로는 우리에게 아무것도 말해주지 않는다. 실제로 프리드만이 애초에 제기했던 상은 상당히 설득력이 높았다. 중력이 강해서 모든 것을 함께 끌어당겨 시간이 흐르면서 팽창이 감속되거나, 아니면 중력이 충분히 강하지 않아서 팽창이 방해받지 않고 계속된다는 것이다. 이 시나리오 중에서 어느 쪽도 팽창이 실제로 가속된다는 주장을 담고 있지 않았다.

아인슈타인 자신의 연구에 그 답의 일부가 들어 있다. 한때, 그는 우주를 영원불변하게 유지하기 위해서 — 그는 우주가 그러해야 한다고 확신했다 — 이른바 우주상수(53쪽)를 자신의 방정식에 도입시켜서 상대성 이론을 수정하려고 했다. 이 상수는 시공의 근본 구조에 "반중력"이라는 힘을 내장시키는 역할을 한다. 이것은 우주의 팽창이 확실히 밝혀지기 훨씬 전인 1917년의 일이었다. 아인슈타인은 프리드만의 모형들이 에드윈 허블의 관측 결과(14쪽)를 깔끔하게 설명했다는 사실을 깨닫고는 이 발상을 철회했다.

그런데 이 철회가 너무 성급했을 수도 있다. 오늘날, 1998년에 처음 찾아낸 가속이 실제로는 아인슈타인의 반중력에 의해서 설명될 수 있는 것처럼 보이기 때문이다. 그렇지만 그것으로 끝이 아니다. 우주에 내재하는 우주상수에는 어떤 값도 주어질 수 있기 때문에, 우주를 어떤 속도로든 떠밀어낼 수 있다. 간단한 추론으로도 가속이 은하가 형성될 수 있기 훨씬 전에 우주를 뿔뿔이 흩어놓을 수 있다는 가정이 가능하다. 그렇다면 반중력의 힘이 지금과 같은 세기인 까닭은 무엇인가?

무경계 제안(175쪽)이 옳다면, 우주들의 무한함은 병렬적이다. 특히 끈이론이 물리학의 완전한 이해로 이어지는 올바른 경로라면, 각각의 우주는 반중력의 세기가 저마다 다를 수 있다. 그렇다면 우리는 자연스럽게 암흑 에너지가 안락하게 작은 우주 중의 하나에서 살고 있을 것이다. 인류원리(159쪽)는 은하들이 형성되지 않았다면 우리는 존재할 수 없으며 지금 이 문제를 논하고 있지 못했을 것임을 상기시켜준다.

극초단파 배경복사와 무경계 제안

무경계 제안이 이러한 발전을 이해하는 핵심이라면, 초기 우주에 대한 관찰 능력이 빠르게 향상되고 있는 견지에서 우리는 그것이 무엇을 지지하는지 검토해야 한다. 특히 오늘날 우리는 극초단파 우주배경복사(154쪽)의 측정을 이용해서 우리 우주 구조의 기원을 이해할 수 있다.

그 명칭이 시사하듯이, 우주배경복사는 극초단파—여러분의 집에 있는 전자레인지에서 사용하는 것보다 훨씬 약할 뿐 같은 종류이다—로 이루어져 있다. 이 극초단파는 여러분의 피자를 고작 −270.4℃로 데워줄 수 있다. 이 정도로는 요리는 커녕 해동도 불가능할 것이다. 그렇지만 이렇게 극도로 약한 극초단파에는 엄청난 가치가 있다. 이 배경복사의 존재에 대한 합리적인 설명은 하나밖에 없기 때문이다. 이 복사는 우주가 아주 뜨겁고 밀도가 극히 높았을 당시에 방출되었다. 우주가 팽창하면서, 이 복사는 식어서 오늘날 우리가 검출할 수 있는 희미한 잔재가 되었다.

이 배경복사의 존재는 1965년에 밝혀졌다. 발견 즉시 이 복사는 아인슈타인의 일반 상대성 이론에 기반한 예측의 강력하고 직접적인 증거로 간주되었다. 그 발견이 있기 몇 달 전에 완성된 박사 논문의 일부에서 나는 아인슈타인이 생각한 우주의 상이 초기의 뜨겁고 밀도가 높은 상태를 피할 수 없음을 보여주었다.

그러나 이 복사의 관측은 그 가치가 훨씬 더 컸다. 처음에 이 극초단파는 모든 방향에서 그 세기가 동일하다고 여겨졌다. 이것이 인플레이션(166쪽)이라는 개념으로 이어졌고, 처음 정식화되면서 초기 우주가 왜 그토록 균일할 수 있었는지 설명해준다고 생각되었다. 그러나 좀더 면밀한 조사가 이루어지면서, 장소에 따라서 배경복사에 미세한 차이가 있을 것이라는 예측이 이루어졌다. 균일성에서 나타나는 이러한 편차는 양자역학적 불확실성에서 기인하며, 이러한 불확실성이 극미한 수준의 요동을 일으킨다.

수 세대에 걸친 우주 망원경들은 점차 높은 정확도로 극초단파 우주배경복사를 측정하면서 — 최초로 코비(COBE)에 의해서 1992년에 이루어졌고(56쪽), 그후 2001년에는 윌킨슨 극초단파 비등방성 탐사위성(Wilkinson Microwave Anisotropy Probe, WMAP), 그리고 가장 최근인 2013년에는 플랑크 위성에 의해서 측정되었다 — 이러한 예측이 옳았음이 입증되었다. 실제로 복사의 세기에는 10만 분의 1 정도의 미세한 편차가 있었다. 더 중요한 것은 이러한 편차의 정확한 패턴이 나를 비롯한 다른 사람들이 인플레이션 이론과 무경계 제안을 결합해서 제기했던 구체적 예측과 합치한다는 점이다.

빅뱅의 물리적 조건을 기술하기 위해서, 무경계 가설은 아인슈타인의 상대성 이론과 양자론을 결합한다. 이 가설은 우리 우주의 출발점으로 돌아가면 시간과 공간이 흐려지면서, 마치 지구 표면의 북극점에서처럼, "끝난다(cap off)"고 이야기한다. 무경계 제안에 따르면, 빅뱅 이전에 무슨 일이 있었는지 묻는 것은 무의미하다. 왜냐하면 빅뱅 이전에는 준거로 삼을 수 있는 시간이라는 개념 자체가 존재하지 않기 때문이다. 그것은 마치

북극점의 북쪽에 무엇이 있느냐고 묻는 격이다.

나는 나의 동료들인 짐 하틀(나는 그와 30년도 더 전에 무경계 제안을 처음 수립했다), 토마스 헤르토흐와 함께 이 모든 것을 검증했다. 우리는 무경계 제안에 의해서 빅뱅에서 어떤 종류의 우주가 출현할 수 있는지 계산했고, 그 예측을 우리의 관찰 결과와 비교했다. 그 결과 우리 우주가 폭발적 인플레이션으로 탄생했음을 확인할 수 있었다.

따라서 오늘날 극초단파 배경복사에서 관측되는 특징들은 인플레이션과 무경계 제안을 확인해주는 것으로 보인다. 그러나 아직 검증되지 않은 이론의 한 가지 핵심적인 예측이 있다. 인플레이션에 의하면, 극초단파 배경복사의 요동의 작은 부분은 빠른 팽창 국면 동안에 생성된 중력파로 그 유래를 추적할 수 있다. 이러한 원시 중력 복사는 블랙홀에서 나오는 양자 복사와 유사하며, 우주의 초기 인플레이션 단계들의 사건 지평선에서 나온 것으로 간주될 수 있다. 이 중력파를 검출한다면 블랙홀이 양자 복사를 내놓는다는 것을 확인해줄 수 있지만, 직접적인 확인은 거의 불가능하다. 나중에 좀더 자세하게 중력파 검출에 대해서 이야기하겠지만, 초기 우주에서 생성된 중력파는 이 복사의 편광(polarization)을 가장 분명하게 보여준다. 아직은 이러한 편광 관측의 초기 단계에 불과하지만, 나는 편광이 관측되어 우리의 빅뱅 이론에 확고하고 설득력 있는 증거를 제공하기를 진정으로 바란다.

편광 관측의 명확한 전망이 없더라도, 우주배경복사의 데이터는 매우 훌륭해서 비어 있는 공백 중 일부를 메우기 시작할 수 있다. 인플레이션과 무경계 제안에는 아직 밝혀지지 않은 많은 세부 사항들이 남아 있다. 예를 들면, 관여하는 정확한 에너지, 기저를 이루는 입자물리학과의 연결 등이 그런 점들이다. 이러한 세부 사항들이 예상된 패턴들을 미묘하게 변화시킨다. 이 관측 결과를 세심하게 연구해서, 우리는 이제 대통일 에너지 (grand unification energy)에 가까운 물리학을 이해하기 시작하고 있다. 그것을 제대로 이해하려면, 현존하는 지구상 최고의 실험시설인 LHC(Large Hadron Collider, 거대강입자가속기)보다 1조(10^{12})배나 높은 에너지가 필요하다.

영원한 인플레이션과 다중우주

지금까지 이야기한 진전들은 지난 20년 동안 인플레이션이 추론에서 현대 우주론의 주춧돌로 변모했다는 것을 뜻한다. 그렇지만 모든 사람들이 그 결론을 좋아하는 것은 아니다. 그 이유는, 특히 오늘날 우리가 인플레이션이 집합적으로 다중우주(多重宇宙, multiverse)라고 알려진 엄청난 숫자의 우주들을 생성할 수 있다고 믿기 때문이다.

앞에서 언급했듯이, 인플레이션의 예측에 따르면 우주는 거의 균일하지만 완전하게 균일하지는 않다. 균일성에 편차를 부과한 것은 양자역학이

며, 오늘날 극초단파 우주배경복사의 관측을 통해서 그 특징이 정확하게 밝혀졌다.

똑같은 양자역학 효과가 다중우주도 발생시킬 수 있다. 인플레이션은 반중력의 특성을 가지는 기이한 종류의 에너지에 의해서 일어난다. 평균적으로 이 에너지의 총량은 인플레이션이 진행되면서 줄어들고, 에너지가 충분하지 않게 되면 가속 팽창이 끝난다. 그러나 시공의 일부 영역에서, 양자 요동이 일시적으로 전반적인 경향을 역전시킨다. 이러한 영역들은 더 많은 에너지를 얻어서 결과적으로 더 오랫동안 인플레이션을 계속한다.

1986년에 러시아계 미국 물리학자인 안드레이 린데는 인플레이션이 충분히 높은 에너지로 시작하면, 요동이 이기는 일부 영역이 항상 있을 것이라는 계산을 했다. 다시 말해서, 에너지가 높은 상태로 유지되어 인플레이션이 영원히 계속된다는 것이다. 그러나 다른 곳에서는 요동이 쳐서 에너지 감소의 예견된 경향이 지배적이 된다. 이러한 조각들이 우리 우주와 같은 전체 개별 우주들이 된다. 만약 우리가 충분히 작은 크기로 축소된다면, 우리는 인플레이션을 계속하는 린데의 다중우주 영역들에 의해서 분리된, 무수히 많은 다른 우주들을 볼 수 있을 것이다.

영원한 인플레이션과 무경계 제안은 우리 우주가 유일하지 않을 것이라고 예측한다. 오히려 빅뱅이 일어났을 때에 양자 보풀(quantum fuzz)에서 서로 다른 많은 우주들이 창발되었고, 이 우주들

이 저마다 다른 물리학과 화학의 국소 법칙들을 가졌을 수 있다. 우리는 모든 우주들 중에서 가장 있음직한 우주에서 살고 있는 것이 아닐 수 있다. 오히려 생명의 발생과 복잡성에 유리한 조건을 가진 우주에서 살고 있다. 우리가 한 우주에서 다른 우주로 갈 수는 없지만, 우리 우주 안에서 이 이론이 제공하는 성공적인 예견들은 무경계 제안이 예견하는 세계관을 지지하고 있다.

오랫동안 많은 물리학자들은 이러한 주장들을 일축했다. 일부 사람들은 다중우주라는 개념을 불편하게 여기며, 인플레이션이 더 낮은 에너지에서 일어났다고 가정하면서 린데의 주장을 회피하려고 할 것이다. 그러나 플랑크 탐사위성의 최근 관측 결과들에 의해서 이러한 탈출 묘기는 점차 보여주기가 어려워지는 것 같다.

중력파

앞에서 설명했듯이, 우주 극초단파 배경복사를 이용해서 중력파가 초기 우주에서 생성되었음을 입증하려면 인플레이션에 관여한 고에너지를 직접 확증하는 것이 한 가지 방법이다. 나는 이러한 진전이 이루어지기까지 너무 오래 기다리지 않게 되기를 바란다. 한편, 우리는 최근에 중력파(116-117쪽)가 현대 우주에서 생성될 수 있다는 것을 확인했다. 아인슈타인이 처음 중력파의 존재를 예측한 이후 꼭 100년 만에 LIGO 합동연구진(LIGO Scientific Collaboration)이라는 전 세계 과학자들의 컨소시엄은 2016년에 최초로 중력파를 검출했다고 발표했다.

처음 60년은 가장 험난한 가시밭길이었다. 이 시기에 중력파의 지위를 둘러싸고 많은 혼란이 빚어졌다. 중력파가 정말 존재하는가 아니면 실재(實在)와 무관한 수학적 가공물에 불과한가? 아인슈타인조차 이 문제에 대해서 확신이 없었던 것으로 보이며, 1930년대에 하마터면 중력파의 물질성을 반증하는 잘못된 논문을 발표할 뻔하기도 했다. 그러나 시간이 지나면서 물리학계는 중력파가 실재하는 것이 분명하다는 쪽으로 의견을 모았다. 한 가지 영향은 궤도 운동을 하는 천체들이 차츰 에너지를 잃게 되는 것이었다. 최근까지도 이러한 에너지 손실은 중력파의 존재를 입증하는 유일한 증거였다(117쪽). 이것은 매우 설득력이 높지만, 여전히 간접 증거에 불과했다.

지구를 관통하는 중력파의 실제 측정은 상당한 기술적 도전이어서 2016년에야 이루어졌다. 그러나 수십 년에 걸친 기술 개발에 그만한 가치가 있었음이 입증되었다. 오늘날 우리는 우주를 탐구하는 완전히 새로운 방식을 얻게 되었기 때문이다. LIGO가 중력파—두 개의 블랙홀이 충돌해 합쳐지면서 발생한—를 검출한 최초의 사건들만 해도 그동안 어떤 재래식 망원경으로도 관측할 수 없었고 미래에도 보여줄 수 없었을 과정들을 우리가 확실히 이해할 수 있게 해주었다.

블랙홀 충돌의 관측은 내게 정말 흥분되는 일이었다. LIGO는 가까운 미래에 그밖에도 많은 사건들을 관찰할 것이다. 나는 이러한 관찰들이 내가 1970년에 했던 예견—합쳐진 블랙홀의 최종 면적이 합쳐지기 전의 블랙홀들의 면적의 합보다 클 것이라는—을 확인해줄 것이라고 믿는다. 이 "면적 정리(area theorem)" 이후 나는 시간이 흐르면서 블랙홀이 점차 질량을 잃는다는 것을 깨달았지만, 이 정리 자체는 확고한 수학적 기반 위에 있었다. 그렇지만 자연에서 검증되기 전까지는 아무도 확신할 수 없을 것이다.

LIGO를 비롯한 그밖의 중력파 관측소들의 미래는 밝다. 우리는 이 관측 결과를 목록으로 구축해서 우리 우주 안에 있는 블랙홀 집단에 대한 상세한 통찰을 얻게 되기를 기대한다. 그렇게 되면 아인슈타인의 이론에 기반한 예견들에서 조금 빗겨나간 것들도 탐색할 수 있게 될 것이다. 완전한 양자중력 이론에 대한 탐구를 계속해나가는 과정에서, 시공의 극단적인 영역들에 대한 이 귀한 정보의 보고(寶庫)는 더할 나위 없이 중요한 가치를 가진다.

정보 역설

내가 LIGO의 중력파 발견에 흥분한 한 가지 이유는 면적 정리가 정보 역설(information paradox)이라고 알려진 블랙홀을 둘러싼 중요한 논쟁과 직결되기 때문이다. 정보는 물리학에서 신성한 것이다. 만약 우리가 특정한 양의 정보로 (가령, 모든 입자의 위치와 속도로) 현재 우주의 모든 상태를 기술할 수 있다면, 내일의 우주 전체의 상태를 기술하기 위해서는 같은 양의 정보가 필요할 것이라고 예측할 수 있다. 이러한 가정은 우리의 과학적 예측 능력의 기본 전제이며, 뉴턴과 아인슈타인의 연구에도 드러나지 않게 내재되어 있으며 심지어 양자역학의 일부이기도 하다. 따라서 우리는 양자중력의 최종 이론을 수립할 때에도 이 가정이 계속 참이기를 기대할 수 있다.

블랙홀이 생성되었을 때, 그 속으로 떨어진 개별적인 물체들의 정보(예를 들면 형태, 크기, 화학적 조성)는 불명료해진다. 무엇이 블랙홀을 형성하는지 몇 가지 정보만 알 수 있다. 총 질량, 스핀, 그리고 전하(電荷)가 그런 정보에 해당한다. 이것이 "무모(無毛) 정리"라고 부르는 것이다. 그러나 이것은 그리 큰 문제가 되지 않는다. 그 물체들은 사라진 것으로 간주될 뿐 완전히 사라진 것은 아니기 때문이다. 그러나 내가 1974년에 「네이처」에 보낸 편지에서 말했듯이, 양자역학에 의거하면 블랙홀은 질량을 잃고 사라진다(144쪽). 여기에 어려움이 있다. 블랙홀이 없어진다면 그 정보는 어떻게 되는 것인가?

내가 『시간의 역사』를 썼을 때, 나는 블랙홀 속으로 떨어진 정보가 정말 사라지며 우리 우주와 분리된 별개의 우주로 옮겨진다고 믿었다. 1997

년에 나는 칼텍의 물리학 교수인 존 프레스킬과 내 주장이 옳은지 내기를 하고, 만약 내가 틀리면 그가 원하는 백과사전을 한 권 사주기로 했다.

2004년에야 나는 무한한 시간이 지나면서 블랙홀에 무슨 일이 일어날지 고찰하면서 내가 틀렸다는 사실을 깨달았다. 처음과 끝의 정보량은 같다! 내가 패배를 인정하자, 존은 야구 백과사전을 요구했고, 나는 약속에 따라 그에게 백과사전을 주었다. (나는 크리켓 백과사전이 더 재미있다고 설득하려고 했지만 성공하지 못했다.)

내가 생각을 바꾸기 시작한 것은 끈이론에서 이루어진 가장 괄목할 만한 발견들 중의 하나를 고려하면서부터였다. 중력의 거동과 등각장론(等角場論, conformal field theory)이라고 불리는 아직 확실하게 수립되지 않은 물리학 분야 사이에 정확한 상응이 이루어지는 것처럼 보인다. 둘 사이에 어떤 연결이 이루어지는지의 상세한 내용은 여기에서 논할 필요가 없다. 우리는 등각장론이 기술하는 모든 것 ― 오늘날에는 블랙홀까지 포괄한다―이 명백히 정보를 보전한다는 점만 알면 된다. 아주 최근에 "무모 정리"가 지나치게 제한된 방식으로 정식화된다는 것을 깨달았다. 초(超)해독이나 초회전의 털도 있다. 블랙홀을 형성하는 물질의 정보는 이처럼 초해독과 초회전의 털로 블랙홀 표면에 남아 있는 것으로 보인다. 우리는 아직까지 이 정보가 양자역학의 원리를 구해내기에 충분한지를 알지 못한다. 또한 그 정보가 블랙홀

에서 나올 수 있는지도 모른다. 그렇게 되면 일반 상대성 이론이 블랙홀 안쪽에 반드시 있어야 한다고 예측했던 시공 특이점의 궁극적 본성에 대한 훨씬 더 어려운 물음들도 제기될 수 있을 것이다.

물론 이러한 추상적인 논변들은 소실된 정보가 어떻게 실제로 블랙홀에서 빠져나갈 수 있는지 정확히 이야기해주지 못한다.

그렇지만 그 정보가 궁극적으로 블랙홀과 비슷한 영역에서 벗어나더라도 매우 해석하기 힘든 형식으로 나타나리라는 것은 분명히 말할 수 있다. 그것은 마치 불타는 책과 같다. 재와 연기를 남김없이 보존한다면 책에 담긴 정보는, 엄밀한 의미에서, 소실되지 않는다. 그런 면에서 나는 내가 존 프레스킬에게 준 야구 백과사전에 대하여 다시 생각하게 되었다. 어쩌면 나는 그에게 백과사전이 아니라 사전을 태우고 남은 재를 주었어야 했는지도 모른다.

전망

이 책의 마지막 판본이 출간된 지 20년이 되었고, 그동안 우주론에서 빠른 진전이 이루어졌다. 중력파 검출과 초기 우주에 대한 이해의 지속적인 향상은 예견된 것이었지만 암흑 에너지와 가속되는 우주와 같은 그밖의 진전들은 그리 기대하지 못했다.

그중에서 가장 놀라운 경향은 많은 사람들이 불

편하게 여기는 것이다. 즉 무경계 제안과 영원한 인플레이션은 우리 우주가 수많은 우주들 중의 하나에 불과함을 확실하게 보여주고 있다. 16세기에 코페르니쿠스는 최초로 우리가 우리 우주에서조차 중심이 아니라고 주장했다(6쪽). 그러나 우리는 우리에게 친숙한 세계가 정작 실재의 극히 작은 조각에 불과하다는 사실을 인정하는 일에 여전히 허우적대고 있다. 다중우주의 증거가 명백해지기까지 그리 오래 걸리지 않을 수 있다.

다중우주의 방대함에도 불구하고, 우리는 여전히 중요한 의미를 가진다. 우리는 이 모든 것을 밝혀낸 종의 일원이다. 이 점을 마음에 새기면, 다가오는 미래는 지난 20년만큼이나 흥분되는 시간이 될 것이다.

용어 설명

가상입자(virtual particle) : 양자역학에서 도입되는 개념으로, 직접적으로 검출될 수는 없지만 측정 가능한 효과를 발생시키는 입자.

가속도(acceleration) : 어떤 물체의 속도가 변화하는 비율.

감마선(gamma rays) : 극히 짧은 파장의 전자기선으로, 방사성 붕괴나 기본입자들의 충돌로 생성된다.

강한 핵력(strong force) : 네 가지 기본력 중에서 가장 강하며, 힘이 미치는 범위는 가장 짧다. 양성자와 중성자 속의 쿼크들을 결합시키고, 양성자와 중성자를 하나로 결합시켜서 원자를 형성하게 만든다.

공간차원(spatial dimension) : 공간상의 3차원—즉 시간차원을 제외한 모든 차원을 가리킨다.

광원뿔(light cone) : 광선들이 주어진 사건을 통과하는 가능한 모든 방향을 나타내는 시공의 곡면.

광자(photon) : 빛의 양자.

광초(light-second), **광년**(light-year) : 빛이 1초(년) 동안 달리는 거리.

극초단파 배경복사(microwave background radiation) : 고온의 초기 우주의 작열에서 나온 복사. 지금은 크게 적색편이되었기 때문에 빛이 아니라 극초단파(몇 센티미터의 파장을 가지는 전파)로 나타난다. 180쪽의 코비(COBE) 관련 내용 참조.

기본입자(elementary particle) : 더 이상 나눌 수 없다고 생각되는 입자.

끈이론(string theory) : 입자들이 끈 위의 파동으로 기술되는 물리이론. 끈은 길이는 가지지만 그밖의 다른 차원은 가지지 않는다.

대통일 에너지(grand unification energy) : 그 이상이 되면 전자기력, 약한 핵력, 강한 핵력이 서로 구분할 수 없게 될 것이라고 생각되는 에너지.

대통일이론(grand unified theory, GUT) : 전자기력, 강한 핵력, 약한 핵력을 하나로 통일시키는 이론.

레이더(radar) : 펄스로 만든 전파를 사용해서 어떤 물체의 위치를 알아내는 장치. 하나의 펄스가 물체에 도달한 다음 반사되어 돌아오는 데에 걸리는 시간으로 그 물체의 위치를 측정한다.

무게(weight) : 중력장에 의해서 어떤 물체에 가해지는 힘. 이 힘은 질량에 비례하지만 질량과 같지는 않다.

무경계 조건(no boundary condition) : 우주가 유한하지만(허시간에서) 경계를 가지지 않는다는 개념.

반입자(antiparticle) : 모든 물질입자는 그에 상응하는 반(反)입자를 가진다. 어떤 입자가 그 반입자와 충돌하면, 두 입자는 쌍소멸을 일으켜서 에너지만 남게 된다.

방사능(radioactivity) : 한 종류의 원자핵이 다른 종류로 자발적으로 붕괴하는 것.

배타원리(exclusion principle) : 두 개의 동일한 스핀 $\frac{1}{2}$의 입자가 (불확정성 원리에 의해서 설정된 한계 내에서) 같은 위치와 속도를 동시에 가질 수 없다는 원리.

백색왜성(white dwarf) : 안정된 죽은 별. 배타원리에 의한 전자들 사이의 반발력으로 지탱된다.

벌거벗은 특이점(naked singularity) : 블랙홀에 의해서 둘러싸이지 않은 시공 특이점.

벌레구멍(wormhole) : 우주의 멀리 떨어진 영역들을 서로 연결시키는 시공의 가느다란 관. 벌레구멍이 평행우주나 아기우주들을 연결시킬지도 모르며 우리에게 시간여행의 가능성을 제공할 수도 있다.

불확정성 원리(uncertainty principle) : 하이젠베르크가 수립한 원리로 어떤 입자의 위치와 속도를 동시에 정확하게 측정할 수는 없다는 것. 둘 중 하나를 정확하게 알수록 나머지 하나는 불확실해진다.

블랙홀(black hole) : 중력이 너무 강해서 빛을 포함해서 아무것도 빠져나올 수 없는 시공의 영역.

비례(proportional) : 'X가 Y에 비례한다'는 말은 Y에 어떤 수를 곱하면 X에도 같은 수가 곱해진다는 뜻이다. 'X가 Y에 반비례한다'는 말은 Y에 어떤 수를 곱하면 X는 같은 수로 나누어진다는 뜻이다.

빅뱅(big bang) : 우주가 탄생한 순간의 특이점.

빅크런치(big crunch) : 우주가 끝나는 순간의 특이점.

사건(event) : 시간과 위치에 의해서 지정되는 시공의 한 지점.

사건 지평선(event horizon) : 블랙홀의 경계.

상(phase) : 파동에서 특정 시간의 주기에서의 위치. 마루, 골, 또는 그 사이의 어느 곳의 값을 가진다.

스펙트럼(spectrum) : 파동을 이루고 있는 구성요소로서의 여러 진동수들. 태양의 스펙트럼 중의 가시적인 부분을 무지개에서 볼 수 있다.

스핀(spin) : 소립자가 가지고 있는 내부 특성을 일반적인 스핀(회전) 개념에 비유해서 나타낸 물리량—그러나 일반적인 스핀의 개념과 동일하지는 않다.

시공(space-time) : 각각의 점들이 사건을 이루고 있는 4차원의 공간.

아인슈타인–로젠 다리(Einstein-Rosen bridge) : 두 개의 블랙홀을 연결시키는 가느다란 시공의 관. '벌레구멍' 참조.

암흑물질(dark matter) : 은하, 은하단 그리고 은하단들 사이에 존재하는 것으로 생각되는 물질로서 직접적으로는 관측할 수 없지만 그 중력 효과로 검출이 가능하다. 우주의 약 90퍼센트에 해당하는 질량은 암흑물질의 형태를 띠고 있을지도 모른다.

약한 핵력(weak force) : 네 가지 기본력 중에서 두 번째로 약한 힘. 영향을 미치는 범위는 아주 짧다. 이 힘은 힘-전달 입자를 제외한 모든 물질입자에 영향을 미친다.

양성자(proton) : 중성자와 흡사하지만 양으로 대전된 입자. 대부분의 원자들의 원자핵을 구성하는 입자들 중에서 대략 절반 정도가 양성자이다.

양자(quantum) : 파동이 방출되거나 흡수될 수 있는 더 이상 나누어질 수 없는 단위.

양자색역학(quantum chromodynamics, QCE) : 쿼크와 글루온의 상호작용을 기술한 이론.

양자역학(quantum mechanics) : 플랑크의 양자원리와 하이젠베르크의 불확정성 원리를 기초로 발전한 이론.

양전자(positron) : (양으로 대전된) 전자의 반입자.

에너지 보존(conservation of energy) : 에너지(또는 질량의 그 등가물)가 창조되거나 파괴될 수 없다는 과학법칙.

우주론(cosmology) : 우주에 대한 모든 것을 연구하는 학문.

우주상수(cosmological constant) : 아인슈타인이 팽창에 대한 내재된 경향을 시공에 부여하기 위해서 사용한 수학적 장치.

원시 블랙홀(primordial black hole) : 갓 태어난 초기 우주에서 생성된 블랙홀.

원자(atom) : 물질의 기본 단위. 극미한 크기의 원자핵(양성자와 중성자로 이루어져 있다)과 그 주위를 도는 전자들로 구성된다.

원자핵(nucleus) : 원자의 중심 부분으로, 양성자와 중성자만으로 이루어진다. 중성자와 양성자는 강한 핵력으로 서로 결합된 상태를 유지한다.

이중성(duality) : 겉으로는 다른 것처럼 보이지만 동일한 물리적 결과를 가져오는 이론들 사이에서 나타나는 상응성.

인류원리(anthropic principle) : 우리가 우주를 지금

의 모습으로 보는 까닭은 만약 우주가 다른 모습이었다면 우리는 지금 이곳에서 우주를 관측할 수 없었을 것이기 때문이라는 주장.

일반 상대성 이론(general theory of relativity) : 그 움직임과 상관없이 모든 관찰자들에게 과학법칙이 동일할 것이라는 개념을 기초로 한 아인슈타인의 이론. 일반 상대성은 4차원 시공의 곡률이라는 관점에서 중력을 설명한다.

입자가속기(particle accelerator) : 전자석을 이용해서 전하를 띤 움직이는 입자들에 더 많은 에너지를 가해서 가속시킬 수 있는 장치.

입자/파동 이중성(particle/wave duality) : 양자역학의 개념으로, 입자와 파동 사이에 아무런 구별이 없다는 것. 입자는 때로 파동처럼 움직이고, 파동도 때로 입자처럼 움직인다.

자기장(magnetic field) : 자력(磁力)에 상응하는 장. 오늘날에는 전기장과 함께 전자기장으로 통합되었다.

장(field) : 시간상의 한 점에서만 존재하는 입자와 달리 시간과 공간에 걸쳐 시종일관 도처에 존재하는 무엇.

적색편이(red shift) : 우리로부터 멀어지는 별에서 나오는 빛이 도플러 효과로 붉어지는 현상.

전약 통일 에너지(electroweak unification energy) : 약 100기가전자볼트(GeV)의 에너지로, 이 이상이 되면 전자기력과 약한 핵력 사이의 구별이 사라진다.

전자(electron) : 원자핵 주위를 도는 입자로, 음의 전하를 띤다.

전자기력(electromagnetic force) : 전하를 띤 입자들 사이에서 발생하는 힘. 자연의 네 가지 기본력

중에서 두 번째로 강한 힘이다.

전하(electric charge) : 입자가 가진 특성으로, 같은 (또는 다른) 부호의 전하를 띠는 입자들을 밀어낸다(또는 끌어당긴다).

절대온도 0도(absolute zero) : 가능한 최저 온도. 이 온도에서 물질은 어떠한 열 에너지도 포함하지 않는다.

정상상태(stationary state) : 시간에 따라서 변화하지 않는 상태. 일정한 속도로 돌고 있는 구는 모든 순간에 같은 모습으로 보이기 때문에 정상상태이다.

좌표(coordinates) : 시간과 공간에서의 한 점의 위치를 나타내는 수.

중성미자(neutrino) : 오직 약한 핵력이나 중력에 의해서만 영향을 받는 극히 가벼운(질량이 없을 수도 있는) 입자.

중성자(neutron) : 양성자와 비슷하지만 전하를 띠지 않는 입자. 원자핵의 약 절반은 중성자로 이루어져 있다.

중성자별(neutron star) : 죽은 별로, 배타원리에 의한 중성자들 사이의 반발력에 의해서 지탱된다.

진동수(frequency) : 파동의 경우, 초당 완전한 주기의 수를 가리킨다.

질량(mass) : 어떤 물체 속에 들어 있는 물질의 양 ; 그 관성, 또는 가속에 대한 저항.

찬드라세카르 한계(Chandrasekhar limit) : 안정된 죽은 별이 가질 수 있는 최대 질량. 질량이 그 이상이 되면 그 별은 붕괴하여 블랙홀이 될 것이다.

측지선(geodesic) : 두 점 사이의 최단(또는 최장) 경로.

카시미르 효과(Casimir effect) : 진공 속에서 서로 아주 가깝게 위치한 두 장의 편평하고 평행한 금속판 사이에서 서로를 끌어당기는 방향으로 작용하는 압력. 이 압력은 두 판 사이의 공간에서 가상입자들의 수가 줄어들기 때문에 발생한다.

쿼크(quark) : 강한 힘을 받는 (대전된) 소립자. 양성자와 중성자는 각기 세 개의 쿼크로 이루어진다.

특수 상대성 이론(special theory of relativity) : 과학 법칙이 관찰자의 이동 여부와 관계없이 모든 관찰자들에게 동일해야 한다는 개념을 기초로 하는 아인슈타인의 이론.

특이점(singularity) : 시공 곡률이 무한대가 되는 시공상의 한 점.

특이점 정리(singularity theorem) : 특정 상황에서는 특이점이 존재해야만 한다―특히 우주가 특이점에서 출발했음에 틀림없다―는 것을 증명한 정리.

파장(wavelength) : 파동에서 인접한 마루와 마루, 또는 골과 골 사이의 거리.

펄서(pulsar) : 규칙적으로 전파 펄스를 방출하는 회전하는 중성자별.

플랑크의 양자원리(Plank's quantum principle) : 빛 (또는 그밖의 고전적인 파동들)이 불연속적인 양자의 형태로만 방출되거나 흡수될 수 있다는 원리. 그 에너지는 파장에 비례한다.

핵분열(nuclear fusion) : 두 원자핵이 충돌해서 융합하여 더 무거운 단일 원자핵을 형성하는 과정.

허시간(imaginary time) : 허수를 이용해서 측정한 시간.

감사의 말

많은 사람들이 내가 이 책을 쓰는 데에 도움을 주었다. 동료 과학자들은 누구 한 사람 예외 없이 나를 격려해주었다. 오랫동안 동료이자 공동 연구자로 지내온 로저 펜로즈, 로버트 게로치, 브랜든 카터, 조지 엘리스, 게리 기븐스, 돈 페이지, 짐 하틀 그리고 내가 요구할 때면 언제든지 도움을 아끼지 않은 연구학생들에게 큰 신세를 졌다.

특히 나의 지도학생 중 한 사람인 브라이언 휘트는 이 책의 초판을 저술하는 데에 많은 도움을 주었다. 밴텀 북스의 편집인 피터 거자디는 헤아릴 수 없이 많은 조언을 주었고, 덕분에 이 책은 크게 향상되었다. 그리고 이번 『그림으로 보는 시간의 역사』를 위하여 삽화를 그려준 문러너 디자인 사의 여러분들과, 본문을 개정하고 그림 설명을 다는 과정에서 도움을 준 앤드루 던에게 감사드린다. 나는 그들이 매우 훌륭하게 작업을 해냈다고 생각한다.

내가 사용하는 의사소통 시스템이 없었다면 나는 이 책을 쓸 수 없었을 것이다. 이퀄라이저라고 하는 그 소프트웨어는 미국 캘리포니아의 랭커스터에 있는 워즈 플러스 사의 월트 월토즈가 기증한 것이다. 또한 나의 음성합성기는 캘리포니아의 서니베일에 있는 스피치 플러스 사에서 기증했다. 이 음성합성기와 노트북 컴퓨터는 케임브리지 어댑티브 커뮤니케이션 사의 데이비드 메이슨이 나의 휠체어에 장착해주었다. 이 시스템 덕분에 나는 목소리를 잃기 전보다도 훨씬 원활하게 의사소통을 할 수 있게 되었다.

내가 이 책을 집필하고 개정판을 준비하는 수년간 많은 비서와 조교들이 나를 도와주었다. 비서로 일해준 주디 펠라, 앤 랠프, 로라 젠트리, 셰릴 빌링턴 그리고 수 메이지에게 감사를 전한다. 그리고 조교로 활동해준 콜린 윌리엄스, 데이비드 토머스 그리고 레이먼드 래플램, 닉 필립스, 앤드루 던, 스튜어트 제이미슨, 조너선 브렌슬리, 팀 헌트, 사이먼 질, 존 로저스, 톰 켄달에게도 감사드린다. 나의 간호사들, 동료들, 친구들 그리고 가족은 내가 매우 충만한 삶을 살아가고 불편한 몸이지만 연구를 계속할 수 있도록 해준 소중한 사람들이다.

스티븐 호킹

결정판 역자 후기
스티븐 호킹을 기리며

지난 2018년 3월 스티븐 호킹이 76세를 일기로 영면했다. 내가 이 책을 번역한 것이 1998년이니 꼭 20년 만에 호킹이 세상을 떠난 셈이다. 루게릭 병을 처음 진단받았을 때만 해도 수명이 얼마 남지 않았다는 비관적인 예상이 일반적이었지만, 호킹은 운명에 굴하지 않았다. 되돌아보면 호킹의 삶은 인간 승리 그 자체였다고 할 수 있다. 거의 온몸이 마비된 상태에서도 왕성한 연구를 계속해나갔고, 영국의 과학주간지 「뉴 사이언티스트(*New Scientist*)」를 비롯해서 여러 언론 매체와 많은 인터뷰를 하면서 끊임없이 세간의 주목을 받았으며, 자신의 명성에 걸맞게 중요한 과학적 논점이 제기될 때에는 자신의 소신을 밝히는 데에 주저하지 않았다. 특히 2017년에 일론 머스크 등 2,300여 명의 세계적인 과학자와 개발자들과 함께 인공지능의 위험을 지적하고, 향후 인공지능을 연구할 때에 인류의 보편적 이익과 가치를 우선해야 한다는 23개 조항의 윤리원칙을 제기한 아실로마 AI 원칙을 공표하는 데에 중요한 역할을 했다. 아인슈타인이

세상을 떠나기 직전인 1955년에 핵무기 폐기와 원자력의 평화적 이용을 주장하는 러셀-아인슈타인 선언에 극적으로 서명해서 이후 핵무기에 반대하는 대대적인 과학자와 대중들의 운동을 이끌어낸 일을 떠올리게 하는 대목이다.

지난 20년 동안 세상은 많이 변했고, 물리학과 천문학에서도 새로운 발견들이 많이 이루어졌다. 가장 큰 변화 중의 하나는 지난 2006년 명왕성이 행성의 지위를 잃고 카이퍼 대에 있는 수많은 왜행성(矮行星)들 가운데 하나로 강등된 사건, 그리고 2015년 아인슈타인이 예견했던 중력파가 실제로 관측되어 이듬해 과학계에서 공식적으로 인정받은 사건을 꼽을 수 있을 것이다. 중력파의 최초 관측에 대해서는 호킹이 2017년판 "부록"에서 그 의미를 높이 평가했다. 이런 내용들은 작년 말에 번역 원고를 다시 검토하면서 간단한 주석을 달아서 보완했다. 그외에도 호킹은 이후 개정판들에 실은 부록을 통해서 그동안 이론이나 관측 증거를 통해서 새롭게 밝혀진 사실들을 갱신하려는 시도를 계속했다.

이 결정판에서는 2017년판에 스티븐 호킹이 쓴 "서문"과 "부록"을 번역해서 추가했다. 그중에서 주목할 만한 내용은 우주가 지금과 같은 팽창을 계속할지 아니면 알렉산더 프리드만이 제기했던 모형 중 하나처럼 어느 시점에 팽창을 멈추고 다시 수축해서 한 점에 이르는 이른바 빅크런치(big crunch)에 도달할 것인지의 우주의 미래에 대한 부분이다. 호킹은 1998년 허블 우주망원경으로 얻은 관측 증거를 통해서 우주의 미래에 대한 상이 극적으로 개정되었다고 말한다. 새로운 관측 증거와 "암흑 에너지(dark energy)" 이론에 따르면 우리 우주의 팽창이 계속 가속되고 있기 때문에 더 이상 재수축의 가능성은 사라졌고, 현재 관측에 기반할 때에 우주가 영원히 팽창하리라는 것이다.

다른 하나는 호킹이 우주론에서 가장 크게 기여했던 주제 중의 하나인 블랙홀의 "정보 역설(information paradox)"에 대한 것이다. 그는 『시간의 역사(A Brief History of Time)』에서 블랙홀로 떨어지면 모든 정보가 사라진다고 주장했지만 2004년에 자신의 생각이 틀렸다는 것을 깨달았다. 그는 정보의 총량은 무한한 시간이 흐른 후에도 동일하며 다만 마치 책이 불에 타면 정보가 소실되지만 재와 연기로 바뀌는 것처럼 검색하기 힘든 방식으로 보존된다고 말했다. 그는 1997년에 내기를 했던 칼텍의 물리학자 존 프레스킬에게 흔쾌히 패배를 인정하고 백과사전을 주기로 한 약속대로 야구 백과사전을 선물했다. 그는 블랙홀 속에서 정보가 보존되지만 알아볼 수 없다는 점에서 백과사전을 태운 재를 선물했어야 했다고 능청을 떨기도 했다.

이처럼 『시간의 역사』도 시간의 흐름을 빗겨가지 못하고 그 내용 중에서 관측을 통해서 실제로 확인되거나 새로운 사실이나 이론이 밝혀지면서 개정된 부분들이 꽤 있지만 『시간의 역사』를 이루는 기본 골조와 그 중심적인 물음들은 대부분 그대로 남아 있다. 공교롭게도 작년 겨울에 『시간의 역사』를 텍스트로 학교에서 원전강독 수업을 열면서 미국 밴텀 출판사가 발간한 2017년판으로 몇몇 학생들과 원서를 꼼꼼히 다시 읽어나갈 기회가 있었고, 그 과정에서 『시간의 역사』에서 호킹이 제기했던 핵심적인 물음들이 우리 시대에 과학이 해결해야 할 가장 중심적인 물음들이라는 사실을 재확인할 수 있었다. "시간이란 무엇인가", "세계는 이해 가능한 곳인가", "우리의 우주는 어떻게 시작되었고, 앞으로 어떻게 되는가?" 『시간의 역사』가 출간된 후 런던의 「선데이 타임스(The Sunday Times)」 베스트셀러 목록에 무려 237주일 동안 계속 올랐고, 전 세계의 남자, 여자, 어린아이까지 통틀어 750명 중 1명이 구입했다는 놀라운 기록을 세우면서, 그 속에 담긴 물음들은 자연스레 우리가 궁극적으로 제기해야 할 질문들의 목록이 된 셈이다. 토머스 쿤은 『과학혁명의 구조(*The Structure of Scientific Revolutions*)』에서 이러한 질문들의 목록이 그 시대의 패러다임이 해결해야 할 문제들의 목록이라고 말했다.

호킹은 『시간의 역사』 마지막 장 끝부분에서 우리가 이러한 물음들을 해결해줄 "완전한 이론"을 얻게 된다면 인간 이성의 최종적인 승리가 되고 비로소 신의 마음을 알게 될 것이라고 말했다. 여기에서 신이 과연 특정 종교의 신을 뜻하는 것인지 논란이 일기도 했지만, 그가 하려던 이야기는 종교적 의미라기보다는 우리가 이른바 "만물의 이론(theory of everything)"을 얻어서 우주의 삼라만상을 남김없이 설명해낼 수 있으리라는 신념의 표현이었을 것이다. 그는 『블랙홀과 아기 우주(*Black Holes and Baby Universes and Other Essays*)』에서도 이런 신념을 거듭 표현했고, "이론물리학의 끝이 보이는가?"라는 장에서는 그리 멀지 않은 장래, 즉 20세기 말에라도 "가능한 관찰을 모두 기술할 수 있는 물리적 상호작용에 대한 완전하고 일관된 통일 이론을 가질 수 있다"고 예견했다.

그렇지만 2001년에 나온 『호두껍질 속의 우주(*The Universe in a Nutshell*)』 서문에서 호킹은 종전과는 달리 다소 조심스러운 입장을 내비쳤다. 그는 1988년에는 만물의 이론이 곧 완성될 것처럼 보였지만, 우리는 여전히 그 길에 서 있다고 에둘러 말했다. 그리고 "목적지에 도달하는 것보다 희망에 차서 길을 걷는 편이 더 행복하다"는 속담을 인용하기도 했다. 그후 「뉴 사이언티스트」를 비롯한 과학 저널들과 가진 인터뷰에서는 한걸음 더 나아가 우리가 만물의 이론을 얻지 못할 수도 있지만, 그런 노력은 계속될 것이라는 이야기를 했다.

이러한 호킹의 입장은 과학철학의 관점에서 보자면 칼 포퍼에 가깝다. 포퍼는 반증주의(反證主義)로 잘 알려져 있다. 그는 과학의 본령이 입증이 아니라 반증에 있으며, 과학자들은 끊임없이 기존 이론을 검증하고 새로운 가설을 제기하는 역할을 하며, 과학이론은 반증되기 이전까지만 참으로 인정받을 뿐이라는 것이다. 이러한 접근은 과학에 입증이라는 사실상 불가능한 짐을 덜어주고, 과학자들은 열린 자세로 끊임없이 가설을 수립하는 창조적인 역할을 부여받게 된다. 그리고 이런 접근방식에서 궁극의 이론이란 존재하지 않으며, 다만 그런 이론에 접근하려는 부단한 노력이 있을 뿐이다.

실제로 호킹은 "블랙홀은 검지 않다", "무모(無毛) 정리", "무경계 가설" 등 물리학과 우주론 분야에서 대담한 많은 가설들을 제기했다. 특히 "허시간(虛時間)" 개념을 도입해서 우주에 반드시 시작과 끝이 없을 수도 있다는 과감한 주장을 폈다. 우주의 시작이 있으려면 특이점(singularity)을 피할 수 없기 때문이다. 특이점에서는 기존의 모든 물리법칙이 붕괴하기 때문에 어떤 식으로든 특이점을 소거(消去)해야 했으며, 그러기 위해서 그는 허시간이라는 개념을 도입해 마치 지구 표면이 유한하지만 경계가 없는 것처럼 우주도 유한하지만 경계가 없을 수 있다고 주장했다. 이러한 호킹의 가설들 중 일부는 실제로 확인되었지만, 그가 제기했던 궁극적인 물음들은 아직 해결되지 못했다. 그의 말처럼 우리는 새로운 이론과 관측을 통해서 많은 사실들을 알아냈지만 여전히 그 길 위에 있다.

사실 누구보다 이 길을 열심히 걸었던 인물이 호킹 자신이었다. 그리고 그의 연구는 노벨상으로 인정을 받았다. 얄궂게도 정작 그는 상을 받지 못했지만 말이다. 개역판을 위해서 『시간의 역사』 원고를 다시 살피던 지난해 10월 스웨덴 왕립과학원 노벨위원회는 2020년 노벨 물리학상을 블랙홀 연구에 수여했다. 호킹과 함께 블랙홀을 연구했고 "펜로즈-호킹 블랙홀 정리"를 발표했던 로저 펜로즈와 그밖의 두 명의 물리학자들이 공동으로 블랙홀 연구의 공적을 인정받아 영예의 노벨상을 수상했다. 노벨상은 작고한 과학자에게는 수여하지 않기 때문에 블랙홀 연구에 크게 기여했던 호킹은 아쉽게도 노벨상을 받지 못했다. 못내 헛헛한 마음을 달래려고 나는 주변 지인들에게 "노벨상을 받으려면 연구도 잘해야 하지만 무엇보다 오래 살아야 한다"는 실없는 농담을 하기도 했다.

그렇지만 호킹이 노벨상을 받지 못하고 세상을 떠난 것에 비할 수 없이 가슴 아픈 일은 작년 6월 까치글방의 박종만 사장님이 영면하신 일이다. 사실 내가 이 책을 번역하게 된 것은 전적으로 박종만 사장님의 권유 때문이었다. 내가 1990년대 초에 "과학세대"라는 출판기획사를 시작한 이래 물심양면으로 가장 큰 도움을 주신 분들 중 한 명이 박종만 사장님이었다. 호킹과 마찬가지로 그는 비록 세상을 떠났지만 무수한 명저들을 출간해서 출판계에 남긴 족적은 결코 지워지지 않을 것이다. 다시 한번 이 자리를 빌려 박종만 사장님의 명복을 빈다.

2021년 용인에서
김동광

초판 역자 후기

스티븐 호킹의 『시간의 역사』는 대중과학서의 역사에서 매우 중요한 한 장을 연 책이라고 할 수 있다. 이 책은 1988년 초에 출간되자마자 일약 베스트셀러가 되었고 그해 여름까지 미국에서만 50만 부 이상이 팔려나갔다. 『시간의 역사』는 계약과 집필 과정에서부터 숱한 화제를 뿌린 책으로 유명하다. 호킹이 주로 경제적인 문제 때문에 주위의 권고를 받아들여서 대중 우주이론서를 집필하기로 마음먹은 것은 1982년이었다. 처음에는 자신이 몸담고 있던 케임브리지 대학 출판사에서 책을 내려고 했다. 그 출판사는 그동안 아서 에딩턴, 프레드 호일과 같은 저명한 과학자들의 대중과학서를 출간한 전통 있는 출판사였고 그 책들은 많은 부수가 판매되었다. 그러나 케임브리지 대학 출판사 사상 유례가 없는 최고의 계약금과 인세로 계약이 성사되기 며칠 전, 25만 달러를 제시한 미국의 유명한 출판사 밴텀과 전격적으로 계약이 성사되었다. 호킹은 『시간의 역사』를 집필하던 1985년 8월, 지병인 근위축성 측삭경화증(ALS : 일명 루게릭 병이라고도 불린다)이 악화되어 거의 생명을 잃을 뻔하기도 했다. 만약 이 책의 계약금으로 받은 돈이 없었다면 상당히 위태로운 상황이었을 것이라는 것이 주변의 평가이다. 간신히 살아난 호킹은 기관절개 수술로 목소리를 완전히 잃고 캘리포니아의 컴퓨터 전문가가 기증한 음성합성장치에 의지하게 되었다.

"미국에서 배관공과 푸줏간 주인까지 『시간의 역사』를 읽었다"는 평이 무색하지 않을 정도로 이 책은 출간된 후 무려 40개 국어로 번역되어 900만 부 이상이 판매되었다. 이 책이 베스트셀러 대열에 오른 후 몇 년 동안 서평 담당자와 기자들은 끊임없이 "왜 이 책이 그처럼 엄청난 성공을 거두었는가?"라는 질문을 제기했다. 미국에서 『시간의 역사』는 한때 마이클 잭슨의 책을 능가하는 믿기 힘든 현상을 일으켰고, "가장 많이 팔렸지만 가장 읽히지 않은 책"이라는 역설적인 평을 받기도 했다. 1991년 「인디펜던트」지는 가십 난에서 "이 책의 성공을 둘러싼 수수께끼는 우주의 기원에 얽힌 수수께끼만큼이나 종잡을 수 없고 환상적이다"라고 썼다. 어쩌면 그 말이 옳을지도 모른다. 어쨌든 스티븐 호킹의 『시간의 역사』는 과학자가 직접 대중에게 자신의 주장을 제기할 수 있고, 나아가서 대중으로부터 뜨거운 반응을 얻을 수 있다는 믿음을 심어주었다. 이후 많은 과학자들이 수많은 대중 과학서를 집필하게 된 데에는 호킹의 영향이 컸을 것이다.

우리는 『시간의 역사』에서 인류가 세계와 우주에 대해서 가지고 있던 상(像)이 어떻게 변화했는지 그 과정을 일목요연하게 추적할 수 있다. 특히 20세기 초에 그 이전의 과학을 뿌리에서부터 흔들어놓은 아인슈타인의 특수 상대성 이론 및 일반 상대성 이론과 양자론을 비롯해서 소립자 물리학, 블랙홀, 초끈 이론에 이르기까지 현대 물리학의 줄기에 해당하는 중심적인 사상이 한 권의 책 속에 훌륭하게 담겨 있다. 호킹 자신이 그 이론의 발전에 중요한 역할을 했던 블랙홀에 관한 장들은 상당한 깊이의 내용을 담고 있지만, 특별한 사전지식 없이도 그 기본적인 개념을 이해할 수 있게 해준다. 이것은 비단 블랙홀에 대한 장뿐만 아니라 이 책 전체가 가지고 있는 뛰어난 특징이기도 하다.

이번 증보판 『그림으로 보는 시간의 역사』는 두 가지 점에서 큰 특징을 보이고 있다. 우선 1988년에 『시간의 역사』 초판이 간행된 이후로 이루어진 그간의 관측 및 관찰 증거들과 호킹 자신의 최근 연구성과들을 포함시켜 본문을 개정하고, 저자 서문과 "벌레구멍과 시간여행"이라는 새로운 장 하나를 추가했다. 또한 책 전체적으로 풍부한 원색 사진 및 그림들을 고르게 곁들여서 전문적 내용의 이해에 어려움을 겪던 독자들에게 시각적 즐거움과 함께 내용적 이해도도 충실히 해주었다.

호킹은 그의 중심적인 주제 중 하나인 블랙홀 연구에서 잘 보여주었듯이 여러 학자들의 새로운 이론이나 반론을 받아들이는 데에 인색하지 않다. 그는 1960년대 말에 블랙홀에는 모든 물리법칙이 붕괴하는 특이점(singularity)이 있으며, 블랙홀에서는 아무것도 빠져나올 수 없다고 주장했다. 그러나 1974년에는 양자중력론의 접근 방식을 통해서 유명한 '블랙홀 증발이론'을 제기하여 자신의 주장을 스스로 반박했다. 또한 1993년에는 초끈이론(superstring theory)를 도입하여 증발하는 블랙홀에 특이점이 남을 것인가라는 문제에 도전했다. 사실 아인슈타인 이후의 현대 과학은 중요한 과학 이론이 한 사람의 과학자에 의해서 수립되기 어려운 시기에 들어섰다고 할 수 있다. 양자역학만 하더라도 딱히 한 사람을 꼽기 어려울 정도로 많은 사람들의 노력에 의해서 이루어진 공동의 소산이다. 그런 점에서 상대성 이론과 양자역학을 하나로 묶는 물리학의 통일이론을 추구하는 호킹이 여러 학자들의 새로운 이론을 적극적으로 수용하는 방법은 매우 효율적인 셈이다.

호킹이 일관되게 자신의 연구를 밀고 나갈 수 있는 가장 큰 원동력을 이 책의 "서문"에서도 밝혔듯이 "우주가 일련의 합리적인 법칙들에 의해서 지배되고 있으며, 우리가 그 법칙들을 발견하고 이해할 수 있으리라는" 믿음이라고 생각된다. 이 믿음은 우리에게 그리 낯설지 않다. "신은 주사위 놀이를 하지 않는다"는 유명한 말을 남기고, 죽을 때까지 양자론을 받아들이지 않았던 아인슈타인도 우주가 법칙에 의해서 지배되는 조화로운 곳이라는 신념을 버리지 않았다.

사실 아인슈타인은 세상을 떠나는 날까지 (바로 호킹이 추구하고 있는) 대통일이론을 완성시키기 위해서 자신의 모든 정열을 쏟아부었다. 호킹역시 그리 멀지 않은 어느 날 이 세계를 설명할 수 있는 하나의 이론을 수립할 수 있을 것이라는 강한 믿음을 가지고 있다. 이 책이 짧은 분량속에서 시간과 공간을 이해하려는 인류의 노력을 그토록 간결하게 정리할 수 있었고, 그토록 많은 사람들에게 읽힐 수 있었던 것도 어쩌면 그런 믿음 때문이 아닐까?

김동광

인명 색인